光　学

陆　慧　编著

華東理工大學出版社
EAST CHINA UNIVERSITY OF SCIENCE AND TECHNOLOGY PRESS
·上海·

图书在版编目(CIP)数据

光学/陆慧编著．—上海：华东理工大学出版社，2014.10(2025.7 重印)

ISBN 978-7-5628-4020-6

Ⅰ.①光… Ⅱ.①陆… Ⅲ.①光学—高等学校—教材 Ⅳ.①O43

中国版本图书馆 CIP 数据核字(2014)第 202134 号

光　　学

编　　著 / 陆　慧
责任编辑 / 李国平
责任校对 / 成　俊
封面设计 / 裘幼华
出版发行 / 华东理工大学出版社有限公司
地　　址：上海市梅陇路 130 号，200237
电　　话：(021)64250306(营销部)
(021)64252344(编辑室)
传　　真：(021)64252707
网　　址：www.ecustpress.cn
印　　刷 / 广东虎彩云印刷有限公司
开　　本 / 787 mm×1092 mm　1/16
印　　张 / 14
字　　数 / 339 千字
版　　次 / 2014 年 10 月第 1 版
印　　次 / 2025 年 7 月第 3 次
书　　号 / ISBN 978-7-5628-4020-6
定　　价 / 35.00 元

联系我们：电子邮箱 zongbianban@ecustpress.cn
官方微博 e.weibo.com/ecustpress
天猫旗舰店 http://hdlgdxcbs.tmall.com

前言

本书以作者在华东理工大学物理系多年讲授光学课程的讲稿为基础，参考和借鉴了大量国内外优秀的基础光学教材和相关文献资料，并结合作者个人教学及研究的体会撰写而成。

光学是物理学重要的分支学科，光学也是一门应用性极强的基础学科。光学古老而年轻，经典光学的内容极为丰富，而现代光学的迅速发展又为传统光学的基本原理赋予新的形式和内涵，光学的各个部分各自形成了现代的体系，延伸了众多的子学科及光学新技术。尤其近 40 年光学理论和技术的飞跃式发展，使它以崭新的面貌在物理学和现代科学技术的各个领域特别引人注目。

作为大学基础物理课程系列中的一门，光学又与其他基础课程有所不同。一方面，光学课本身所需要的基础理论及使用的数学方法往往要在后继课程中学习(例如电动力学、原子物理和量子力学、数学物理方法等)，对于已经稔熟力学、热学和电磁学等经典物理的学生来说，光学表现得不那么“经典”，无论是几何光学还是波动光学，都要用到不少近似的处理方法；另一方面，光学课程内容丰富而复杂，包含了几何光学、波动光学和量子光学基本知识三大部分，其主要概念“光线”、“光波”、“光量子”反映了光在不同条件下所表现出的不同特性，看起来各自独立，采用不同的处理方法，但是内容却又相互渗透、相互关联，容易使学生感到多而杂、缺乏系统性。

基于上述光学课程的特点，加之各院校不同的专业背景，目前的许多基础光学教材均有各自的特色，在内容和体系编排上各有侧重。编者以为，一本基础性强、全面系统而又准确简洁地阐述传统光学基本原理的教材，对于初学者认识理解光学主要线索、入门光学科学殿堂，是非常需要的，也是最根本的。本书以上述观点为编写宗旨，力求遵循基础光学课程的特点，从光学现象出发，系统和透彻地讲清楚光学基础知识、基本光学原理及其应用。既不刻意追求纯理论体系的完整，尽力避免繁杂的数学推导，也不回避对一些重要的原理做较为详细的解析处理。既与前期所授力学、热学、电磁学以及后继近代物理等课程的物理思想密切相关，同时也结合光学技术实际，尽可能在基础理论中联系一些现代光学的课题和概念，并综合兼顾物理类、光电信息类和光学工程类各专业的学科特色及课程要求。为学生后续专业课程的深入学习和研究工作打下坚实的基础。

全书围绕光的本性这一内在主线，分为光的传播行为和光与物质的相互作用两大部分。

力求内容精选、主线清晰、概念透彻，体系结构完整合理。首先在几何光学部分用光线近似的方法讨论光的传播与成像理论，并在此后章节中从不同角度论证几何光学是波动光学的极限情况。波动光学是传统物理光学的主要内容，也是基础光学教材的核心，作为本书重点，将以光的电磁波理论为基础，用波的叠加原理贯穿始终，系统阐述光传播过程中的干涉、衍射、偏振、双折射等。根据具体情况做不同的近似处理，简洁数学运算，强调清晰的物理图像和物理思想；注重光学基本概念的准确描述，对各种干涉、衍射图样的物理过程及特征也作较为详细的解析讨论。在衍射中用叠加原理更精细的形式惠更斯-菲涅耳原理进行分析和计算，并结合现代光学，将傅里叶变换及频谱概念融入其中；在偏振问题中，将详细讨论双折射导致的偏振态改变、介绍晶体光学基础及应用。而对光与物质的相互作用部分，以经典电磁场理论分析作为基础，介绍光的量子性质，解决波动理论所遇到的困惑，阐述对光的本性更为深刻的认识。

作者在此要感谢龚尚庆教授、罗有华教授和张先梅教授对本书编写一直给予的关心和支持，感谢罗锻斌副教授、林功伟博士、还有研究生毕寒在本书编写中给予的帮助。

限于作者的学识和水平，书中难免错误和疏漏之处，敬请使用本书的读者不吝指正。

编 者

2014 年 3 月

目　录

绪论 …… 1
0.1　光是什么——历史的简单回顾 …… 1
0.1.1　光的微粒说 …… 1
0.1.2　光的波动说 …… 1
0.1.3　光的波粒二象性 …… 2
0.1.4　现代光学时期 …… 3
0.2　光学的研究范畴、特色与现代进展简述 …… 3
0.2.1　光学的研究范畴 …… 3
0.2.2　光学的特色与现代进展简述 …… 4

第1章　光的传播 …… 6
1.1　光源与光谱 …… 6
1.1.1　光源 …… 6
1.1.2　光谱 …… 7
1.2　光的几何光学传播规律 …… 8
1.2.1　光线传播的实验规律 …… 8
1.2.2　全反射 …… 10
1.2.3　棱镜与色散 …… 12
1.3　费马原理 …… 13
1.3.1　光程 …… 14
1.3.2　费马原理 …… 14
1.4　惠更斯原理 …… 17
1.4.1　波的几何描述 …… 17
1.4.2　惠更斯原理 …… 17
1.5　光度学基本概念 …… 18
1.5.1　光的电磁理论基础 …… 18
1.5.2　辐射通量和辐照度 …… 20
1.5.3　视见函数 …… 21
1.5.4　光通量和光照度 …… 21

习题 …… 22

第2章 几何光学基础 …… 23

2.1 成像基本概念 …… 23

2.1.1 物和像 …… 23

2.1.2 物方和像方 物像之间的共轭性 …… 24

2.1.3 物像之间的等光程性 …… 24

2.2 单球面上的傍轴成像 …… 24

2.2.1 傍轴条件 …… 24

2.2.2 傍轴(单)球面折射的物像公式 …… 26

2.2.3 单球面反射 …… 28

2.2.4 傍轴物点成像的放大率 拉格朗日-亥姆霍兹定理 …… 28

2.3 薄透镜成像 …… 30

2.3.1 薄透镜物像公式 …… 31

2.3.2 薄透镜成像作图法 …… 33

2.3.3 透镜组成像 …… 35

2.4 理想共轴球面系统(理想光具组理论) …… 37

2.4.1 理想成像与共线变换 …… 37

2.4.2 基点和基面 …… 37

2.4.3 物像关系 …… 39

*2.4.4 共轴球面系统的组合 …… 40

2.5 几何光学仪器 …… 42

2.5.1 眼睛 …… 42

2.5.2 放大镜和目镜 …… 44

2.5.3 显微镜 …… 45

2.5.4 望远镜 …… 46

2.5.5 投影仪和照相机 …… 47

2.6 光阑与像差 …… 48

2.6.1 光阑 …… 48

2.6.2 像差概述 …… 49

习题 …… 54

第3章 光的干涉 …… 56

3.1 波的叠加与干涉 …… 56

3.1.1 波的叠加原理 …… 56

3.1.2 干涉现象与相干条件 …… 57

3.1.3 干涉条纹的可见度 …… 60

3.1.4　相干光的获得 …… 61
3.2　分波前干涉 …… 62
3.2.1　杨氏实验 …… 62
3.2.2　其他分波前装置 …… 66
3.2.3　光场的空间相干性和时间相干性 …… 68
3.3　分振幅干涉——薄膜干涉 …… 72
3.3.1　等倾干涉 …… 72
3.3.2　等厚干涉 …… 77
3.3.3　增透膜与增反膜 …… 81
3.4　迈克耳逊干涉仪 …… 82
3.4.1　干涉仪结构和原理 …… 83
3.4.2　干涉条纹 …… 83
3.5　多光束干涉和法布里-珀罗干涉仪 …… 85
3.5.1　分波阵面法获得的多光束干涉 …… 85
3.5.2　分振幅法获得的多光束干涉 …… 87
3.5.3　法布里-珀罗干涉仪 …… 89
习题 …… 93

第 4 章　光的衍射 …… 97
4.1　衍射的基本原理 …… 97
4.1.1　光的衍射现象 …… 97
4.1.2　惠更斯-菲涅耳(Huygens-Fresnel)原理 …… 98
4.1.3　巴比涅原理 …… 100
4.1.4　衍射的分类 …… 100
4.2　菲涅耳圆孔衍射和圆屏衍射 …… 101
4.2.1　实验现象 …… 101
4.2.2　菲涅耳半波带法 …… 102
4.2.3　矢量图解法 …… 104
4.2.4　菲涅耳波带片 …… 105
4.3　夫琅禾费单缝衍射 …… 108
4.3.1　实验装置和现象 …… 108
4.3.2　单缝衍射的光强分布 …… 109
4.3.3　单缝衍射因子的讨论 …… 115
4.4　夫琅禾费圆孔衍射　光学仪器的像分辨本领 …… 116
4.4.1　夫琅禾费圆孔衍射 …… 116
4.4.2　光学成像仪器的分辨本领 …… 119
4.5　多缝夫琅禾费衍射 …… 122

4.5.1 实验装置和衍射图样 …… 122
4.5.2 强度分布公式 …… 123
4.5.3 缝间干涉因子的特点 …… 124
4.5.4 单缝衍射因子的作用 …… 125
4.6 衍射光栅 …… 126
4.6.1 光栅的分光性能 …… 126
4.6.2 闪耀光栅 …… 130
4.7 X射线衍射简介 …… 131
4.8 全息照相简介 …… 132
4.8.1 全息记录 …… 133
4.8.2 全息再现 …… 133
4.8.3 全息照相的特点 …… 134
4.9 傅里叶光学概述 …… 135
习题 …… 135

第5章 光的偏振 晶体光学基础 …… 138
5.1 光的偏振态 …… 138
5.1.1 完全偏振光(线偏振光、圆偏振光、椭圆偏振光) …… 138
5.1.2 非偏振光——自然光 …… 141
5.1.3 部分偏振光 偏振度 …… 142
5.2 偏振片的起偏与检偏 …… 143
5.2.1 偏振片的作用机制 …… 143
5.2.2 偏振片对不同偏振态的光强响应 …… 144
5.3 光在界面上反射折射时偏振态的改变 …… 147
5.3.1 菲涅耳公式 …… 147
5.3.2 反射光与折射光的振幅比 …… 149
5.3.3 反射光与折射光的相位变化 …… 150
5.3.4 反射光与折射光的偏振态 …… 153
5.3.5 玻璃片堆和布儒斯特窗 …… 153
5.4 单轴晶体的双折射 …… 154
5.4.1 双折射现象及基本规律 …… 154
5.4.2 单轴晶体中点光源的波面 …… 156
5.4.3 平面波在单轴晶体中的传播——惠更斯作图法 …… 157
5.5 晶体光学器件 …… 159
5.5.1 晶体偏振器 …… 159
5.5.2 相位延迟器——波晶片和补偿器 …… 161
5.6 圆偏振光和椭圆偏振光的获得与检验 …… 164

5.6.1 光通过波晶片后偏振态的变化 …… 164
5.6.2 圆偏振光和椭圆偏振光的获得 …… 164
5.6.3 圆偏振光和椭圆偏振光的检验 …… 165
5.6.4 光偏振态的检验 …… 166
5.7 偏振光干涉 …… 167
5.7.1 平行偏振光干涉 …… 167
5.7.2 会聚偏振光的干涉 …… 169
5.8 人工双折射及其应用 …… 170
5.8.1 应力双折射 …… 170
5.8.2 克尔效应 …… 171
5.9 旋光现象 …… 171
5.9.1 旋光现象与实验规律 …… 171
5.9.2 菲涅耳对旋光现象的解释 …… 172
习题 …… 174

第6章 光的吸收、色散和散射 …… 177
6.1 光的吸收 …… 177
6.1.1 光的吸收定律 …… 177
6.1.2 一般吸收与选择吸收 …… 178
6.1.3 吸收光谱 …… 179
6.2 光的色散 …… 180
6.2.1 色散概念　三棱镜的色散率 …… 180
6.2.2 正常色散与反常色散 …… 181
*6.2.3 色散的经典理论解释 …… 182
6.3 光的散射 …… 185
6.3.1 光的散射现象 …… 185
6.3.2 瑞利散射 …… 185
6.3.3 米氏散射与大粒子散射 …… 187
6.3.4 自然界的散射现象 …… 188
6.3.5 拉曼散射 …… 188
习题 …… 190

第7章 光的量子性 …… 191
7.1 单色辐射出射度和吸收比　基尔霍夫定律 …… 191
7.1.1 热辐射和发光 …… 191
7.1.2 单色辐射出射度和吸收比 …… 192
7.1.3 基尔霍夫定律 …… 193

7.2 黑体辐射实验规律 …… 193
7.2.1 绝对黑体 …… 193
7.2.2 黑体辐射实验规律 …… 194
7.2.3 维恩公式和瑞利-金斯公式 …… 196
7.3 普朗克能量子假设与普朗克公式 …… 197
7.4 光电效应　光子 …… 199
7.4.1 光电效应及其实验规律 …… 199
7.4.2 光电效应与波动理论的矛盾 …… 201
7.4.3 爱因斯坦的光子假设和光电效应方程 …… 201
7.5 康普顿效应 …… 201
7.5.1 康普顿效应及实验规律 …… 201
7.5.2 康普顿效应的量子解释 …… 202
7.6 光的波粒二象性 …… 204
7.6.1 光的粒子性 …… 204
7.6.2 光的波粒二象性　德布罗意波 …… 204
7.6.3 波粒二象性的统计解释 …… 206
7.6.4 概率波与概率幅　不确定关系 …… 206
7.6.5 光的本性 …… 209
习题 …… 209

习题参考答案 …… 211

参考文献 …… 213

绪论

0.1 光是什么——历史的简单回顾

"光是什么?"这是光学发展至今,人们一直在努力探索的问题。光学发展的历史也是对光的本性认识的历史。下面做一个简略的回顾。

0.1.1 光的微粒说

光的微粒说的代表是英国科学家牛顿(I. Newton)。1704年牛顿在其出版的重要著作之一《光学》一书中,提出光是从发光物体发射出来的作高速运动的一种非常细小的粒子,每个粒子可看成一个质点,遵守质点运动的规律。光的微粒说很自然地解释了光在均匀介质中的直线传播特性。如果假定光在水中的速度比空气中大,用微粒说也能容易地解释光的反射和折射现象。

1679年,荷兰物理学家惠更斯(C. Huygens)提出了光的波动理论。他认为光是在充满整个空间的特殊介质"以太"中传播的某种弹性波。用波动说也顺利地解释了光的反射和折射定律,但得出光在介质中的速度小于空气中的速度的推论,用波动说还能解释方解石的双折射现象,并且发现了光的偏振性。微粒说与波动说各有长短,争论不休。牛顿的巨大声望以及微粒说的直观易接受,使得光的微粒理论在整个18世纪占据统治地位。

0.1.2 光的波动说

惠更斯的波动说只是相当粗略地指出光的波动性。1801年,英国科学家杨氏(T. Young)用著名的双孔干涉实验,证明了光的波动性。为光的波动理论奠定基础的是德国物理学家菲涅耳(A. J. Fresnel),他吸收了惠更斯球面子波思想并补充以干涉原理,提出波的传播应看成是波面上各点相继发出的一系列球面次级子波互相叠加和干涉的结果,从而解释了在圆孔、直边、狭缝等物体边缘存在的光的绕射或衍射现象。菲涅耳的理论还完满地解释了光波的直线传播性。最为奇妙的是,根据菲涅耳的理论计算,可以预见在一块不透明圆板的阴影中心仍然有个亮点,实验确证了这个似乎不可理解的结论。

尽管波动理论曾受到严厉的攻击,但由于杨氏和菲涅耳等孜孜不倦的实验和理论工作,加之光速测定实验提供的重要依据,到19世纪中叶,光的波动说理论已占上风,逐步发展起来的波动光学体系已初步形成。

对光的本性的进一步认识,即光是一种电磁波的认识,是在19世纪后叶建立的。当时物理学中的另一分支学科——电磁学已发展得十分成熟。英国科学家麦克斯韦(J. C. Maxwell)总结了一系列电磁学实验及相应的定律后，建立了著名的麦克斯韦方程组，从理论上预言了电磁波的存在，即变化的电场和磁场将以波的形式向周围传播，其在物质中的传播速度可以由该物质的电学和磁学常量予以确定，通过计算得出电磁波在空气中的传播速度与当时测得的光的传播速度相同。麦克斯韦大胆预言：光波就是电磁波，它是一种以波的形式通过以太传播的电磁扰动。麦克斯韦关于电磁波的预言，由赫兹(H. R. Hertz)的实验所证实。

到19世纪末，人们已确认：光是一种具有极高频率的电磁波，以极快的速度传播，在其传播过程中所产生的各种现象，如干涉、衍射、偏振等，按照光的电磁波理论可获得完善的解释。当然，光的波动说还面临着一个问题：如何证实光波传播介质"以太"的存在？这个问题使人们困惑了许久。1887年，美国人迈克耳逊(A. A. Michelson)和莫雷(E. W. Morley)用干涉仪测"以太风"给出了否定的结果，从而动摇了作为光波(电磁波)载体的"以太"假说，以"静止以太"为背景的绝对时空观遇到巨大挑战。1905年，爱因斯坦(A. Einstein)提出了狭义相对论，从根本上否定了"以太"的存在，他认为电磁场本身就是物质存在的一种形式，它可以在真空中以波的形式传播，具有确定的传播速度 $c \approx 3 \times 10^8$ m/s，与光源或观察者的运动状态无关。

光是什么的问题似乎已有了明确的答案：光是电磁波，它可以在真空中传播。

0.1.3 光的波粒二象性

20世纪初期是物理学取得划时代进展的年代，其标志就是相对论和量子力学的建立，而在这两个理论的诞生过程中，光学扮演了极其重要的角色。

如上所述，利用光的干涉效应探测地球相对"以太"运动的迈克耳逊-莫雷实验及其"零结果"，对爱因斯坦建立相对论起了重要的佐证作用。

另一方面，光学的研究已经从光的传播深入到光的发射、吸收、光与物质相互作用的微观机制中，人们却困惑地发现许多问题是无法用电磁波理论加以解释的。其中最著名的是黑体辐射能量的光谱分布研究结果与经典物理学理论的矛盾。为解释这一问题，德国科学家普朗克(M. Planck) 于1900年首先提出了"量子化"概念，认为各种频率的电磁波(包括光波)只能以一定的能量子方式发射，能量子是不连续的。关于光子的概念是由爱因斯坦进一步明确和完善的。当时的另一个重要发现是"光电效应"，即光照射在金属表面上可使电子逸出，逸出电子的能量与光的强度无关，而依赖于入射光的频率。1905年爱因斯坦提出了杰出的光量子理论，圆满地解释了光电效应，并为后来的康普顿效应等许多实验所证实。这里所说的光子已经完全不同于牛顿时期的粒子概念。光子是和光的频率相联系的。每个光子的能量 E 与光的频率 ν 成正比，$E=h\nu$，其中 $h=6.626 \times 10^{-34}$ J·s 称为普朗克常数。

光的本性究竟是什么？这一问题再次摆到人们的面前。一方面，在与光的传播特性有关的一系列现象中，如光的干涉、衍射和偏振以及运动物体的光学现象等证实了光是电磁波；另一方面，在光与物质相互作用过程中，如热辐射、光电效应、光谱学效应以及光的化学作用等又表明了光的量子性(粒子性)。如何将光的本性的两个完全不同的概念统一起来，人们进行了大量探索。1924年，法国科学家德布罗意(L. V. de Broglie)提出了物质波概念，他大胆地设想每一物质粒子的运动都与一定波长的波动相联系。1927年，戴维逊(C. J.

Davisson)和革末(L. H. Germer)的电子衍射实验很快证实了电子具有波动性。事实上,不仅仅是电子、质子、原子和分子,其他物质粒子都具有与它自己的质量和速度相联系的波动性的特征。亦即,不仅光具有波动性和微粒性,一切习惯概念上的实物也同样具有这两种性质。德国科学家玻恩(M. Born)提出了物质波的"几率假设",建立了波动性和微粒性之间的联系。此后,海森堡(Heisenberg)、薛定谔(Schrö dinger)、狄拉克(Dirac)和玻恩(M. Born)等建立了量子力学,其中波动性和粒子性在新的形式下得到了较圆满的统一。

现在,我们对光的本性的认识应该是:光和实物一样,是物质的一种,具有波粒二象性,这是一切量子现象的基本属性。动量为 p 的光子(或粒子),具有波长为 λ,其关系为:$p=h/\lambda$。波动性和粒子性反映了光在与不同物质相互作用时所表现出来的不同特性,任何经典的概念都不能完全概括光的本性。

至今,我们仍不能说光本性的问题已经彻底解决。对于波动性和粒子性之间的辩证关系,人们仍然缺乏一目了然的形象,对于光的本性的认识也还远远没有达到最后的境地。甚至在某些新发现的现象面前,人们依然万分惊奇。例如,近代实验已发现,波长不大于 0.001 nm 的光子(γ 射线)在强电场中可变成两个带相反电荷的质点——电子和正电子,这一现象无疑显示着光与实物之间的深刻联系。因此,随着现代光学的发展及其科学技术的进步,人们对光的本性的认识还会不断完善和深入,新的现象、新的理论正等待着人们去探索和发展。

0.1.4　现代光学时期

现代光学一般认为起源于 20 世纪中期。从 1935 年荷兰光学家泽尼尔(F. Zernike)提出相衬原理开始,1948 年伽伯(D. Gabor)全息术的提出,以及 1955 年光学传递函数理论的建立,特别是 1960 年激光器的问世,促使光学学科迅速进入现代光学阶段。激光具有普通光源所无法比拟的高强度和高相干性(高单色性及高方向性),它的发明结合了波动光学和量子光学理论,它的诞生和发展不仅使光学学科本身发生了深刻的变化,也促进了原子和分子物理学的复兴,而且光学研究及应用在许多方面达到了全新的阶段或开辟了全新的领域,产生并继续产生着一系列新的学科分支。

现代光学以量子光学、激光理论与技术、非线性光学、以及现代光学信息处理技术与光电子技术等为标志,它们多是综合性很强的交叉学科。在现代光学阶段,人们更深刻地认识到光的基本属性是波粒二象性,量子电动力学理论能够对光场的波动-粒子二象性给出较为严格合理的表述,并经受了一系列精确实验的检验,仍是现代光学的理论基础。

0.2　光学的研究范畴、特色与现代进展简述

0.2.1　光学的研究范畴

光学的研究范畴包括光的本性、光的传播以及光与物质相互作用的规律及其应用。在基础光学中,常根据研究问题的不同出发点,将光学分为几何光学和物理光学,后者又可分为波动光学和量子光学。

当光与尺度比光的波长大得多的宏观物体相互作用时，可以用光线概念来描述和研究光的传播、处理光的成像问题，由此构成几何光学，其基本实验定律是关于光线的直进、反射、折射等定律，这些定律可以看做是一个更为普遍的原理——费马原理的必然结果。几何光学是一个关于光的唯象理论，但在现代光学系统的设计方面起着不可替代的作用。

当光与介观尺度的物体，即尺度与其波长相比拟的物体相互作用时，则表现出典型的波动特性。例如，当光通过极细小的缝或孔时，会产生衍射效应。波动光学就是将光看成是在空间连续分布的波动，是电磁波，从麦克斯韦电磁场理论出发，可以解决光的干涉、衍射、偏振等问题，以及描述光与物质的相互作用，如散射和色散等现象。当然，也可以用波动理论来解决光的直线传播、反射、折射成像等几何光学领域的问题。事实上，几何光学就是波动光学在其波长相对可视为极短(衍射效应可以忽略)时的极限情况。波动光学是经典光学的核心内容，传统划分上的物理光学主要是指波动光学，这也是本书的重点。

在分析光的发射、吸收以及某些在物质的微观结构起重要作用的光学现象，即光与物质的相互作用在原子、分子尺度上的表现时，则需要用光的量子理论，将光场看成量子化的光子群，严格而全面地描述许多光学现象。而在波动光学适用的范围内量子光学亦会给出同样的测量结果，因为光同时具有波动性和粒子性。只是在某些实验条件下用光的波动性可以满意地解释观察到的现象，或者说，在大量实际问题中光的粒子性并不起显著作用。并且，量子光学需要更多的数学、物理基础，因此在基础光学阶段，波动光学是核心内容。

综上所述，我们称光为光线、光波、光量子，既反映了在不同的历史阶段人们对光的认识，也反映了光与不同尺度的物体作用时所表现出的截然不同的特性。可以这么认为，它们是为了研究光而引入的不同物理模型，以这些物理模型为基本假设和出发点，分别建立了几何光学、波动光学和量子光学，它们是光学的重要分支，也构成光学的基本内容。

0.2.2 光学的特色与现代进展简述

光学是人类自然知识体系中一门古老而又年青的学科。光学是古老的，几何光学中光的直线传播是古代欧几里德几何学的物理基础，传统光学经千锤百炼，内容丰富、经典；光学又是年轻、极富生命力的，尤其是激光的问世，使光学以前所未有的规模和速度发展成为当今的前沿科学，现代光学世界更加绚丽多姿。

光学除了是物理学中一门重要的基础学科外，它又是一门应用性极强的学科，光学的每一部分几乎都与现代技术相联系。现代光学的迅速发展是建立在传统光学基础上的，同时它又给传统光学内容和基本原理赋予新的形式、增添新的内涵。

几何光学本来就是为设计各种光学仪器而发展起来的专门学科，现代高速计算机为复杂光学系统的设计和提高光学设计的质量创造了条件，从而产生了一系列高质量的性能卓越的光学系统，如各种非球面消像差成像镜头、精密微缩镜头等。

波动光学的应用十分广泛。光的干涉至今仍然是各种光学元件的检测中最精密和无可替代的方法。根据衍射原理制成的光栅光谱仪，在分析物质微观结构(原子、分子结构)和化学成分等方面起着最为重要的作用。

近50年来，人们将数学技术和通信理论与光的衍射结合起来，形成了傅里叶光学，由此引入的空间滤波和频谱概念为现代的光学信息处理、图像识别、像质评价、相干光学计算机以及综合孔径雷达技术等奠定了基础。

激光科学技术的发展标志着人们掌握利用光进入一个新的阶段。激光的出现带来了许多光学新技术的开拓和迅速发展，如光纤通信、光计算机、集成光学、光电子学等。激光技术已广泛应用于材料加工、精密测量、通信、测距、全息检测、医疗、激光武器、激光制导以及激光核聚变等各个方面，也极大地改变了我们的生活。

激光具有优良的单色性以及可以获得超短的光脉冲，使得人们可以利用激光对经典的原子、分子光谱学的数据进行重新测量，而获得更高的精度，并发展成了新的"激光光谱学"，其高精度、高频域分辨和高时空分辨的特点，使它成为目前研究物质微观结构和转换机制的重要手段，也为分子生物学和化学动态过程的研究提供前所未有的方法。在光学领域本身，高强度激光与物质作用产生的非线性光学效应，如光的倍频、混频、自聚焦、光学双稳态开关效应等，这方面的研究，形成了另一分支——"非线性光学"，这是当前发展的许多光学新技术的基础。激光冷却技术证实了凝聚物质以及宏观量子规律的存在；光场压缩态则在量子通信和量子计算机等领域显示出广泛的应用前景；超短脉冲激光使人们得以用很低的脉冲能量获得极高的峰值光强，并在飞秒级时间分辨率下研究物理、化学、生物学、光电子学等学科中各种超快速演变的瞬态过程。在许多情况下，超快和超强正在根本地改变激光与物质相互作用的机制，也促进着人们对光的本性更深入的探索和认识。

最后，让我们重新回到光的本性问题上。

光是具有极高频率的电磁波，光学学科所包含的研究范围从远红外光到真空紫外光并延伸到软X射线。光波可以作为信息载体而远距离传输信息，即光通信，利用"光的压缩态"，甚至可以把噪声降低到量子极限以下，从而大大提高光通信的效率，并可能检测到引力波的信号。光波作为信息的载体有其特殊的灵活性，它不仅可以进行强度调制，还可以进行偏振态调制、相位调制以及二维空间调制。基于激光的"光信息处理"研究，在航天技术、军事及社会生活中获得重要应用。

光子与电子都是具有能量和动量的微观"粒子"，它们都可以与其他物质相互作用而交换其能量和改变其动量，它们之间存在着一定的相似性。但它们又是截然不同的实体，它们分别服从不同的统计分布规律。电子具有静止质量并带有电荷，而光子静止质量为零并且是电中性，等等。光子可以像电子一样与物质相互作用，成为探测物质内部微观信息的一种极为灵敏的"探针"，并显示出其独特的优点。如：利用超短光脉冲可以探测物理、化学或生物学中的超快速演变过程。光子"探针"所研究对象不必放置在真空中，所以具有更普遍的应用性。光子探针仪器和电子探针仪器相辅相成，成为人类研究微观世界的重要工具。事实上，一门与电子学相并行的学科——光子学正在迅速发展，其在承载信息的速度和容量方面，显示了突出的优点。相应光子技术和光子工业的发展将与电子技术和电子工业一样为人类社会创造巨大的财富。

人类对光的本性的认识从原始朴素的微粒说到波动说，再到新的光子说和波粒二象性，其发展过程遵从辩证规律。光学的发展历史内容丰富、精彩纷呈，无处不闪耀着人类的智慧和创新。光学学科的生命力如此旺盛顽强，对现代物理学和整个科学技术的发展都有着重大的贡献，而其未来则更显示出诱人的前景。

第1章

光的传播

在研究光的传播问题时，我们习惯将光称为“光线”或“光波”，这正好代表了光学的两大分支：几何光学与波动光学。前者忽略了光的波动性，即相当于光波长 $\lambda_0 \to 0$ 的极限情况，其前提是，在光的传播方向上障碍物（如狭缝、小孔、透镜的孔径等）的几何尺寸远大于光的波长。由此可以得到光传播定律的良好一级近似，在这种近似处理下，人们可以根据基本实验定律，借助几何学的方法，来研究光在透明介质中的传播问题，光学定律可以用几何学的语言来表述，通常称为“几何光学”。后者根据光的电磁波本性，用麦克斯韦电磁场方程组来描述光的传播，建立严格的波动理论，称之为“波动光学”，这也是传统经典光学的主题。

本章首先从几何光学和波动光学两个方面介绍光传播的基本实验规律，以及光源、光度学基本概念。

1.1 光源与光谱

1.1.1 光源

任何发光物体都可以称之为光源。太阳是人们最熟悉的天然光源，而生活中的各种灯是人造光源，在科学研究和生产实际中，还有各种形式多样的特殊的人造光源，如各种电弧和气体辉光放电管等，1960 年发明的激光则是一种前所未有的崭新光源，具有一般光束无法比拟的单色性、方向性和高功率。

光是一种电磁辐射，需要不断的能量补充来维持其发射，物体发光过程就是一个能量转换的过程，按照转换方式（能量提供方式）的不同，可以将光源分为以下两大类。

1. 热辐射光源

通过加热物体使其维持一定的温度，物体就会持续发光，包括红外、紫外等不可见光。在一定温度下处于热平衡状态的物体的辐射，称为热辐射或温度辐射。太阳就是最大的热辐射光源，还有钨丝白炽灯、钨卤灯等都是热辐射光源。

2. 非热辐射光源

非热辐射光源又称冷光源，有很多种类。一类是气体放电光源，即电流通过气体（包括某些金属蒸气）引起放电而发光，这是依靠电场补充能量的过程，称电致发光，如汞灯、钠灯、氙灯、金属卤化物灯、空心阴极灯等。另一类是固体发光光源，如场致发光和发光二极管等，前者指固体在电场作用下将电能直接转化为光能的发光现象（也称电致发光），后者是一种半导体光源，是由少数载流子在 p-n 结区的注入与复合而产生的发光现象，根据材料的不同，可以获得多种颜色的发光二极管。还有某些物质被光照射或预先被照射而引起发光，这是依靠光照补充能量的过程，称光致发光，如日光灯管壁上荧光物质的发光。此外还有化学发光，这是通过化学反应补充能量而导致的发光过程，如磷在缓慢氧化时会发光，一些生物体(如萤火虫)的发光也是特殊类型的化学发光。

在激光光源之后出现的同步辐射光源，是指接近光速运动的电子在加速器中作圆周运动时，沿切线方向发出的电磁辐射。同步辐射在真空紫外光区域和 X 光区域是目前最强的光源。

事实上，能量形式可以相互转化，上述各种光发射过程并非截然分开，同一光源中光的发射过程也往往不是单一的。

1.1.2 光谱

在各种波长的电磁波中，能为人眼睛所感受的，只是波长在 400～760 nm 狭窄范围内的电磁辐射，对应频率范围是 7.5×10^{14}～4.1×10^{14} Hz，这个波段内的电磁波称为可见光，如图 1-1 所示。在可见光范围内，不同波长的光引起不同的颜色感觉，表 1-1 是各单色光的频率或真空中波长与颜色的对应关系。光学的研究范围通常还包括波长较长的红外光(760 nm～0.1 mm)和波长较短的紫外光(100～400 nm)。

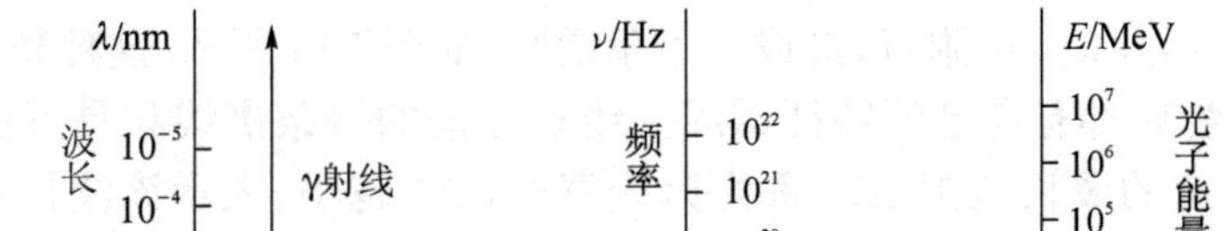

图 1-1 电磁辐射谱

表 1-1 光的频率或真空中波长与颜色的对应关系

颜 色	中心频率/Hz	中心波长/nm	波长范围/nm
红	4.5×10^{14}	660	760～622
橙	4.9×10^{14}	610	622～597
黄	5.3×10^{14}	570	597～577
绿	5.5×10^{14}	550	577～492
青	6.5×10^{14}	460	492～450
蓝	6.8×10^{14}	440	450～435
紫	7.3×10^{14}	410	435～390

单一波长的光叫单色光,否则称为非单色光。普通光源发光大多不是单色光,即使激光也非完全单色光。若光强度为 I,令 $\mathrm{d}I$ 表示波长在 λ 到 $\lambda+\mathrm{d}\lambda$ 范围的光强度,则 $i(\lambda)=\dfrac{\mathrm{d}I}{\mathrm{d}\lambda}$ 代表单位波长区间的光强,又称谱密度,非单色光谱密度 $i(\lambda)$ 按波长的分布,叫做光谱,光源发出的各种波长的总光强可表示为

$$I=\int\mathrm{d}I=\int_0^{\infty}i(\lambda)\,\mathrm{d}\lambda \tag{1.1}$$

不同的光源有不同的光谱特点,如热辐射光源的发光强度在很大的波长范围内连续分布,如图 1-2 所示,这种光谱称为连续光谱。许多气体(或金属蒸气)放电发光,其光强集中在一些离散的波长值 $\lambda_1,\lambda_2,\lambda_3,\cdots$附近,形成一条条谱线,如图 1-3 所示,这种光谱称为线状光谱。不同化学成分的物质都有自己的特征谱线。线状光谱的每条谱线只是近似的单色光,它们的光强分布有一定的波长范围 $\Delta\lambda$,称为谱线宽度,$\Delta\lambda$ 越小,表示该波长光的单色性越好。激光的谱线宽度远小于普通光源,具有极高的单色性。太阳光谱除了一些暗线外,基本上是连续谱,它所发出的各种波长的可见光混合在一起,给人的感觉是白色。

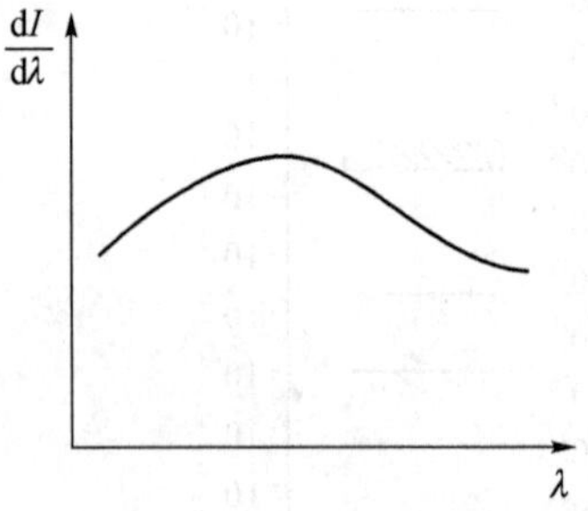

图 1-2 连续光谱

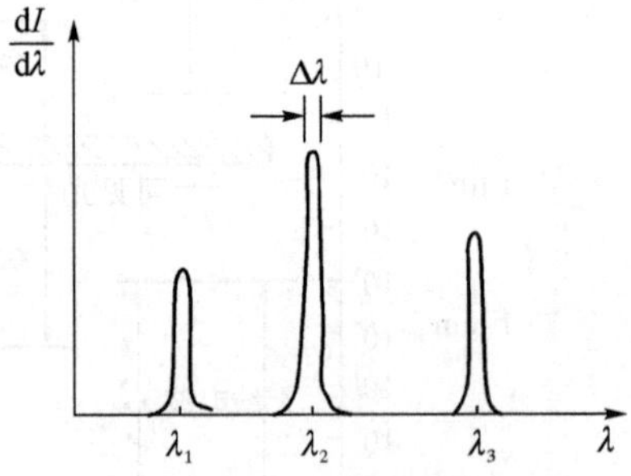

图 1-3 线状光谱

1.2 光的几何光学传播规律

1.2.1 光线传播的实验规律

在不考虑光的衍射效应的条件下,以光线概念为基础,通过观察和实验总结出光传播所

遵循的规律，这就是人们熟知的几何光学三个实验定律，它是几何光学的理论基础，也是各种光学仪器设计的理论根据。

（1）光的直线传播定律：光在均匀各向同性介质中沿直线传播。

在点光源照射下，不透明物体背后会出现清晰的影子，其形状与光源为中心发出的直线所构成的几何投影形状一致，如图1-4所示。图1-5为针孔成像，由物体上各点发出的光线将沿直线通过暗箱前壁上的小孔，在后壁上形成一倒立的像。以上两个例子都表明了光沿直线传播的事实。应当注意，若小孔直径缩小到 10^{-3} cm 以下时，由于光的衍射效应，成像将变得模糊，甚至完全得不到成像。

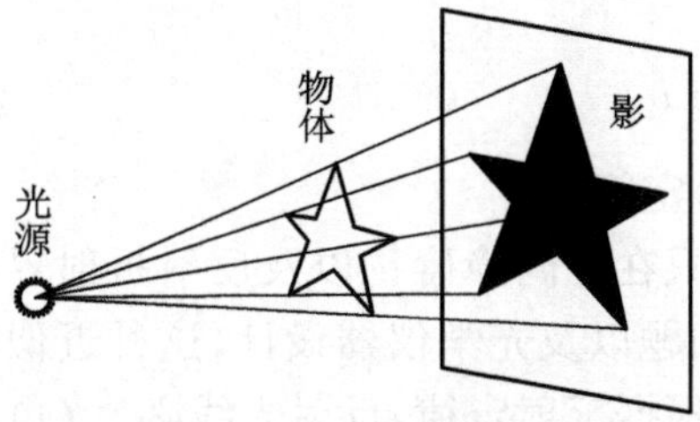

图1-4　物体的影子

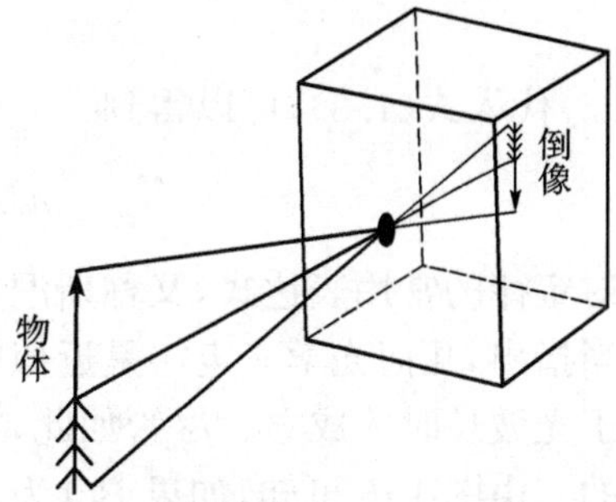

图1-5　针孔成像

（2）光的独立传播定律：两束光在传播途中相遇时互不干扰，即每一束光的传播方向及其他性质都不会因另一束光的存在而发生改变。我们将在第3章中对此作进一步的阐述。

（3）光的反射定律和折射定律：当光线 AO 入射到透明、均匀、各向同性介质的平滑分界面上时，一般情况下，一部分光从界面上反射，形成反射光线 OB；一部分光将进入另一介质，形成折射光线 OC，如图1-6所示。入射光线与入射点处界面法线构成的平面称为入射面。入射线、反射线和折射线与界面法线的夹角 i_1、i_1' 和 i_2 分别称为入射角、反射角和折射角。实验证明有下述规律：

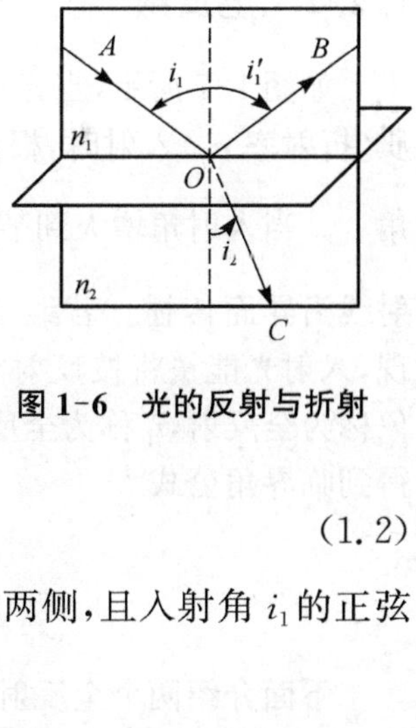

图1-6　光的反射与折射

光的反射定律：反射光线在入射面内，与入射光线分居法线两侧，且反射角等于入射角，即

$$i_1' = i_1 \tag{1.2}$$

光的折射定律：折射光线位于入射面内，与入射光线分居法线两侧，且入射角 i_1 的正弦与折射角 i_2 的正弦之比为一常数，即

$$\frac{\sin i_1}{\sin i_2} = n_{12} \tag{1.3}$$

常数 n_{12} 称为第二种介质相对第一种介质的折射率，简称相对折射率。任何介质相对于真空的折射率，称为该介质的绝对折射率，简称折射率，在数值上等于光在真空中的传播速度 c 与光在该介质中的传播速度 v 的比值：

$$n = \frac{c}{v} \tag{1.4}$$

折射率较大的介质称为光密介质，折射率较小的称为光疏介质。折射率随介质而异，且与光的波长有关。两种介质1、2的相对折射率是光在两种介质中传播速度的比值，也等于它们各自的绝对折射率之比：

$$n_{12} = \frac{v_1}{v_2} = \frac{\frac{c}{n_1}}{\frac{c}{n_2}} = \frac{n_2}{n_1} \tag{1.5}$$

将式(1.5)代入式(1.3)，可以得到

$$n_1 \sin i_1 = n_2 \sin i_2 \tag{1.6}$$

这是折射定律的常用表达式，又称斯涅耳(W. Snell)定律。

应当指出，几何光学三定律是近似的实验规律，只在空间障碍物以及反射折射界面的尺寸远大于光波长时才成立。尽管如此，对很多光学问题以及光学仪器设计，这种近似还是足够精确的。由图1-6可知，如果BO为入射光线，则根据反射定律，反射光线必为OA；若CO为入射线，则根据折射定律，OA必定是折射光线。即，当光线的传播方向逆转时，光路不变。这是个带有普遍性的推论，称为光路可逆性原理，利用光路可逆性原理，常常可以通过简单的推理而获得某些重要的结论。

1.2.2 全反射

如图1-7所示，当光从光密介质(折射率n_1)向光疏介质(折射率n_2)入射时，根据折射定律，折射角i_2大于入射角i_1。当入射角增大到某一角度i_C时，折射角等于$\frac{\pi}{2}$，折射线沿界面传播。若继续增大入射角，折射光线不再出现，入射光能量将按反射定律全部返回光密介质，这种现象称为全反射，i_C称为全反射临界角，根据折射定律，可以得到临界角公式

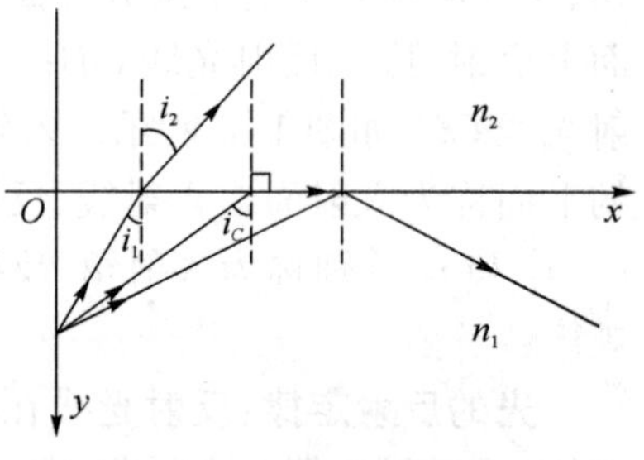

图1-7　全反射临界角

$$i_C = \arcsin \frac{n_2}{n_1} \tag{1.7}$$

下面介绍两个全反射原理的应用实例。

1. 光学纤维

全反射有广泛的应用，近年来发展迅速的光学纤维(optical fiber)，就是利用全反射规律而使光线沿着弯曲路程传播的光学元件。光学纤维常用直径为5～60 μm的透明丝作芯料，外有涂层。芯料的折射率约为1.8，涂层的折射率为1.4左右。当光由芯料射到芯料-涂层的界面时，入射角小于临界角的那些光线，根据折射定律将逸出光学纤维；而入射角大于临界角的光线，由于全反射，在芯料-涂层界面上经过多次反射后传到另一端，如图1-8 (a)

所示。

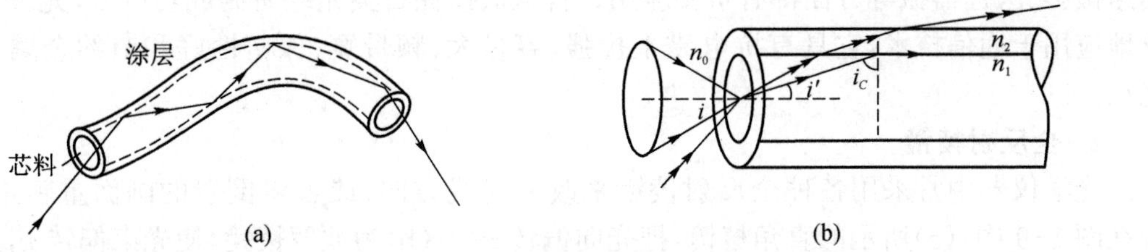

图 1-8 光导纤维

如图 1-8 (b)所示的单箭头表示一临界光线，光在芯料-涂层界面上的入射角等于临界角 i_C。显然，从折射率为 n_0 的介质经光学纤维端面射入，而且入射角大于 i 的那些光线(图中以双箭头表示)，在 n_1、n_2 界面上的入射角就小于 i_C，这些光线将不能通过光纤，只有在介质 n_0 中其顶角为 $2i$ 的圆锥体内的全部光线才能在其中传播。根据芯料-涂层界面发生全反射的条件为

$$\frac{\pi}{2}-i'\geqslant i_C$$

即要求

$$i'\leqslant\frac{\pi}{2}-i_C$$

按折射定律

$$n_0\sin i=n_1\sin i'$$

比较以上两式，得全反射的条件为：

$$n_0\sin i\leqslant n_1\cos i_C$$

而
$$\cos i_C=\sqrt{1-\sin^2 i_C}=\sqrt{1-\left(\frac{n_2}{n_1}\right)^2}$$

所以
$$n_0\sin i\leqslant\sqrt{n_1^2-n_2^2}$$

上式为光线在芯料-涂层界面发生全反射时，入射角应满足的条件。由此可见该入射角 i 的上限 u_0 应满足

$$n_0\sin u_0=\sqrt{n_1^2-n_2^2}$$

或

$$u_0=\arcsin\left[\frac{\sqrt{n_1^2-n_2^2}}{n_0}\right]\tag{1.8}$$

$n_0\sin u_0$ 称为光纤的数值孔径。光纤的数值孔径越大，通过光纤的光功率就越大。

把很多光纤组成一束，仅限于传导光能量的光纤束称为导光束，同时能传像的光纤束称

传像束。光纤束具有光能量损失少、数值孔径大、分辨本领高、可弯曲成各种形状等优点，在高速摄影、医疗器械等方面都有重要应用。自从低损耗石英光纤研制成功以来，光纤束已广泛地应用于通信技术，它具有抗电磁干扰强、容量大、频带宽、保密性好和节约金属材料等优点。

2. 全反射棱镜

光学仪器中常采用各种全反射棱镜来改变光线方向，或者将倒置的画面重新正过来。如在图 1-9 中，(a)所示的直角棱镜，把光向偏转 $\pi/2$；(b)为波罗棱镜，使光束偏转 π，且像的上下倒转；(c)为多夫倒像棱镜；(d)为正四面体直角棱镜，它的特点是从斜面入射的光线，相继在三个直角面全反射后，经斜面与原入射线平行反向射出。由 100 块正四面体直角棱镜排列起来作为激光反射器，已由阿波罗 11 号安放在月球上。自地面向月球发射的激光束，经过这些反射器反射后返回地面原处，大大减少了瞄准的困难。自行车的“尾灯”也具有类似的特性。

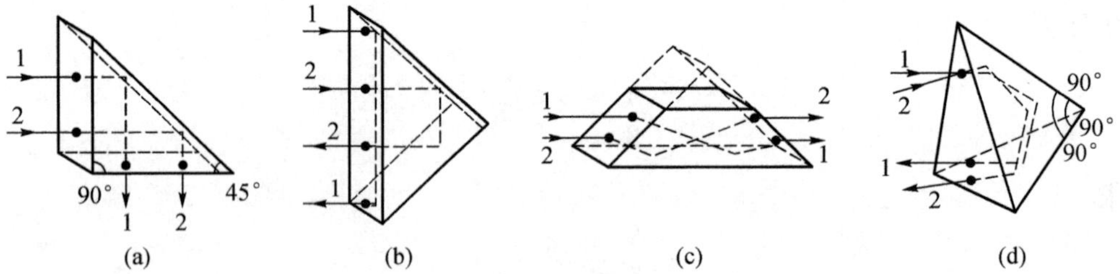

图 1-9 全反射棱镜

1.2.3 棱镜与色散

棱镜是由透明介质(如玻璃)做成的棱柱体，与棱边垂直的平面称为棱镜的主截面，主截面呈三角形的棱镜叫三棱镜。棱镜主要用于分光，即利用棱镜对不同波长的光有不同折射率的性质来分析光谱。折射率与光波长有关的现象称为色散。当一束白光或其他非单色光射入棱镜时，不同波长(颜色)的光因折射率不同而具有不同的偏向角，从而使出射光线方向不同。牛顿就是利用三棱镜首次将太阳光分成了七色光。

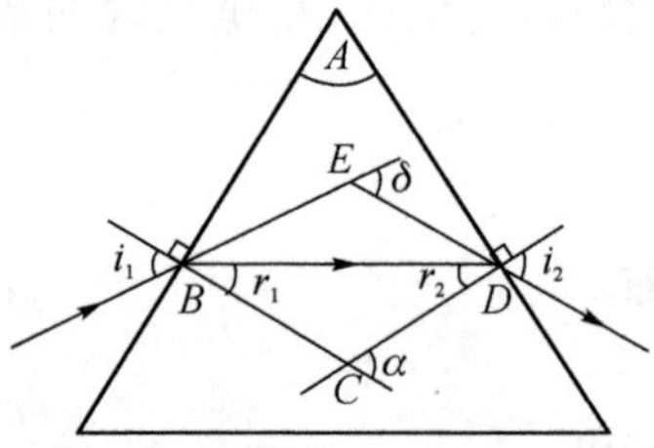

图 1-10 光在三棱镜主截面内的折射

下面我们讨论光线在三棱镜主截面内的折射规律。如图 1-10 所示，白光从三棱镜一侧入射(入射角 i_1)，再从另一侧射出(出射角 i_2)，δ 称为偏向角，设三棱镜顶角(棱角)为 A，由图 1-10 得

$$\begin{aligned}\delta &= (i_1 - r_1) + (i_2 - r_2) = (i_1 + i_2) - (r_1 + r_2) \\ A &= \alpha = r_1 + r_2\end{aligned} \tag{1.9}$$

于是有

$$\delta = (i_1 + i_2) - A \tag{1.10}$$

对于确定的顶角 A,偏向角 δ 随 i_1 改变。容易证明,当 $i_1 = i_2$ 时,δ 最小,称为最小偏向角 $\delta_{\min}$,此时有

$$\begin{aligned}\frac{\mathrm{d}\delta}{\mathrm{d}i_1} &= 1 + \frac{\mathrm{d}i_2}{\mathrm{d}i_1} = 0 \\ \mathrm{d}i_1 &= -\mathrm{d}i_2\end{aligned} \tag{1.11}$$

此外还有

$$\begin{aligned}\mathrm{d}A &= \mathrm{d}\alpha = \mathrm{d}r_1 + \mathrm{d}r_2 = 0, \\ \mathrm{d}r_1 &= -\mathrm{d}r_2\end{aligned} \tag{1.12}$$

由折射定律

$$\sin i_1 = n\sin r_1,\ n\sin r_2 = \sin i_2 \tag{1.13a}$$

取微分得

$$\begin{aligned}\cos i_1 \mathrm{d}i_1 &= n\cos r_1 \mathrm{d}r_1 \\ n\cos r_2 \mathrm{d}r_2 &= \cos i_2 \mathrm{d}i_2\end{aligned} \tag{1.13b}$$

将式(1.11)和式(1.12)代入式(1.13b),可得

$$\frac{\cos i_1}{\cos i_2} = \frac{\cos r_1}{\cos r_2}$$

即

$$i_1 = i_2,\ r_1 = r_2 \tag{1.14}$$

结合式(1.9)和式(1.10),可得

$$\begin{aligned}i_1 &= \frac{1}{2}(\delta_{\min} + A) \\ r_1 &= \frac{1}{2}A\end{aligned} \tag{1.15}$$

将式(1.15)代入式(1.13),整理可得三棱镜最小偏向角公式:

$$n = \sin\left[\frac{1}{2}(\delta_{\min} + A)\right]\Big/\sin\frac{A}{2} \tag{1.16}$$

在已知顶角 A 的条件下,通过测量 $\delta_{\min}$,利用式(1.16)可以获得棱镜材料的折射率 n。

1.3 费马原理

光线传播的三个基本实验定律,还可以由一个更为基本的原理来表述,这就是费马原理(P. de Fermat),费马原理是几何光学的基本原理。为讲述该原理首先介绍光程概念。

1.3.1 光程

在均匀介质中,光程 Δ 为光在介质中通过的几何路径 l 与该介质折射率 n 的乘积,即

$$\Delta = nl \tag{1.17a}$$

由 $n=\dfrac{c}{v}$,可得光在介质中经历的时间为

$$t=\frac{l}{v}=\frac{nl}{c}=\frac{\Delta}{c} \tag{1.17b}$$

式(1.17b)表明,光在折射率为 n 的介质中的光程,在数值上等于相同时间内光在真空中所通过的路程。借助光程这一概念,可将光在介质中通过的几何路程折算到光在真空中通过的路程,以便直接用真空中的光速来计算和比较光在不同介质中通过路程的长短。

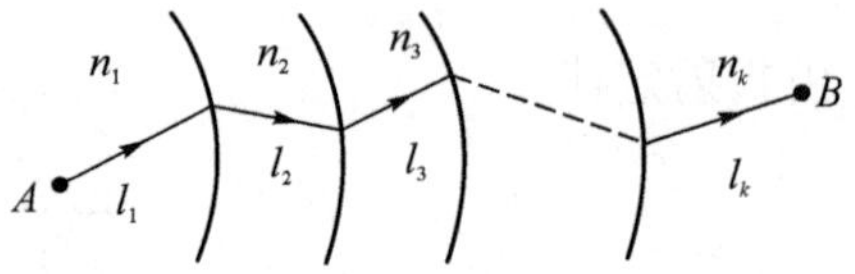

图 1-11 分区均匀介质中的光程

在分区均匀介质中,如图 1-11 所示,光从 A 点到 B 点所走的光程为

$$\Delta=\sum_{i=1}^{k} n_i l_i \tag{1.18}$$

经历的时间为

$$t=\frac{\Delta}{c}=\frac{1}{c}\sum_{i=1}^{k} n_i l_i \tag{1.19}$$

若从 A 点到 B 点的空间充满折射率连续变化的介质,则上述光程与时间的表示式分别为

$$\Delta=\int_A^B n\,\mathrm{d}l\,,\quad t=\frac{1}{c}\int_A^B n\,\mathrm{d}l$$

1.3.2 费马原理

费马应用光程的概念将几何光学实验定律高度概括归结为一条统一的基本原理——费马原理,其表述如下:光从空间一点到另一点所走的实际路径,必须是总光程为平稳的路径。所谓“平稳”,可以理解为光在指定的两点间传播时,实际的光程总是一个极值,即光总是沿光程值为最小、最大或恒定的路径传播,

费马原理的数学表述为:在光线的实际路径上,光程的一阶变分为零,即

$$\delta\Delta=\delta\int_A^B n\,\mathrm{d}l=0 \tag{1.20}$$

图 1-12 为光程随路径变化的示意图。在我们所遇到的多数场合,光程具有极小值或恒定值。其实费马最初是根据经济原则(自然现象都是经济的)提出这一原理的,称“最短时间原理”,又称“最小光程原理”,即:光从一点传播到另一点实际所经历的路径是这两点间所有可能路径中费时最短的一条路径。

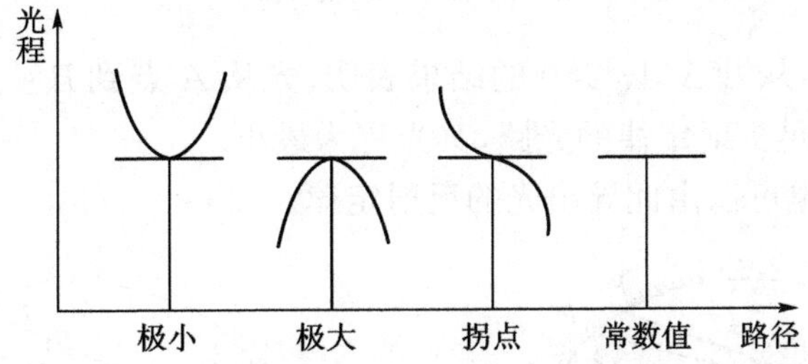

图 1-12 光程有稳定值的几种情况

根据两点间直线距离最短这一几何公理，可以由费马原理直接导出在均匀介质或真空中光的直线传播定律。我们也可以由费马原理导出光的反射定律和折射定律。其次，注意费马原理只涉及光线传播的路径，并未涉及光线的传播方向。那么，若路径 A 到 B 的光程取极值，则沿其逆路径 B 到 A 的光程亦取极值，由此可自然地得出光路可逆性原理。

例 1.1 根据费马原理导出光的折射定律。

推导： 如图 1-13 所示，设两均匀介质的分界面 xOz 为一平面，xOz 平面上下的介质折射率分别为 n_1 和 n_2。光线通过第一介质中指定的 $A(x_1,\ y_1)$ 点后，经过界面 xOz 到达第二介质中的指定的 $B(x_2,\ y_2)$ 点，过 A、B 两点作平面 yOz 垂直于界面，OO' 为它们的交线。现由费马原理来确定实际光线在界面上的折射点 C。

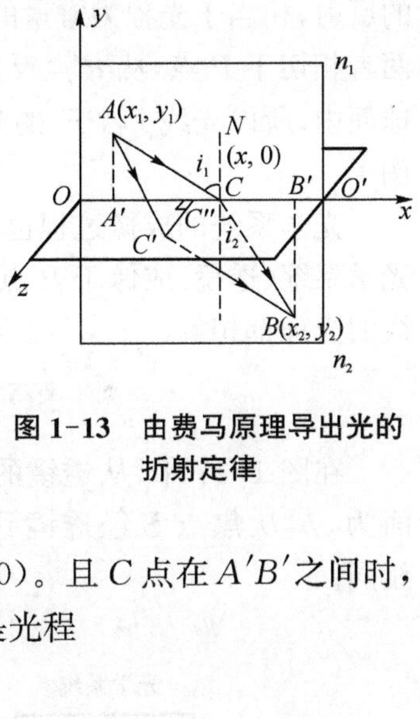

图 1-13 由费马原理导出光的折射定律

第一，按费马原理，可确定折射点 C 一定位于交线 OO' 上。这是由于如果另一点 C' 位于线外，则对应于 C'，一定可以在 OO' 线上找到它的垂足 C''。由于 $AC'>AC''$，$C'B>C''B$，故光程$[AC'B]$总大于$[AC''B]$而不是极小值，这就证明了折射面和入射面必定在同一平面内。

第二，再来确定 C 点在 OO' 上的位置。令 C 点坐标为$(x,\ 0)$。且 C 点在 $A'B'$ 之间时，即 $x_1<x<x_2$，光程必小于 C 点在 $A'B'$ 以外的相应的光程，于是光程

$$\begin{aligned}\Delta &= [ACB] = n_1 AC + n_2 CB \\ &= n_1\sqrt{(x-x_1)^2+y_1^2} + n_2\sqrt{(x_2-x)^2+y_2^2}\end{aligned}$$

光程为极值的条件是 $\dfrac{\mathrm{d}\Delta}{\mathrm{d}x}=0$，所以有：

$$\begin{aligned}\frac{\mathrm{d}\Delta}{\mathrm{d}x} &= \frac{\mathrm{d}}{\mathrm{d}x}[ACB] = \frac{n_1(x-x_1)}{\sqrt{(x-x_1)^2+y_1^2}} - \frac{n_2(x_2-x)}{\sqrt{(x_2-x)^2+y_2^2}} \\ &= n_1\frac{A'C}{AC} - n_2\frac{CB'}{CB} = n_1\sin i_1 - n_2\sin i_2 = 0\end{aligned}$$

即

$$n_1 \sin i_1 = n_2 \sin i_2$$

这就是光的折射定律。从 $d^2\Delta/dx^2>0$ 的结果表明，光从 A 点到 B 点所走路径是光程为最小的路径。或者说，满足折射定律的光路，其光程为最小。

参照例 1.1，同样也可以由此导出光的反射定律。

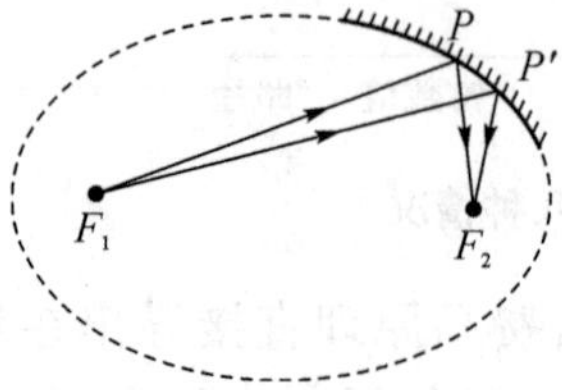

图 1-14 光程取恒定值

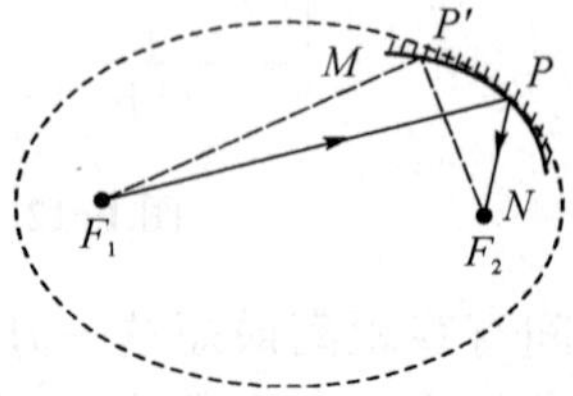

图 1-15 光程取极大值

图 1-14 是以焦点 F_1、F_2 连线为轴的旋转椭球凹面镜，从焦点 F_1 上发出的光线经镜面反射后都通过该椭球面的另一个焦点 F_2。根据椭圆的特点，从椭圆两个焦点到椭圆上任一点 P 的距离之和为一常量，可知光程$[F_1PF_2]$恒等于任意另一光程$[F_1P'F_2]$。这种情况下的反射，相当于光程为常量的情形。而在图 1-15 中，MN 为内切于旋转椭球面内的凹面镜，两者相切于 P 点，从 P 点反射的光线为 F_1PF_2，由于曲面镜 MN 上的任意其他点 P' 均在椭球面内，所以光线 F_1PF_2 的光程大于任何其他光线 $F_1P'F_2$ 的光程，这是光程取极大值的例子。

光学系统的成像过程也满足费马原理。如图 1-16 所示，光从点光源 S 发射的光线经过光学系统(透镜)成像于 P 点。从 S 发出并会聚于 P 点的所有光线都满足费马原理，这些光线的光程都相等，

$$\overline{SQ} + n\overline{QQ'} + \overline{Q'P} = \overline{SO} + n\overline{OO'} + \overline{O'P}$$

在图 1-17 中，从透镜的主焦点上发出的一束光线在通过透镜后成为一束平行光，波面为 ab，从焦点 S 经透镜到达波面 ab 上任一点光线的光程都相等，波面上各点相位都相同。

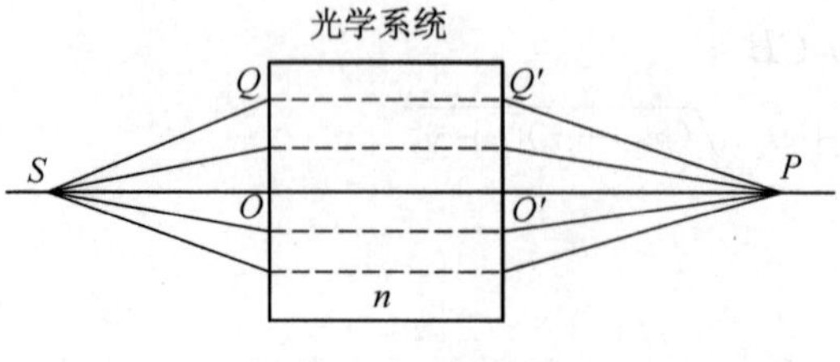

图 1-16 光学系统成像

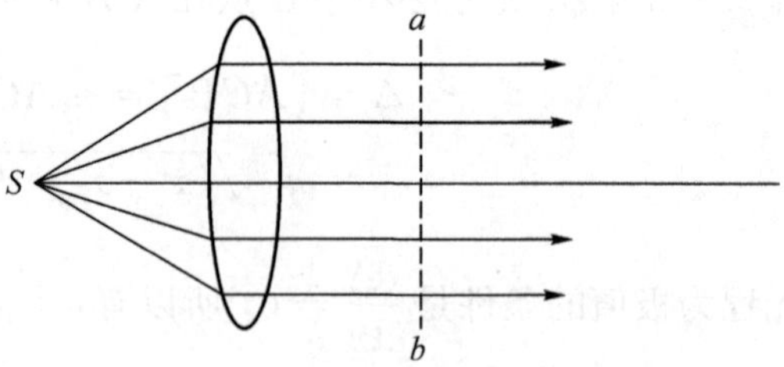

图 1-17 透镜成像的等光程性

可以说，光从空间一点传播到另一点可以有无限多可能的路径，但光线只走满足费马原理的路径，费马原理是实际光线所受的一种约束或所应遵循的规律，就好像光从各种几何上可能的路径中“筛选”出物理上实际可行的光线路径，这对我们理解大自然的物理行为是极为重要的启示。

1.4 惠更斯原理

1.4.1 波的几何描述

在研究波的传播时,总可以找到同相位各点的几何位置,这些点的轨迹是一个曲面,称为波面(或波阵面),某一时刻波传播最前方的波面叫波前。例如由一个点振源发出的波,在各向同性介质中的波面是以振源为中心的球面,称为球面波[图 1-18(a)]。在离振源很远的地方,波面趋于平面,称平面波[图 1-18(b)]。我们还可以绘出一组线族,它们每点的切线方向代表该点波的传播方向,这样的线族称为波线。在各向同性介质中,波线总是与波面正交(图 1-18)。球面波的波线通过振源中心点,构成同心波束,平面波的波线构成平行波束。几何光学中所谓的"光线",就是光波的波线。

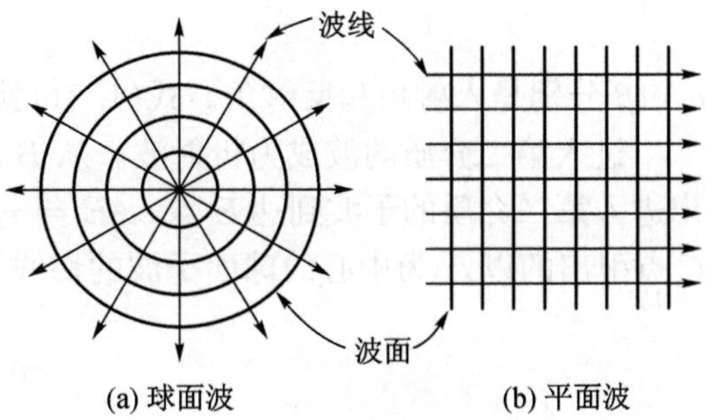

图 1-18 波面与波线

1.4.2 惠更斯原理

荷兰物理学家惠更斯(C. Huygens)是光的波动说的创始人,他于 1690 年提出了关于波面传播的理论。惠更斯原理可表述如下:任何时刻波面上的每一点都可看作为次波的波源,在各向同性介质中,它们各自发出球面次波;在以后的任一时刻,所有这些次波波面的包络面就是波在该时刻的新波面。如图 1-19 所示,在各向同性介质中,t 时刻波面 S 上的每一面元可认为是新的球面子波源,它们发出的次波向四面八方传播,在 t' 时刻形成的次波面是半径为 $v\Delta t$ 的球面,这里 v 为波速,$\Delta t = t' - t$,而这些次波面的包络面 S' 就是 t' 时刻新的波面。

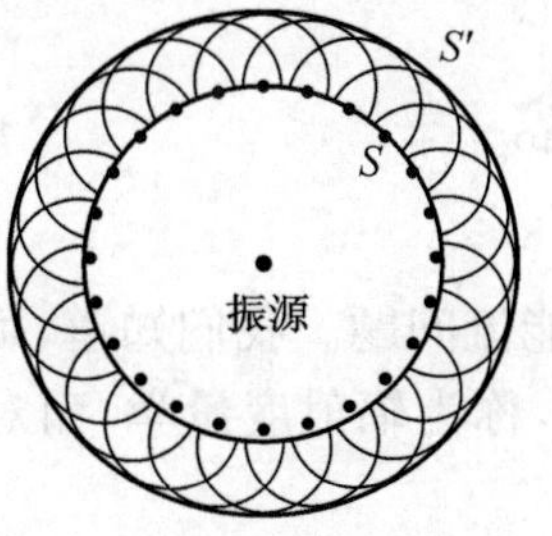

图 1-19 惠更斯原理

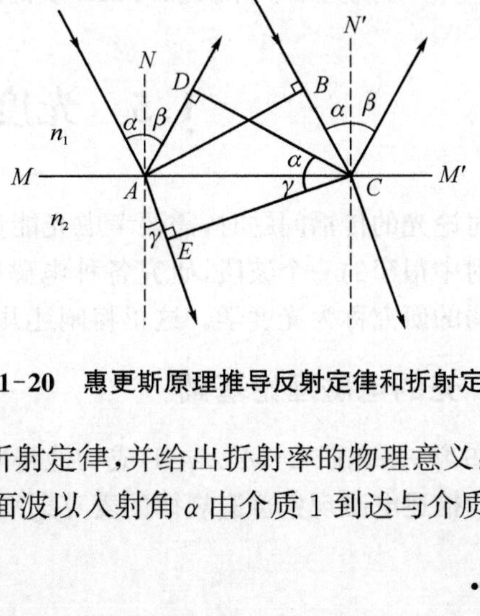

图 1-20 惠更斯原理推导反射定律和折射定律

应用惠更斯原理可以解释光的反射定律和折射定律,并给出折射率的物理意义:光在两种介质中的速度之比。如图 1-20 所示,入射平面波以入射角 α 由介质 1 到达与介质 2 的分界面，波前为 AB，A 点正好在界面上。从 A 点发射的子波一部分进入第二介质中，另一部分返回第一介质。波前 AB 上的 B 点发射的子波仍在第一介质中传播。经过时间 Δt 后从 B 点发出的子波到达界面上的 C 点，$BC = v_1 \Delta t$，v_1 是波在第一介质中传播速率。同时，从 A 点发出返回第一介质的子波波前到达 D 点，$AD = v_1 \Delta t = BC$。波前 AB 上各点都陆续传播到界面并产生返回第一介质和进入第二介质的子波。经 Δt 时间后第一介质中的新波前为 CD，CD 是反射波前，它仍然是平面波。从图 1-20 上由几何关系可以得出

$$\alpha = \beta \tag{1.21}$$

α 和 β 分别是入射角和反射角。式(1.21)就是光的反射定律。

进入第二介质的波成为折射波。从 B 点发出的子波到达界面上 C 点的同时，从 A 点发出进入第二介质的子波到达 E 点，$AE = v_2 \Delta t$，v_2 是波在第二介质中的传播速率。EC 是从 C 点引出的以 A 为中心的球面子波的切线，根据图 1-20 并考虑到式(1.21)，可以得到

$$\sin \alpha = \frac{AD}{AC}$$

$$\sin \gamma = \frac{AE}{AC}$$

于是有

$$\frac{\sin \alpha}{\sin \gamma} = \frac{AD}{AE} = \frac{v_1 \Delta t}{v_2 \Delta t}$$

即

$$\frac{\sin \alpha}{\sin \gamma} = \frac{v_1}{v_2} = n_{21} \tag{1.22}$$

式(1.22)就是光的折射定律，α 为入射角，γ 为折射角，n_{21} 为第二介质对第一介质的相对折射率。根据式(1.5)，可将式(1.22)表示为

$$n_1 \sin \alpha = n_2 \sin \gamma \tag{1.23}$$

式中，n_1，n_2 分别为第一介质和第二介质的绝对折射率，这就是斯涅耳定律。

1.5 光度学基本概念

在讨论光的传播问题时，需要考虑光能量的传播或光的能流问题。我们知道，可见光是电磁辐射中很窄的一个波段，研究各种电磁辐射强弱的学科，称为辐射度量学，而对其中可见光强弱的研究称为光度学。这里将阐述几个主要概念。

1.5.1 光的电磁理论基础

1865 年，麦克斯韦(Maxwell)成功地将电磁学领域的研究成果总结成了一组方程，这就是著名的描述电磁现象普遍规律的麦克斯韦方程组。从这组方程出发导出了电磁场所遵从

的波动方程，这表示电场和磁场是以波动形式传播的，麦克斯韦从理论上预言了电磁波的存在，并推导出电磁波在真空中传播的速度应是

$$c = \frac{1}{\sqrt{\varepsilon_0 \mu_0}} \tag{1.24}$$

式中，ε_0 和 μ_0 是真空的介电常数和磁导率。麦克斯韦根据1856年科耳劳希(Kohlrausch)和韦伯(Weber)测量的 ε_0 和 μ_0 的数据算出：$c=3.107\,4\times10^8$ m/s。而菲佐(Fizeau)在1849年测得的光速值为 $3.133\,0\times10^8$ m/s，两者非常接近，说明电磁波是以光速传播的。于是麦克斯韦进一步预言：光波就是一种电磁波。1875年从麦克斯韦方程组又导出了关于光波反射折射的菲涅耳公式(这是由菲涅耳于1823年建立的)。1888年赫兹(Hertz)用实验证实了电磁波的存在，并证明它与光一样，具有反射、折射、干涉、衍射和偏振等性质，同时根据频率和波长再次证明其速度等于光速。由此一方面证实了麦克斯韦关于电磁波的预言，另一方面很自然地使人们承认光是一种电磁波，光波的传播由麦克斯韦方程组描述。光的电磁理论的确立，推动了光学及整个物理学的发展。

光波是电磁波，它的电场强度矢量 $\boldsymbol{E}$(简称电矢量)和磁场强度矢量 $\boldsymbol{H}$ 都与传播方向 $\boldsymbol{k}$ 垂直，$\boldsymbol{E}$ 和 $\boldsymbol{H}$ 的振动是同相位的，即同时达到极大值和极小值，如图1-21所示。光波在介质中的传播速度为

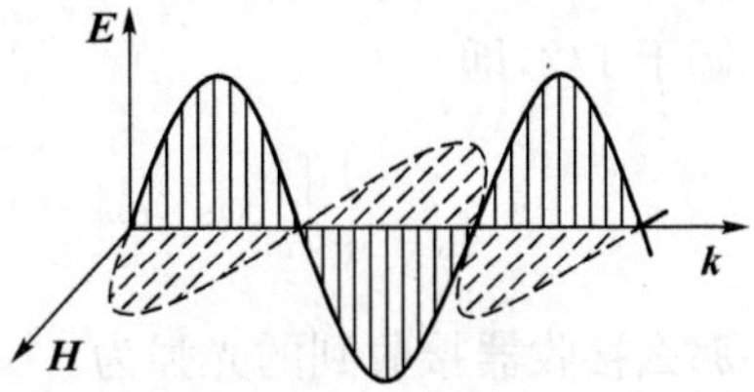

图1-21 电磁波

$$v = \frac{1}{\sqrt{\varepsilon_0 \varepsilon_r \mu_0 \mu_r}} \tag{1.25}$$

式中，ε_r、μ_r 是介质的相对介电常数和相对磁导率。常见的光学材料几乎都是非铁磁介质，相对磁导率 $\mu_r \approx 1$，所以介质的折射率

$$n = \frac{c}{v} = \sqrt{\varepsilon_r \mu_r} = \sqrt{\varepsilon_r} \tag{1.26}$$

对于许多检测光的元件，例如光电池、光电倍增管、感光片等，它们对光的响应主要由电磁波中的电场引起。光化学作用、光合作用以及眼的视觉也主要是由电场所致。所以在光学中的大多数情况下，我们用电矢量 $\boldsymbol{E}$ 表示光场，并把电矢量 $\boldsymbol{E}$ 叫做光矢量。

所有的波都携带能量，电磁波的能量传递用能流密度矢量(坡印廷矢量) $\boldsymbol{S}$ 表示：

$$\boldsymbol{S} = \boldsymbol{E} \times \boldsymbol{H}$$

$\boldsymbol{S}$ 表示单位时间内通过垂直于波传播方向上单位面积的能量，方向沿着波能量的传播方向。由 $\boldsymbol{E} \perp \boldsymbol{H}$，且 $\sqrt{\mu_0 \mu_r} H = \sqrt{\varepsilon_0 \varepsilon_r} E$，并结合式(1.26)，可得 S 的大小为

$$S = EH = \sqrt{\frac{\varepsilon_0 \varepsilon_r}{\mu_0 \mu_r}} E^2 = n \sqrt{\frac{\varepsilon_0}{\mu_0}} E^2$$

对于单色平面波，其波函数 $E = A\cos(\omega t - kr)$，故

$$S = n\sqrt{\frac{\varepsilon_0}{\mu_0}}A^2\cos^2(\omega t - kr) \tag{1.27}$$

由于光波中 E 和 S 均以极快的频率(10^{14} Hz 量级)振荡,现有的接收器的反应速度远远跟不上光波的变化速度,所以无法直接测量 S 的瞬时值。例如人眼需要大于 0.1 s 的时间才能反应,所以人眼或光学接收器接收到的"光波强度"是在观察仪器的响应时间 τ 内的平均能流密度。用符号 $\overline{S}$ 表示坡印廷矢量的时间平均值的大小,称为辐射通量密度(或平均能流密度),单位是 W/m^2。当能量从一个表面发出时,$\overline{S}$ 称为辐射出射度(简称辐出度);当能量入射到某个表面时,$\overline{S}$ 称为辐照度。在光学中,平均能流密度是一个极其重要的量,又称光强 I,$I = \overline{S}$。

由于接收器的响应时间 $\tau \gg T$(光波的周期),在 τ 的时间内,$\cos(\omega t - kr)$大量地经历了从-1 到$+1$ 之间的变化,其平均值趋于零,所以在式(1.27)中,$\cos^2(\omega t - kr)$的时间平均值等于 1/2,即

$$\frac{1}{\tau}\int_0^\tau \cos^2(\omega t - kr)\mathrm{d}t = \frac{1}{\tau}\int_0^\tau \frac{1}{2}[1-\cos^2(\omega t - kr)]\mathrm{d}t = \frac{1}{2}$$

那么接收器接收到的光强为

$$I = \frac{1}{2}n\sqrt{\frac{\varepsilon_0}{\mu_0}}A^2 \tag{1.28}$$

或者

$$I = \frac{nc\varepsilon_0}{2}A^2 \tag{1.29}$$

显然,在同一种介质中,光强正比于电场振幅 A 的平方。如果我们只需考虑同一种介质中不同位置的光强的相对大小,而不需要计算各处光强的绝对值时,可将式(1.29)写成

$$I=A^2 \tag{1.30}$$

但在比较不同介质中的光强时要注意,不可约去与介质特性有关的量——折射率 n。

若利用复振幅计算光强,可以很容易得到

$$I = \widetilde{\psi} \cdot \widetilde{\psi}^* = A\mathrm{e}^{i(\boldsymbol{k}\cdot\boldsymbol{r}-\varphi_0)}A\mathrm{e}^{-i(\boldsymbol{k}\cdot\boldsymbol{r}-\varphi_0)} = A^2 \tag{1.31}$$

这是求光强的一个常用方法。

光探测器的响应正比于入射光振幅的平方,又称之为平方律探测器。它们只能给出关于光波振幅的信息,而不能反映相位的分布情况。为了探测到光波的相位信息,方法之一是利用双光束干涉,将相位转化为光强显示出来。

1.5.2 辐射通量和辐照度

在辐射量度学中,电磁波源的某发射表面上单位时间发射的电磁波能量称为辐射通量,单位为瓦特。单位时间内投射到垂直于电磁波传播方向的单位面积上的电磁波能量就是辐照度,即平均能流密度,单位为 W/m^2(见式(1.28)至式(1.30))。例如当太阳光垂直入射到地面时,辐照度为 1.35 kW/m^2。

对于非单色辐射，人们更关心能量的频谱分布。以 $d\Psi$ 表示在波长范围 λ 到 $\lambda + d\lambda$ 内的辐射通量，则某面元上辐射的各种波长的总辐射通量为

$$\Psi = \int_0^{\infty} \Psi(\lambda) d\lambda \tag{1.32}$$

$\Psi(\lambda)$ 表示在波长 λ 附近单位波长间隔内的辐射通量，描述辐射能在频谱中的分布，又称辐射通量谱密度。

1.5.3　视见函数

在很多情况下，我们只关心人眼能够感觉到的可见光的强度，我们要测量的是能使人眼产生视觉的光的强度。而人眼对不同波长的光的视觉灵敏度是不一样的，为此我们引入相对灵敏的概念，又称视见函数 $V(\lambda)$。通常在较明亮环境中，人的视觉对波长 555.0 nm 左右的黄绿色光最敏感。设任一波长 λ 的光和波长 555.0 nm 的光产生同样强度的视觉所需的辐射通量分别为 Ψ_λ 和 Ψ_{555}，则两者之比

$$V(\lambda) = \frac{\Psi_{555}}{\Psi_\lambda} \tag{1.33}$$

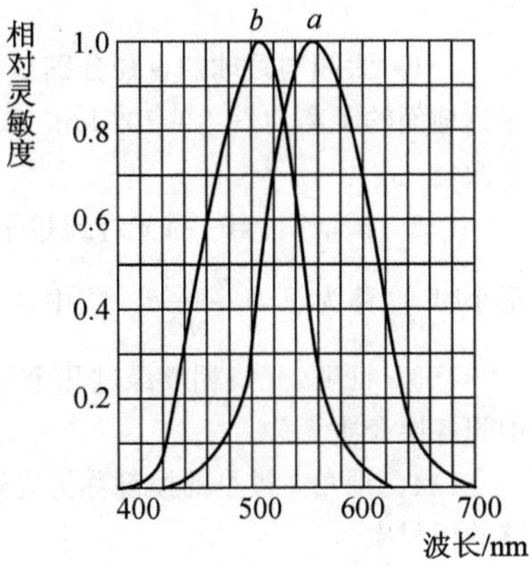

图 1-22　视见函数曲线

叫做视见函数。图 1-22 为视见函数曲线 $(V(\lambda) \sim \lambda)$，图中 a 是在明亮环境（白昼视觉）中的视见函数曲线，而 b 是在光照很弱（暗视觉）环境中的视见函数曲线。在白昼视觉曲线中，最大值在550 nm附近；在暗视觉曲线中，最大值在 510 nm 附近。

1.5.4　光通量和光照度

光度学单位是将辐射度量学的单位乘以白昼视觉的视见函数 $V(\lambda)$ 得到的。若波长 λ 的辐射通量谱密度为 $\Psi(\lambda)$，则对应的光通量谱密度为

$$\Phi(\lambda) = V(\lambda)\Psi(\lambda) \tag{1.34}$$

复色光的总光通量为

$$\Phi = K_m \int V(\lambda)\Psi(\lambda) d\lambda \tag{1.35}$$

光通量的单位为流明（lumen，简写 lm）。规定对于 550 nm 的黄绿色光，通过某一面积的辐射通量为 1 W，则其光通量为 683 lm。波长 555 nm 是人眼白昼视觉最灵敏的波长（图 1-22），此处视见函数值为 1，即 $V(550\ \text{nm}) = 1$。所以

$$K_m = 683\ \text{lm/W}$$

也称光功当量。均匀照射在垂直于光照射方向的单位面积上的光通量称为光照度，光照度的单位为勒克斯（lux，符号为 lx），即：lm/m^2。

此外，在光度学中常用的物理量还有：发光强度，指光源在某一方向单位立体角内发出的光通量，单位为坎德拉(candela，简写 cd)，即流明/球面度(lm/sr)。坎德拉(cd)是国际单位制的七个基本单位之一，按照 1979 年第 16 届国际计量大会的规定，1 cd 定义为，发射 5.40×10^{14} Hz(波长近于 555 nm)的单色辐射源辐射强度为(1/683) w/sr。光亮度，定义为 1 cm^2 的光源表面在法线方向单位立体角内发出的光通量，其单位为熙提(stilb，简写 sb)，即流明/球面度·厘米^2(lm/sr·cm^2 或 cd/cm^2)。

习 题

1-1 太阳与月球的直径分别是 1.39×10^6 km 和 3.5×10^3 km，太阳到地面的距离为 1.50×10^9 km，月球到地面的距离为 3.8×10^5 km。试计算，地面上能见到日全食区域的面积(可将该区域的地面视为平面)。

1-2 试证明：当一条光纤通过平行平面玻璃板时，出射光线方向不变，但产生侧向平移。当入射角 θ 很小时，位移为 $x=\frac{n-1}{n}\theta t$。式中，n 为玻璃板的折射率，t 为其厚度。

1-3 证明：光线相继经过几个平行分界面的多层介质时，出射光线的方向只与两边的折射率有关，与中间各层介质无关。

1-4 顶角 α 很小的棱镜称为光劈，证明光劈使垂直入射的光线产生偏向角 $\delta=(n-1)\alpha$，其中 n 是光劈的折射率。

1-5 一氦氖激光器，发出波长为 632.8 nm 的激光束 3 mW，问此光束的光通量为多少流明？

1-6 某一光源的发光强度为 55 cd，在离它 2.2 m 处有一屏幕，假定屏幕的面法线通过该光源，试求屏幕上的光照度。

第 2 章

几何光学基础

在光学中，若忽略光的波长和相位等波动概念，而以光线概念替代，用几何学的语言来表述光学定律，研究光在透明介质中的传播规律，这一分支称为几何光学（geometrical optics），几何光学具体研究光的反射、折射及其有关光学系统的成像规律。由于忽略了波长的有限大小，几何光学仅在一定条件下适用，具有近似性，但这种近似对很多光学问题是完全适合的，有重要的实用价值，很多光学仪器正是根据几何光学原理设计制造的。事实上，偏离这个近似的现象（如衍射现象等，在第 4 章研究），只有通过细心安排的实验才能观察到。

2.1 成像基本概念

常用光学仪器中，首先遇到的就是成像问题，这也是几何光学研究的中心问题之一。本节首先介绍一些有关成像的基本概念，以后各节将研究成像的规律。

2.1.1 物和像

从光能量传播方向的角度来说，可以把具有一定关系的一些光线的集合称为光束。各光线本身或它们的延长线交于同一点的光束，称为同心光束，又称单心光束。例如，从一点光源发出的光束就是同心光束。同心光束可以分为发散的、会聚的和平行的三种，平行光束的光线交点在无穷远。

由若干不同材料不同形状的反射面、折射面以及有圆孔的遮光板（光阑）等组成的系统称为光学系统或光具组，透镜、反射镜、棱镜和光阑等是构成光学系统的基本元件。换句话说，光学系统就是由共轴球面系统、平面系统和光阑组合而成。光学系统的作用就是用以变换光束。凡是入射的同心光束经过光学系统后，出射光束仍为同心光束，则该光学系统称为理想光学系统。

如图 2-1 所示，入射到光学系统的同心光束的交点称为物点，经光学系统出射的同心光束的交点称为像点。若入射光束为发散的同心光束，则其交点为实物点，见图 2-1(a)；若入射光束为会聚的同心光束，则交点（没有实际光线通过该点）为虚物点。出射光束为会聚的同心光束，交点为实像点，见图 2-1(b)；出射光束为发散的同心光束，交点为虚像点，见图 2-1(a)。进入人眼的光束之所以能引起视觉，人眼看到的是成像于视网膜上光束的顶点，而不是光束本身。

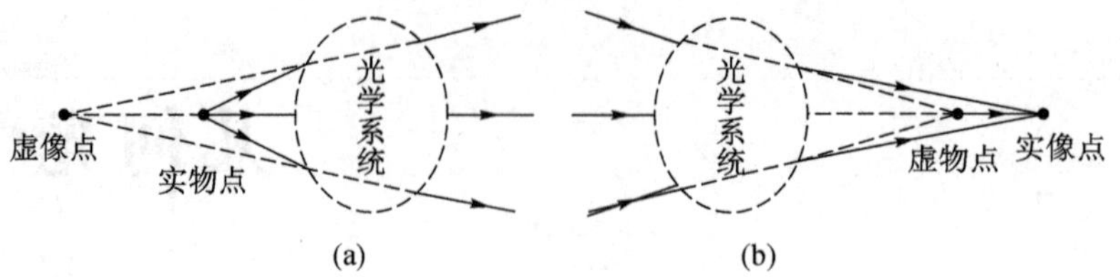

图 2-1 物点和像点

2.1.2 物方和像方 物像之间的共轭性

为了便于讨论,我们将由物点组成的空间称为物方(物空间),由像点组成的空间称为像方(像空间)。物方和像方是针对某一光学系统而言的,在具体问题中区分物方和像方,不能仅仅看它是在光学系统之前还是之后。由于物方包含了所有实的和虚的物点,它不仅是光学系统前面的那部分空间,还要延伸到光学系统之后;同样,由于像空间包含所有实的和虚的像点,它也不仅是光学系统后面的那部分空间,它还要延伸到光学系统之前。所以,物方和像方两个空间实际上是重叠在一起的。

理想光学系统将空间每个物点和相应的像点建立一一对应关系。从物点发出的光线经光学系统后一定通过像点,并且根据光路可逆性原理,从像点发出的光线反向入射光学系统后必定通过原来的物点,这样一对互相对应的点称为共轭点,相应的光线称为共轭光线,而物方每个平面对应像方的一个平面,称为共轭面。

2.1.3 物像之间的等光程性

理想光学系统成像时,有一个重要的性质,即从物点 P 到像点 P' 的各光线的光程相等,称为物像之间的等光程性。

用费马原理很容易证明物像之间的等光程性。在图 2-2中,物点 P 发出的同心光束,通过系统后成为中心在像点 P' 的同心光束。在这同心光束中,连续分布着无穷多条实际的光线路径。根据费马原理,它们的光程应取极大值或极小值或恒定值。对于这些连续分布的实际光线,其光程都取极大或极小值是不可能的,唯一的可能性是光程取恒定值,即它们的光程都相等。

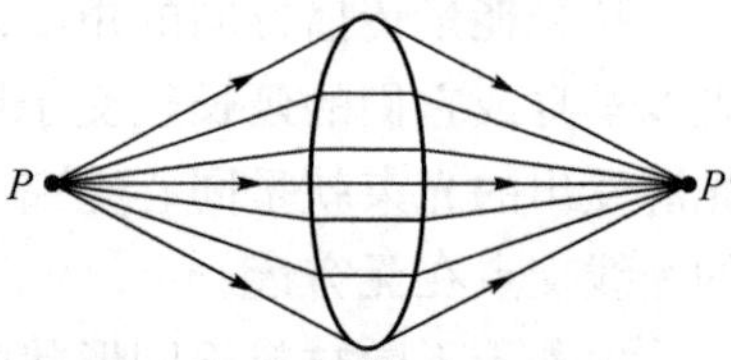

图 2-2 物像之间等光程性

2.2 单球面上的傍轴成像

2.2.1 傍轴条件

设有两种均匀的透明介质,其折射率分别为 n 和 n',被半径为 r 的球形界面所分开,如图 2-3 所示。连接物点 P 和球心 C 的直线称为主光轴,主光轴和球面的交点 O 称为球面的顶点。

物点 P 发出同心光束，其中任一条入射线 PA 在球面上 A 点处的入射角为 i，φ 表示球面法线和主光轴的夹角。光经球面折射，折射角为主 i'，折射光线和主光轴交于 P' 点。下面讨论，由 P 点发出的其他光线是否也交于 P' 点？

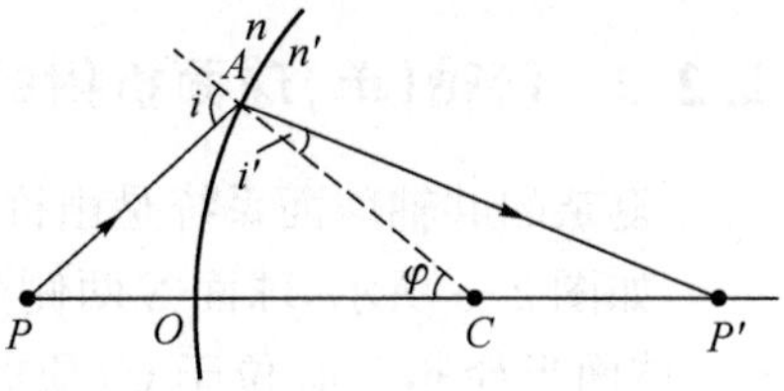

图 2-3　单球面折射

在△APC 中，有 $\dfrac{PC}{PA}=\dfrac{\sin(\pi-i)}{\sin\varphi}=\dfrac{\sin i}{\sin\varphi}$，而在△$ACP'$中，有 $\dfrac{AP'}{CP'}=\dfrac{\sin(\pi-\varphi)}{\sin i'}=\dfrac{\sin\varphi}{\sin i'}$

上两式相乘可得

$$\frac{PC}{PA}\cdot\frac{AP'}{CP'}=\frac{\sin i}{\sin i'}=\frac{n'}{n}$$

即

$$CP'=\frac{n}{n'}\frac{AP'}{AP}PC \tag{2.1}$$

从式(2.1)可以看出，P' 的位置与 A 点的位置有关，从 P 点发出的不同光线，与球面交于不同点，折射后与主光轴交于不同点，因此球面折射不能理想成像。

如果只考虑与光轴成微小角度的傍轴光线，它们的入射角 i 和折射角 i' 都很小，满足近似条件：

$$\tan i\approx\sin i\approx i,\ \tan i'\approx\sin i'\approx i'$$

则有

$$PO\approx AP,\ OP'\approx AP'$$

即，傍轴光线经折射后都通过同一 P' 点。

现进一步讨论，一个垂直于光轴的直线段（或平面）如何成像。如图 2-4 所示，将光轴 PC 绕球心 C 转过一微小角度，于是 P 点转到 Q 点，而 P' 点则转到 Q' 点，Q' 点就是 Q 点的像点。因此 PQ 弧上所有各点都将在 $P'Q'$ 弧上找到对应的像点，$P'Q'$ 弧就是 PQ 弧的像。如果 PQ 很小，即 Q 点到光轴的距离远小于球面曲率半径，则称为傍轴小物，此时 PQ 和 $P'Q'$ 都近似与光轴 PCP' 垂直，即：垂直于光轴的短线段，其形成的像也是垂直于光轴的短线段。推而广之，一个与光轴垂直的傍轴平面小物，它的傍轴光线所成的像也与光轴垂直，这两个平面分别称为物平面与像平面，是一对共轭平面。

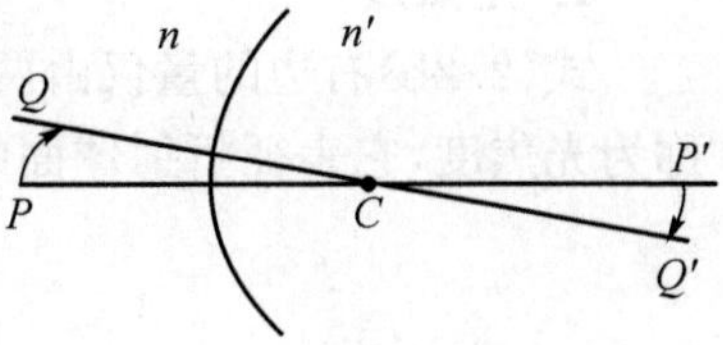

图 2-4　傍轴小物体成像

傍轴小物体以傍轴光线（细光束）成像，称之为傍轴条件。对于折射球面，只有在傍轴条件下，才能点物成点像、直线成直线像、平面成平面像（即理想成像）。

2.2.2 傍轴(单)球面折射的物像公式

复杂的共轴球面系统是由许多单球面组成的。下面我们先从单球面折射进行讨论。

如图 2-5 所示,球面 Σ 两侧介质折射率分别为 n 和 n',球面半径 r,球心位于 C,顶点为 O。从轴上物点 Q 发出的一条光线入射到 Σ 上的 M 点,经球面折射后与光轴相交于 Q' 点。而从 Q 点发出沿着光轴的入射光线,经过球面折射后仍然沿光轴方向,所以 Q' 点就是物点 Q 发出的两条不同方向光线经球面折射后的会聚点。光线 QM 入射角为 i,折射角 i',QM、MQ' 以及半径 CM 与光轴的夹角分别为 u、u' 和 φ。根据折射定律

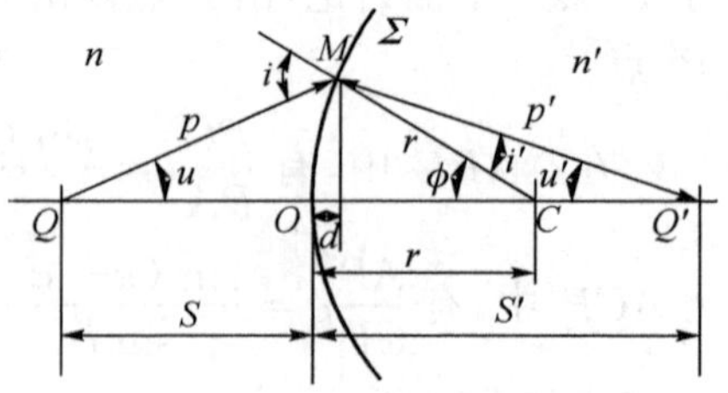

图 2-5 光在单球面上的折射

$$n\sin i = n'\sin i'$$

另有几何关系

$$i - u = i' + u' = \varphi$$

在傍轴条件下,折射定律可表示为

$$n(\varphi + u) = n'(\varphi - u') \tag{2.2a}$$

并有

$$u \approx \frac{h}{s},\ u' \approx \frac{h}{s'},\ \varphi \approx \frac{h}{r}$$

将以上结果代入式(2.2a),约去 h,整理可得

$$\frac{n}{s} + \frac{n'}{s'} = \frac{n' - n}{r} \tag{2.2b}$$

这就是单个球面折射成像的物像公式,s 为物距,s' 为像距。以下讨论几个概念。

1. 光焦度

式(2.2b)右边的量仅由两种介质的折射率和球面曲率半径决定,与物和像的位置无关,称为光焦度,它表征折射球面的聚光本领,用 Φ 表示,即

$$\Phi = \frac{n' - n}{r} \tag{2.3}$$

一般规定,当 r 以 m 为单位时,光焦度的单位为 m^{-1},该单位又称屈光度 D($1\ \mathrm{D} = 1\ \mathrm{m}^{-1}$)。例如,对于 $n = 1.0$, $n' = 1.5$ 和 $r = 200$ mm 的球面,其光焦度等于 2.5 D,记作 $\Phi = 2.5$ D。Φ 越大,表示折射球面的聚光本领越大。$\Phi > 0$ 表示折射球面对平行于主轴的平行光束是会聚的;$\Phi < 0$ 表示折射球面对平行于主轴的平行光束是发散的。对于折射平面来说,相当于 $r = \infty$,则 $\Phi = 0$,表示平面折射系统对垂直入射的平行光无屈折作用。

2. 焦点与焦距

与主光轴上无穷远处像点对应的物点(即无穷远像点的共轭点)称为物方焦点,以 F 表示,此时的物距(到顶点的距离)称为物方焦距,以 f 表示;而主光轴上无穷远处物点的共轭

点称为像方焦点，一般以 F' 表示，此时的像距称为像方焦距，以 f' 表示。依次令式(2.2)中 $s'=\infty$，$s=f$ 和 $s=\infty$，$s'=f'$，可分别得到物方、像方焦距公式

$$f=\frac{nr}{n'-n},\quad f'=\frac{n'r}{n'-n} \tag{2.4}$$

两者之比为

$$\frac{f}{f'}=\frac{n}{n'} \tag{2.5}$$

即物方和像方焦距之比等于物方和像方介质的折射率之比。值得指出的是，式(2.5)对其他成像系统也是成立的。对于单球面折射，n 和 n' 总是不相等的，所以 $f\neq f'$。

3. 高斯公式与牛顿公式

将球面折射的物像公式(2.2b)用上述物方与像方焦距 f 与 f' 表示，可得到

$$\frac{f}{s}+\frac{f'}{s'}=1 \tag{2.6}$$

此式称为高斯公式。这是一个普遍适用的物像公式。

上述物距 s 和像距 s' 都是以球面顶点 O 为计算原点，若物距和像距分别以物方焦点 F 和像方焦点 F' 为计算原点，并分别用 x、x' 表示，则根据如下变换关系

$$s=x+f,\quad s'=x'+f'$$

高斯公式转化为

$$\frac{f}{f+x}+\frac{f'}{f'+x'}=1$$

化简后得到

$$xx'=ff' \tag{2.7}$$

这是以焦点为原点的物像公式，称为牛顿公式。牛顿公式对于其他光学系统同样成立，也是理想成像的普遍关系。

4. 符号规则

上面我们以一种特殊情形获得了球面折射的物像公式和焦距公式。一般说来，物和像都有虚实两种可能性，而球心在球面的两侧也都有可能。不同情形的公式之间差别仅在于各项正负号的不同。因此在建立球面成像关系时，我们需要对其中所涉及的距离和角度等几何参量的正负及其含义进行一种约定，从而将所有情形的物象关系式统一起来。应该指出，这类符号约定并不是唯一的，本书采用以下的符号规则。

设光线自左向右入射，线段和角度的符号规定如下：

(1) 物点 Q 在顶点 O 左侧，物距 $s>0$；物点 Q 在顶点 O 右侧，物距 $s<0$；

(2) 对于折射球面，像点 Q' 在顶点 O 右侧，像距 $s'>0$；像点 Q' 在顶点 O 左侧，像距 $s'<0$。对于反射球面，像点在顶点右侧，像距 $s'<0$；像点在顶点左侧，像距 $s'>0$。

(3) 当物距、像距从焦点算起时，则物点 Q 在 F 左侧，物距 $x>0$；物点 Q 在 F 右侧，

$x<0$；像点 Q' 在 F' 右侧，像距 $x'>0$；Q' 在 F' 左侧，$x'<0$。

(4) 线段在主光轴之上，$y>0$；线段在主光轴之下，$y<0$。

(5) 球面曲率中心 C 在顶点 O 右侧，其曲率半径 $r>0$；在顶点左侧，$r<0$。

(6) 物方焦点 F 在顶点 O 左侧，物方焦距 $f>0$，反之 $f<0$；像方焦点 F' 在顶点 O 右侧，像方焦距 $f'>0$，反之 $f'<0$。

(7) 角度以锐角衡量，自主光轴或球面法线逆时针转至光线者为正，顺时针转至光线者为负。

为了方便依照光路推导公式，规定在光路图上只标记角度和线段的绝对值。若某一字母表示负的数值，则在字母前标以负号，如图 2-6(a)、(b)所示。

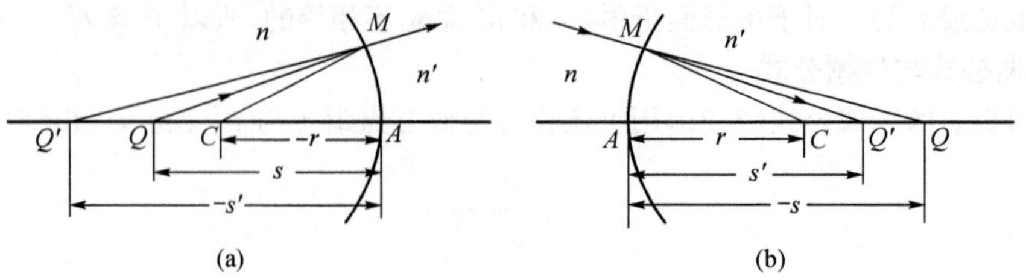

图 2-6 符号规则及其表示

2.2.3 单球面反射

对于反射球面，像方、物方都在球面顶点的同一侧，按照本书符号约定中对于角度的规定，得到反射定律为 $i=-i'$。同时，我们也可以将反射作为折射的特例处理，将反射定律写成折射定律的形式：$n\sin i=n'\sin i'$，则必须有 $n'=-n$。并且，鉴于反射光线的方向倒转为从右向左，像方在顶点的左侧，像距的符号与折射时相反，由此将球面折射的物像公式(2.2b)改写为

$$\frac{n}{s}+\frac{-n}{-s'}=\frac{-n-n}{r}$$

简化后得到傍轴球面反射的物像关系

$$\frac{1}{s}+\frac{1}{s'}=-\frac{2}{r} \tag{2.8}$$

焦距为

$$f=f'=-\frac{r}{2} \tag{2.9}$$

式(2.9)表明，反射球面的物方和像方焦距相等，两焦点重合。且焦距只与球面曲率半径有关，与所处介质无关。

2.2.4 傍轴物点成像的放大率 拉格朗日-亥姆霍兹定理

如图 2-7 所示，在傍轴区域，小平面 Π 上所有点都成像于 Π' 上，Π 和 Π' 是一对共轭面，

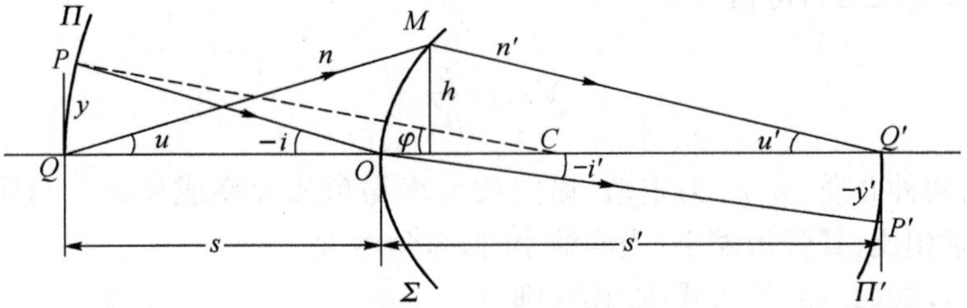

图 2-7　傍轴物点成像

其中 Π 是物平面，Π' 是像平面。令 Π 和 Π' 上的共轭点 P 和 P' 到主光轴的距离分别为 y 和 y'，y 和 y' 也分别表示物高 $\overline{PQ}$ 和像高 $\overline{P'Q'}$，定义像高与物高之比为横向放大率(或垂轴放大率)，用 V 表示为：

$$V=\frac{y'}{y} \tag{2.10}$$

$|V|>1$ 表示成放大像，$|V|<1$ 表示成缩小像。按照符号规则(3)，$V>0$ 表示像为正立，$V<0$ 表示像倒立。

根据折射定律，在傍轴条件下可得

$$n(-i)=n'(-i')$$

即

$$n\left(\frac{y}{s}\right)=n'\left(\frac{-y'}{s'}\right)$$

由此得到折射球面的横向放大率为

$$V=-\frac{ns'}{n's} \tag{2.11}$$

根据球面反射的符号法则，可以证明反射球面的横向放大率为

$$V=-\frac{s'}{s} \tag{2.12}$$

横向放大率表示垂直于主轴的物和像的高度之比，式(2.11)和式(2.12)表明，对于给定的一对共轭面，横向放大率是与 y 无关的常数，这就保证了一对共轭面内几何图形的相似性。

为研究同心光束的孔径角在成像过程中的变化问题，我们引入角放大率的概念。如图 2-7，从物点 Q 发出的傍轴光线 QM 对主轴的倾角为 u，其共轭光线 MQ' 对主轴的倾角为 u'，这样一对共轭光线对主轴倾角之比称为角放大率，以 γ 表示，

$$\gamma=\frac{u'}{u} \tag{2.13}$$

在傍轴区，有 $u\approx\frac{h}{s}$，$-u'\approx\frac{h}{s'}$，所以角放大率公式为

$$\gamma=-\frac{s}{s'} \tag{2.14}$$

将式(2.14)代入式(2.11)可得

$$V\gamma = \frac{n}{n'} \tag{2.15}$$

可见,对给定的两种介质,n/n' 为定值,横向放大率与角放大率成反比。当像放大时,成像光束与入射光束相比,其张角缩小;当像缩小时,张角增大。

将式(2.10),式(2.13)代入式(2.15),则有

$$ynu = y'n'u' \tag{2.16}$$

这个关系式称为拉格朗日-亥姆霍兹(J. L. Lagrange, H. von Helmholtz)定理,它表明在傍轴区域,ynu 这个乘积在成像过程中是恒量。拉格朗日-亥姆霍兹定理很容易推广到多个共轴球面系统,这时有关系式

$$ynu = y'n'u' = y''n''u'' = \cdots \tag{2.17}$$

该公式将共轴球面系统物空间和像空间的各个共轭量联系起来,ynu 又称为拉格朗日-亥姆霍兹不变量。

例 2.1 折射率为 1.5,半径为 2 cm 的长玻璃棒,将其一端磨成曲率半径 2 cm 的半球形凸面。现有一高 0.2 cm 的小物体垂直置于棒的轴线上,离球面顶点 8 cm。试求像的位置及大小。

解:已知 $n = 1$, $n' = 1.5$, $r = 2$ cm, $s = 8$ cm,代入球面折射的物像公式

$$\frac{n}{s} + \frac{n'}{s'} = \frac{n' - n}{r}$$

得 $s' = 12$ cm,由于 s' 为正值,故所成像是实像,在棒内距顶点 12 cm 处。

由横向放大率公式

$$V = \frac{y'}{y} = -\frac{ns'}{n's}$$

得到像的高度

$$y' = -y\frac{ns'}{n's} = -0.2 \text{ cm}$$

所成像为倒立。

2.3 薄透镜成像

两个折射面包围一种透明介质而组成的光学元件称为透镜。按照折射面几何形状的不同,透镜又分为球面透镜、轴对称非球面透镜、柱面透镜以及阶梯透镜(菲涅耳透镜)等多种类型。由于加工和校验的方便,大多数透镜以球面组成。透镜材料通常是光学玻璃,本节只讨论球面透镜,若透镜中央部分比边缘部分厚,称为凸透镜;反之,称为凹透镜。

两球面曲率中心的连线称为透镜的主光轴，主光轴与球面交点称为顶点，两顶点间的距离称为透镜厚度。若透镜厚度 d 与成像性质相关的距离(如球面曲率半径、物距、像距等)相比可以忽略，称之为薄透镜；若不能忽略，则称厚透镜。

2.3.1　薄透镜物像公式

将单球面折射的物像公式(2.2)，相继地应用于薄透镜的两个折射面，就能得到薄透镜成像的物像公式。

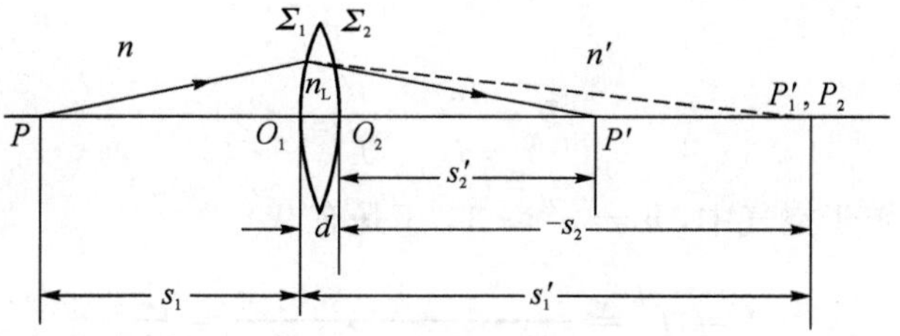

图 2-8　薄透镜成像

如图 2-8 所示，设透镜材料的折射率为 n_L，透镜前后介质(物方和像方)的折射率分别为 n 和 n'，透镜厚度 $d=\overline{O_1O_2}$，两折射球面曲率半径 r_1 和 r_2 未在图中标出。现根据图 2-8 分别写出两折射球面 Σ_1 和 Σ_2 的物像距公式：

$$\frac{n_L}{s_1'}+\frac{n}{s_1}=\frac{n_L-n}{r_1} \tag{2.18a}$$

$$\frac{n_L}{s_2}+\frac{n'}{s_2'}=\frac{n'-n_L}{r_2} \tag{2.18b}$$

由图 2-8 可知，$-s_2=s_1'-d$。对于薄透镜，$d\ll s_1'$ 可以被忽略，此时可认为两球面顶点 O_1 和 O_2，重合点称为薄透镜的光心，今后记作 O。以 O 为基准点，则薄透镜的物距 $s=\overline{OP}\approx s_1$，像距 $s'=\overline{OP'}\approx s_2'$，另有 $s_2\approx -s_1'$。代入式(2.18a)和式(2.18b)，消去 s_2 和 s_1'，可得

$$\frac{n}{s}+\frac{n'}{s'}=\frac{n_L-n}{r_1}+\frac{n'-n_L}{r_2} \tag{2.18c}$$

式(2.18c)即为薄透镜成像的物像距公式。与球面折射成像类似，讨论以下几个概念。

1. 光焦度

把单折射球面光焦度的概念推广到薄透镜，根据式(2.18c)，可得薄透镜的光焦度是

$$\Phi=\frac{n_L-n}{r_1}+\frac{n'-n_L}{r_2}=\Phi_1+\Phi_2 \tag{2.19}$$

式(2.19)表明，薄透镜的光焦度等于两个折射球面光焦度之和。

2. 焦距公式

与折射球面成像相似，我们同样定义薄透镜的物方焦点 F 与像方焦点 F'、物方焦距 f 与像方焦距 f'，依次令式(2.18c)中 $s'=\infty$，$s=f$ 和 $s=\infty$，$s'=f'$，得到薄透镜的焦距

公式：

$$f=\frac{n}{\dfrac{n_L-n}{r_1}+\dfrac{n'-n_L}{r_2}},\quad f'=\frac{n'}{\dfrac{n_L-n}{r_1}+\dfrac{n'-n_L}{r_2}} \tag{2.20a}$$

并有

$$\frac{f}{f'}=\frac{n}{n'} \tag{2.20b}$$

光焦度也可表示为

$$\Phi=\frac{n}{f}=\frac{n'}{f'} \tag{2.21}$$

在很多场合，薄透镜置于空气中，$n=n'\approx 1$，于是有

$$f=f'=\frac{1}{(n_L-1)\left(\dfrac{1}{r_1}-\dfrac{1}{r_2}\right)}=\frac{1}{\Phi} \tag{2.22}$$

式(2.22)称为磨镜者公式。

具有实焦点(f 和 $f'>0$)的透镜叫做正透镜或会聚透镜，具有虚焦点(f 和 $f'<0$)的透镜叫做负透镜或发散透镜。当透镜材料折射率 n_L 大于其两侧介质折射率 n 和 n' 时，凸透镜是正透镜，凹透镜是负透镜。

3. 高斯公式与牛顿公式

将上述焦距公式(2.20a)代入式(2.18c)，得到薄透镜成像的高斯公式

$$\frac{f}{s}+\frac{f'}{s'}=1 \tag{2.23}$$

当物方与像方折射率相等时，$f=f'$，式(2.23)成为

$$\frac{1}{s}+\frac{1}{s'}=\frac{1}{f} \tag{2.24}$$

一般来说，只有在已知或求得焦距的前提下，高斯公式的适用价值才能得以体现。

高斯公式中，物距和像距都是以光心为基准点。若用焦点作为度量的基准点，以到焦点的距离表示物像的位置，如图 2-9 所示，有 $s=x+f$，$s'=x'+f'$，代入高斯公式整理得到

$$xx'=ff' \tag{2.25}$$

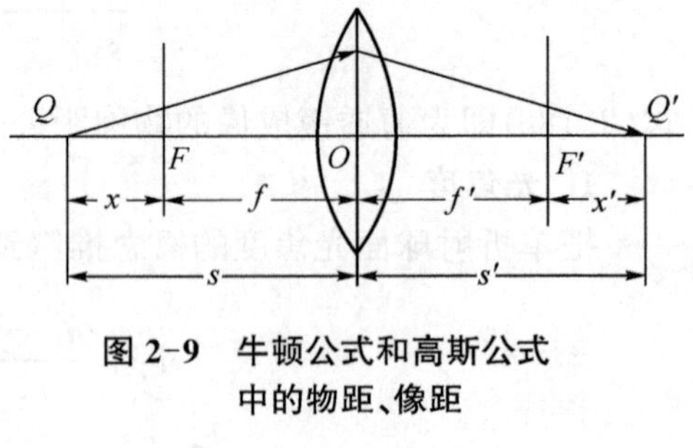

图 2-9 牛顿公式和高斯公式中的物距、像距

这就是牛顿公式。x 称为焦物距，x' 称为焦像距。符号规则如下：

(1) 若物点 Q 在 F 左方，x 为正；在右方，x 为负。

(2) 若像点 Q' 在 F' 右方，x' 为正；在左方，x' 为负。

4. 横向放大率

薄透镜是经过两个球面逐次成像，所以总的横向放大率为两次成像放大率的乘积。如

图 2-8 所示，有

$$V_1=-\frac{ns_1'}{n_L s_1},\quad V_2=-\frac{n_L s_2'}{n's_2} \tag{2.26a}$$

令 $s=s_1$，$s'=s_2'$，$s_1'=-s_2$，代入式(2.26a)，得到薄透镜的横向放大率为

$$V=V_1\cdot V_2=-\frac{ns'}{n's} \tag{2.26b}$$

式(2.26b)还可以分别表示成与高斯公式和牛顿公式相应的横向放大率公式

$$V=-\frac{fs'}{f's} \tag{2.27}$$

$$V=-\frac{f}{x}=-\frac{x'}{f'} \tag{2.28}$$

例 2.2　一个对称的双凸薄透镜，其折射率为 1.5，放于空气中时焦距为 12 cm，试求透镜球面的曲率半径；若将该透镜置于折射率 1.62 的 CS_2 中，其焦距又是多少？

解：已知 $f=12$ cm，$r_2=-r_1$，根据薄透镜焦距公式

$$f=f'=\frac{1}{(n_L-1)\left(\frac{1}{r_1}-\frac{1}{r_2}\right)}$$

得

$$12=\frac{1}{0.5\times\frac{2}{r_1}}$$

即 $r_1=12$ cm，$r_2=-12$ cm。

当 $n=n'=1.62$ 时，根据透镜公式

$$f=f'=\frac{n}{(n_L-n)\left(\frac{1}{r_1}-\frac{1}{r_2}\right)}$$

得
$$f=f'=\frac{1.62}{-0.12\times\frac{2}{12}}=-81\ \text{cm}$$

该题说明，薄透镜的焦距不仅与透镜的几何形状和折射率有关，还与透镜所处介质有关。当双凸透镜置于折射率大于透镜材料本身折射率的介质中时，它就变成了发散透镜，这一点应特别注意。

2.3.2　薄透镜成像作图法

除了利用物像公式外，求物像关系的另一种方法是作图法，后者对成像过程的反映更为

直观清晰。在傍轴区内,折射球面、反射球面和薄透镜能够实现同心光束的变换这一性质是作图法的依据。每条入射光线经透镜后转化为一条出射光线,这一对光线称为共轭光线,通过物点的每条光线的共轭光线都通过像点。只要找出来自或通过物点的任意两条入射光线共轭的出射光线的交点,即可确定像点。

1. 焦面

首先介绍焦面的概念。在傍轴区,通过物方焦点与光轴垂直的平面称为物方焦面(或第一焦面、前焦面),记作$\mathscr{F}$;通过像方焦点F'与光轴垂直的平面称为像方焦面(或第二焦面、后焦面),记作$\mathscr{F}'$。因焦点与轴上无穷远点共轭,所以焦面的共轭平面在无穷远处,而焦面上轴外点的共轭点是轴外的无穷远点。所以,以物方焦面$\mathscr{F}$上轴外一点P为中心的入射同心光束经透镜转化为与光轴成一定倾角的出射平行光束[图 2-10(a)];与光轴成一定倾角的入射平行光束转化为以像方焦面$\mathscr{F}'$上轴外一点P'为中心的出射同心光束[图 2-10(b)]。倾斜平行光束的方向可由P或P'与光心的连线来确定,这一连线称为副光轴,相应地将透镜的对称轴称为主光轴。

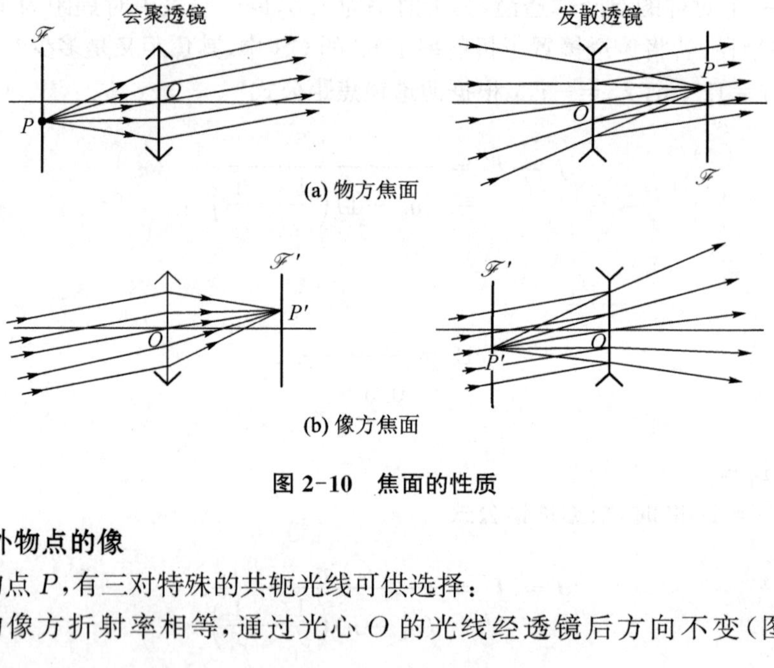

(a) 物方焦面

(b) 像方焦面

图 2-10 焦面的性质

2. 求轴外物点的像

对轴外物点P,有三对特殊的共轭光线可供选择:

(1) 若物像方折射率相等,通过光心O的光线经透镜后方向不变(图 2-11 中光线 1—1′)。

(2) 通过物方焦点F的光线,经透镜后平行于光轴(图 2-11 中光线 2—2′)。

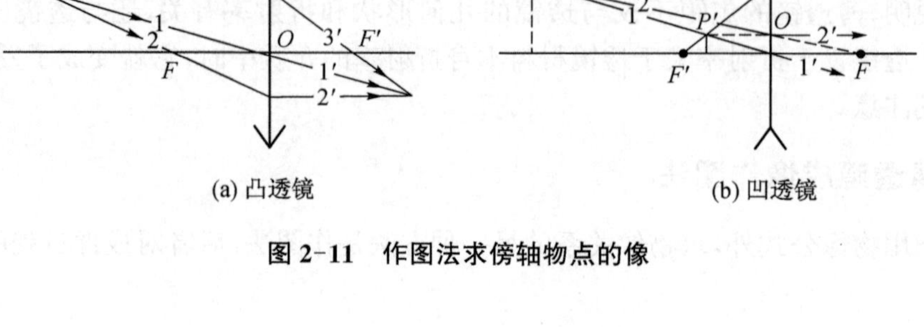

(a) 凸透镜 (b) 凹透镜

图 2-11 作图法求傍轴物点的像

(3) 平行于光轴的光线，经透镜后通过像方焦点 F'（图 2-11 中光线 3—3′）。

从以上三条光线中任选两条，出射线的交点即为像点 P'。

3. 求轴上物点的像

求轴上物点的像，或任意入射光线的共轭线，可利用焦面的性质。如图 2-12 所示，为求任意光线 QM 的共轭线，通过光心 O 作它的平行线，该平行线与像方焦面 $\mathscr{F}'$ 的焦点为 P'，连接 MP'，即为 QM 的共轭光线。这对共轭光线与光轴的交点 Q 与 Q' 彼此共轭，用此方法可以确定轴上物点的像。

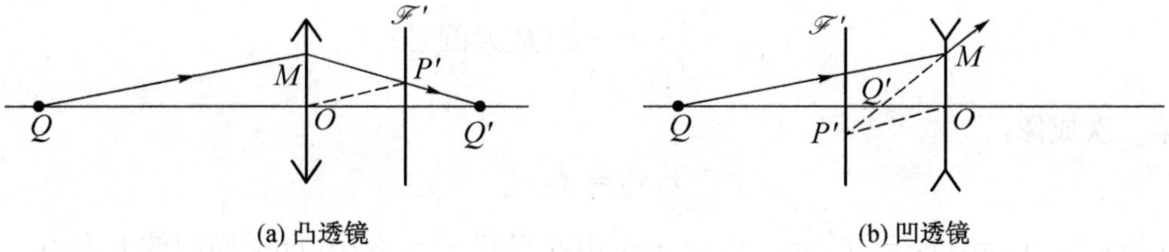

图 2-12　作图法求轴上物点的像

2.3.3　透镜组成像

利用 2.3.1 节给出的成像公式，或 2.3.2 节所述的作图法，都可以直接给出一次成像过程中的物像关系。逐次使用这些方法，就可以解决共轴透镜组的成像问题。我们通过下面的例题加以说明。

例 2.3　凸透镜 L_1 和凹透镜 L_2 的焦距分别为 20.0 cm 和 40.0 cm，L_2 在 L_1 之右 40.0 cm，傍轴小物 PQ 放在 L_1 之左 30.0 cm，求它的像。

解：首先根据题意，将两透镜及焦点位置、物体位置等按比例作光路图[图 2-13(a)]，接下来我们用三种方法求小物 PQ 的像，所得结果可以互相验证。

(1) 用高斯公式

第一次成像：

根据
$$\frac{1}{s_1}+\frac{1}{s_1'}=\frac{1}{f_1}$$

已知 $s_1=30.0\ \text{cm}$，$f_1=20.0\ \text{cm}$，由此得到（实像）$s_1'=60.0\ \text{cm}$，横向放大率为

$$V_1=-\frac{s_1'}{s_1}=-2\ (\text{放大倒立})$$

第二次成像：

根据
$$\frac{1}{s_2}+\frac{1}{s_2'}=\frac{1}{f_2}$$

其中 $s_2=-(60.0-40.0)=-20.0\ \text{cm}$(虚物)，$f_2=-40.0\ \text{cm}$，

由此得 $s_2'=40.0\ \text{cm}$（实像），横向放大率为

$$V_1=-\frac{s_2'}{s_2}=+2\ (\text{放大正立})$$

两次成像的横向放大率为

$$V = V_1 \cdot V_2 = -4\ (放大倒立)$$

(2) 用牛顿公式

第一次成像：

根据
$$x_1 x_1' = f_1 f_1'$$

已知 $x_1 = 10.0\ \text{cm}$，$f_1 = f_1' = 20.0\ \text{cm}$，由此得到 $x_1' = 40.0\ \text{cm}$，横向放大率为

$$V = -\frac{x_1'}{f_1} = -2\ (放大倒立)$$

第二次成像：

根据
$$x_2 x_2' = f_2 f_2'$$

其中 $x_2 = 20.0\ \text{cm}$，$f_2 = f_2' = -40.0\ \text{cm}$，由此得到 $x_2' = 80.0\ \text{cm}$，横向放大率为

$$V = -\frac{x_2'}{f_2} = +2\ (放大正立)$$

两次成像的横向放大率为

$$V = V_1 \cdot V_2 = -4\ (放大倒立)$$

(3) 作图法

第一次 PQ 对 L_1 成实像 P_1Q_1［图 2-13(b)］，第二次虚物 P_1Q_1 对 L_2 成实像 $P'Q'$［图 2-13(c)］。两图中，1—1′ 都代表平行于光轴折射后过像方焦点的光线，2—2′ 都代表通过物方焦点折射后平行于光轴的光线，实线表示光线实际经过的部分，虚线表示光线的延长线。

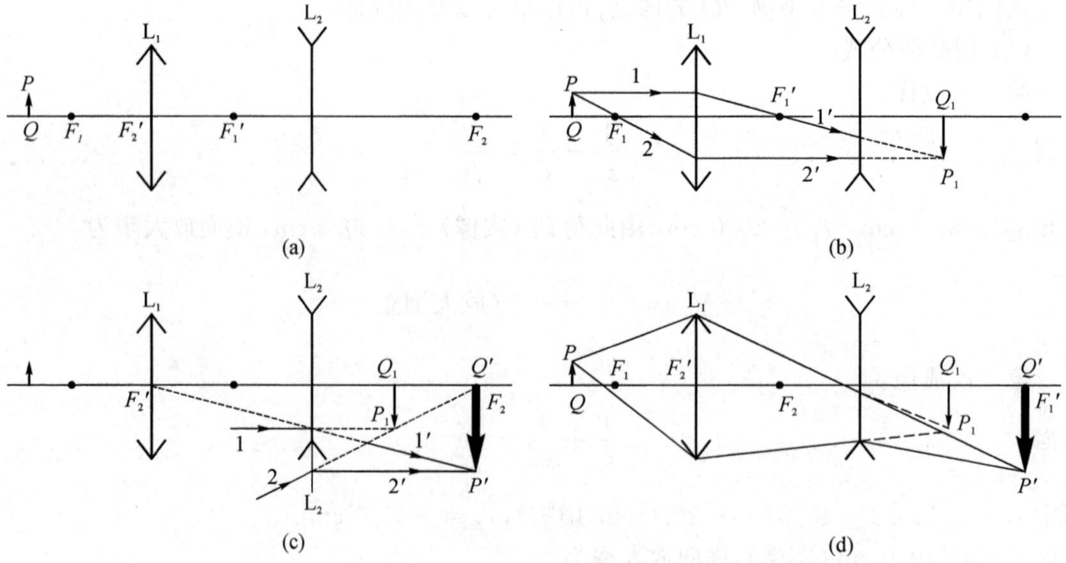

图 2-13　二次成像问题(例题 2.3 图)

在图 2-13(d)中，用光束和波面反映整个成像过程中，由 P 点发出的同心光束逐次转化的情形。图中显示，P 点发出的发散的同心光束经凸透镜 L_1 折射后，转化为会聚到 P_1 的同心光束；它再经凹透镜 L_2 折射后，转化为会聚到 P' 的同心光束，由于 L_2 的发散作用，最后的光束与中间光束相比，会聚程度减小。

2.4　理想共轴球面系统(理想光具组理论)

2.4.1　理想成像与共线变换

由多个球面透镜、反射球面或折射球面共轴放置所组成的成像系统，就是共轴球面系统。在傍轴区，共轴球面系统可以近似看作是理想光学系统。理想光学系统具有如下性质：

(1) 物方每个点对应像方一个点(共轭点)；

(2) 物方每条直线对应像方一条直线(共轭线)；

(3) 物方每个平面对应像方一个平面(共轭面)。

物方和像方之间的这种点点、线线、面面的一一对应关系，称为共线变换。理想光具组的理论不涉及光具组的具体结构，它是一种几何理论，研究的是共线变换的普遍几何性质，以及满足这种几何变换的光具组的共同规律。今后我们将看到，它对实际光具组的研究具有相当大的指导意义。

如果理想光具组是轴对称的，除上述三点外，它还具有下列一些性质：

(4) 光轴上任何一点的共轭点仍在光轴上；

(5) 任何垂直于光轴的平面，其共轭面仍与光轴垂直；

(6) 在垂直于光轴的同一平面内横向放大率相同；

(7) 在垂直于光轴的不同平面内横向放大率一般不等。但是只要有两个这样的平面内横向放大率相等，则横向放大率处处相等。在这种光具组中，平行于光轴的光束其共轭光束仍与光轴平行。这种光具组叫做望远系统。

对于这样一个理想的共轴光学系统，在研究成像问题时，可以不必逐一地计算每个球面的成像，即不涉及光具组的具体结构，而是将其作为一个整体，利用系统的几个特殊的点和面来确定物像之间的共轭关系，从而获得复杂系统(理想光具组)成像的基本特性和共同规律。这些特殊的点和面称为共轴球面系统的基点和基面。

2.4.2　基点和基面

对于薄透镜，只要给出光心位置以及物方像方焦距，就可以应用物像公式方便地解决任何光线的成像问题。同样，对于共轴的球面系统，确定了基本的点和面后，也可以完全确定物像关系。共轴球面系统的基点和基面如下。

1. 焦点和焦面

焦点和焦面的定义与前面引入的相同，即与无穷远像平面共轭的，为物方焦面(记作 $\mathscr{F}$，其轴上点是为物方焦点(记作 F)；与无穷远物平面共轭的，为像方焦面(记作 $\mathscr{F}'$)，其轴上点是为像方焦点(记作 F')。或者说，中心在焦面上的同心光束，其共轭光束是平行光束；中心在焦点上的同心光束，共轭光束与光轴平行。

以上都是对非望远系统而言的，望远系统没有焦点和焦面。

2. 主点和主面

横向放大率等于 1 的一对共轭面，叫做主面。属于物方的叫做物方主面（记作 $\mathscr{H}$），其轴上点是为物方主点（记作 H）；属于像方的叫做像方主面（记作 $\mathscr{H}'$），其轴上点是为像方主点（记作 H'）。如图 2-14 所示。

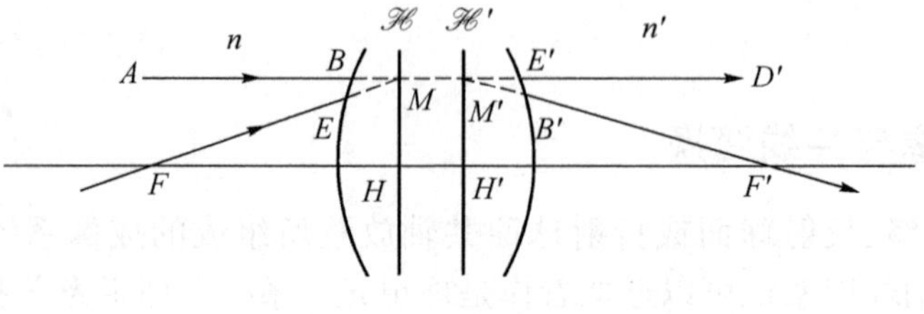

图 2-14 系统的主面和主点

应当注意，一对主面不一定总在系统之内，物方主面也不是总在像方主面的左侧。图 2-15 给出了不同曲率透镜的主面。根据主点的定义可知，单球面的一对主点 H、H' 与其顶点 O 重合；而薄透镜的一对主点 H、H' 与其光心 O 重合，透镜平面就是主面，光心就是主点。我们知道，薄透镜的物距 s、像距 s' 和焦距 f' 都是从光心算起的。对于任意共轴理想光具组，它们都从主点算起，即物距 s 是物方主点 H 到轴上物点 Q 的距离，像距 s' 是像方主点 H' 到轴上像点 Q' 的距离。与此相应地，物方焦距 f 是 H 到 F 的距离，像方焦距 f' 是 H' 到 F' 的距离。正负号法则可仿照 2.2.2 节中的规定。设入射光从左到右。

(1) 在物方，若 Q（或 F）在 H 之左，则 s（或 f）>0，Q（或 F）在 H 之右，则 s（或 f）<0。

(2) 在像方，若 Q'（或 F'）在 H' 之左，则 s'（或 f'）<0，Q'（或 F'）在 H' 之右，则 s'（或 f'）>0。

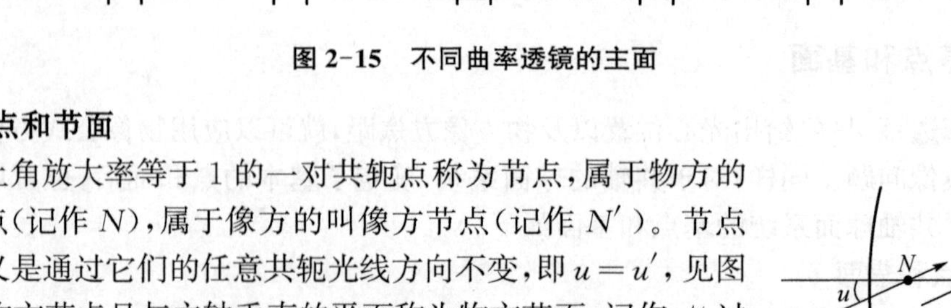

图 2-15 不同曲率透镜的主面

3. 节点和节面

光轴上角放大率等于 1 的一对共轭点称为节点，属于物方的叫物方节点（记作 N），属于像方的叫像方节点（记作 N'）。节点的物理意义是通过它们的任意共轭光线方向不变，即 $u=u'$，见图 2-16。过物方节点且与主轴垂直的平面称为物方节面，记作 $\mathscr{N}$；过像方节点且与主轴垂直的平面称为系统的像方节面，记作 $\mathscr{N}'$。

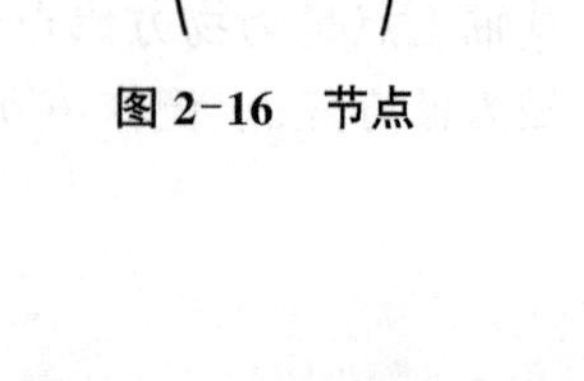

图 2-16 节点

2.4.3 物像关系

1. 作图法

给定了主面和焦点求物像关系，既可用作图法，也可用公式计算。

先看作图法。如图 2-17 所示，由轴外物点 P 作平行于光轴的光线，遇物方主面 $\mathscr{H}$ 于 M 点，其共轭光线通过像方主面 $\mathscr{H}'$ 上的等高点 M' 和焦点 F'。再由 P 作通过物方焦点 F 的光线，遇 $\mathscr{H}$ 于 R，其共轭光线通过 $\mathscr{H}'$ 上的等高点 R' 与光轴平行。以上两共轭线在像方的交点即为像点 P'。

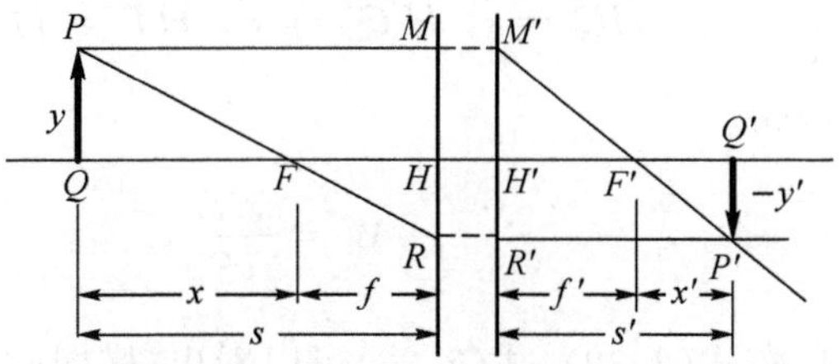

图 2-17 作图求像和物像关系

2. 计算法

根据图 2-17 中的几何关系，不难导出理想光具组的物像距公式和放大率公式。因

$$\triangle PQF \backsim \triangle RHF,\ \triangle P'Q'F' \backsim \triangle M'H'F',$$

且

$$\overline{PQ}=\overline{M'H'}=y,\ \overline{HR}=\overline{P'Q'}=-y',$$
$$\overline{QF}=s-f=x,\ \overline{HF}=f,\ \overline{Q'F'}=s'-f'=x',\ \overline{H'F'}=f'$$

下列比例关系成立：

$$\frac{-y'}{y}=\frac{f}{x}=\frac{f}{s-f},\text{又}\quad \frac{-y'}{y}=\frac{x'}{f'}=\frac{s'-f'}{f'},$$

由此不难得到高斯公式

$$\frac{f'}{s'}+\frac{f}{s}=1 \tag{2.29}$$

牛顿公式

$$xx'=ff' \tag{2.30}$$

和横向放大率公式

$$v=\frac{y'}{y}=-\frac{f}{x}=-\frac{fs'}{f's} \tag{2.31}$$

除横向放大率外，有时还引入角放大率的概念。令共轭光线与光轴的夹角为 u、u'，二者正切之比叫做理想光具组的角放大率，记作 W：

$$W=\frac{\tan u'}{\tan u} \tag{2.32}$$

为了得到角放大率的计算公式，过轴上共轭点 Q、Q' 作一对共轭线，交主面 $\mathscr{H}$、$\mathscr{H}'$ 于 T、

T'(图 2-18)。因

$$\tan u = \frac{\overline{HT}}{\overline{HQ}},\ \tan u' = \frac{\overline{H'T'}}{\overline{H'Q'}},$$

$$\overline{HQ} = s,\ \overline{H'Q'} = s',\ \overline{HT} = \overline{H'T'},$$

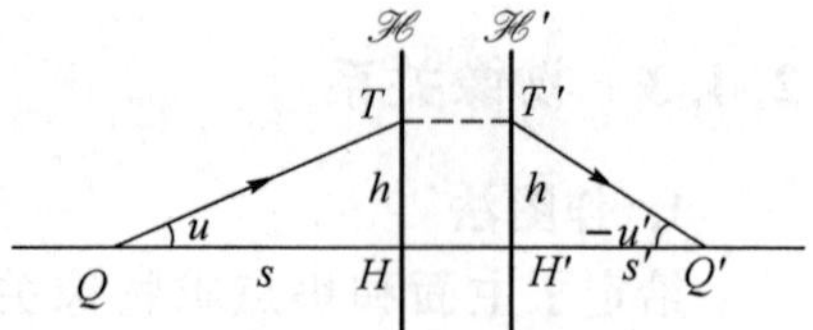

图 2-18 角放大率

故得

$$W = -\frac{S}{S'} \tag{2.33}$$

比较式(2.32)、式(2.33)可以看出,横向放大率与角放大率成反比:

$$VW = \frac{f}{f'} \tag{2.34}$$

当 $f=f'$ 时:

$$VW=1$$

对于单个折射球面,$f/f'=n/n'$,把 V 和 W 的定义式代回式(2.34),即得:

$$yn\tan u = y'n'\tan u' \tag{2.35}$$

此式称为亥姆霍兹公式(H. von Helmholtz),它是折射球面能使空间所有点以任意宽广光束成像的必要条件。在傍轴区域内 $\tan u \approx u$,上式化为拉格朗日-亥姆霍兹定理[式(2.16)]。

*2.4.4 共轴球面系统的组合

几个共轴球面系统沿其共同的主轴方向连接起来,可以组成组合系统。下面介绍如何确定系统的基点和基面。

如图 2-19 所示,已知系统Ⅰ的 H_1、H_1'、F_1、F_1' 以及系统Ⅱ的 H_2、H_2'、F_2、F_2'。从系统Ⅰ的像方主点 H_1' 到系统Ⅱ的物方主点 H_2 的距离 d 称为两系统的距离,并且规定:若 H_2 在 H_1' 右方,则 d 为正;若 H_2 在 H_1' 左方,则 d 为负。从系统Ⅰ的像方焦点 F_1' 到系统Ⅱ的物方焦点 F_2 的距离 Δ 称为两系统的光学间隔,并且规定:若 F_2 在 F_1' 右方,则 Δ 为正;若 F_2 在 F_1' 左方,则 Δ 为负。由图 2-19 可见,d 与 Δ 满足如下关系

$$d = f_1' + \Delta + f_2 \tag{2.36}$$

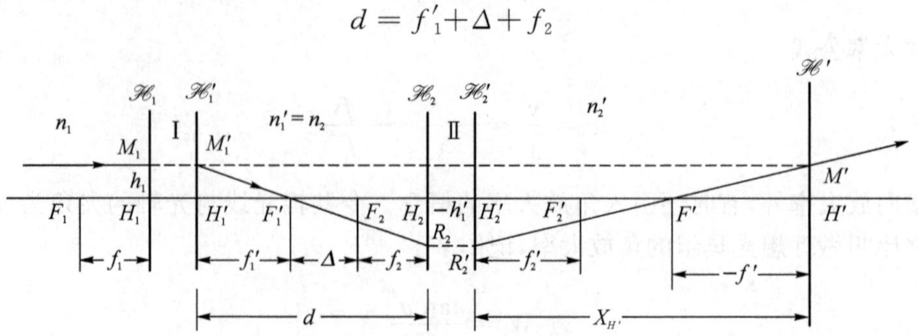

图 2-19 共轴球面系统的组合

设一条与主轴平行且到主轴距离为 h_1 的光线交物方主面 $\mathscr{H}_1$ 上的 M_1 点，则由 $\mathscr{H}_1$ 上的等高点 M'_1 出射的光线必定通过 F'_1 点。设其与 $\mathscr{H}_2$ 交于 R_2 点，$\overline{H_2R_2}=-h'_1$，在 $\mathscr{H}_2$ 上等高点 R'_2 出射的光线与主轴的交点就是组合系统的像方焦点 F'。延长入射光线且与组合系统的出射光线交于 M' 点，过 M' 点且与主轴垂直的平面即为组合系统的像方主面 $\mathscr{H}'$，它与主轴的交点即为组合系统像方主点 H'，$\mathscr{H}'$ 或 H' 的位置由 H'_2 到 H' 的距离 $X_{H'}$ 决定，即 $X_{H'}=\overline{H'_2H'}$。且规定若 H' 在 H'_2 右方，$X_{H'}$ 为正；若 H' 在 H'_2 左方，则 $X_{H'}$ 为负。

下面导出组合系统的像方焦距公式和像方主面的位置公式。由图 2-19 可以看出，$\triangle M'_1H'_1F'_1 \backsim \triangle R_2H_2F'_1$，$\triangle M'H'F' \backsim \triangle R'_2H'_2F'$，故

$$\frac{h_1}{-h'_1}=\frac{f'_1}{\Delta+f_2},\qquad \frac{h_1}{-h'_1}=\frac{-f'}{f'_2+\overline{F'_2F'}}$$

由以上两式可得

$$f'=-\frac{f'_1(f'_2+\overline{F'_2F'})}{\Delta+f_2} \tag{2.37}$$

由于 F'_1 与 F' 是系统Ⅱ的一对共轭点，根据牛顿公式，有

$$\overline{F'_2F'}=\frac{f_2f'_2}{\Delta} \tag{2.38}$$

将其代入式(2.37)，可得

$$f'=-\frac{f'_1f'_2}{\Delta} \tag{2.39}$$

式(2.39)称为组合系统的像方焦距公式。由图 2-19 可得

$$X_{H'}=f'_2+\overline{F'_2F'}-f' \tag{2.40a}$$

将式(2.38)和式(2.39)代入式(2.40a)，并注意到式(2.36)，可得

$$X_{H'}=\frac{d}{\Delta}f'_2 \tag{2.40b}$$

式(2.40b)称为组合系统的像方主面位置公式。

以同样的方法，在像空间引一条平行于主轴且到主轴距离为 h_1 的光线，重复上述步骤，可以导出组合系统的物方焦距公式和物方主面位置公式分别为

$$f=-\frac{f_1f_2}{\Delta} \tag{2.41}$$

$$X_H=\frac{d}{\Delta}f_1 \tag{2.42}$$

这里需要指出，式(2.42)中的 X_H 是指从系统Ⅰ的物方主点 H_1 到组合系统的物方主点 H 的距离，即 $X_H=\overline{H_1H}$，并且规定若 H 在 H_1 左方，X_H 为正；若 H 在 H_1 右方，则 X_H 为负。

2.5 几何光学仪器

几何光学仪器主要是指成像仪器，按成像的虚实又可分为两类：投影仪、照相机、电影放映机、幻灯机等属于成实像的仪器；而放大镜、目镜、显微镜、望远镜等则属于成虚像的仪器，这类仪器又称为助视仪器，用来改善和扩展视觉。本节首先介绍人的眼睛，然后介绍其他两类成像仪器的基本原理。

2.5.1 眼睛

人类的眼睛是一个相当复杂的天然光学仪器。从结构来看，它类似前面讲过的照相机，对于下面要讲的目视光学仪器，它可看成是光路系统的最后一个组成部分。所有目视光学仪器的设计都要考虑眼睛的特点。图 2-20 所示为眼球在水平方向上的剖面图。其中布满视觉神经的网膜，相当于照相机中的感光底片，虹膜（或称虹采、采帘）相当于照相机中的可变光阑，它中间的圆孔称为瞳孔。眼球中与照相机镜头对应的部分结构比较复杂，其主要部分是晶状体（或称眼球），它是一个折射率不均匀的透镜。包在眼球外面的坚韧的膜，最前面透明的部分称为角膜，其余部分称为巩膜。角膜与晶状体之间的部分称为前房。其中充满水状液（前房液）。晶状体与网膜之间眼球的内腔，称为后房。其中充满玻璃状液。所以，眼睛是一个物、像方介质折射率不相等的例子，因此它的两个焦距是不等的。主点与节点也不重合，聚焦于无穷远时，物方焦距 $f=17.1$ mm，像方焦距 $f'=22.8$ mm。

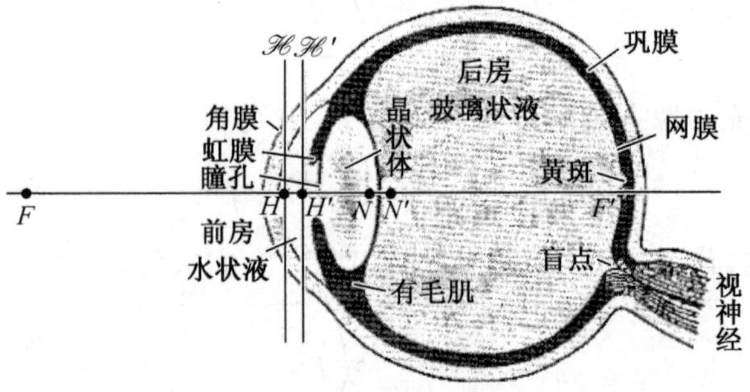

图 2-20 眼球结构

在照相机中通过镜头和底片间距离的改变来调节聚焦的距离，在眼睛里这是靠改变晶状体的曲率（焦距）来实现的。晶状体的曲率由有毛肌来控制。正常视力的眼睛，当肌肉完全松弛的时候，无穷远的物体成像在网膜上。为了观察较近的物体，肌肉压缩晶状体，使它的曲率增大，焦距缩短。眼睛的这种调节聚焦距离（调焦）的能力有一定的限度，小于一定距离的物体是无法看清楚的。儿童的这个极限距离在 10 cm 以下，随着年龄的增长，眼睛的调焦能力逐渐衰退，极限距离因之而加大，造成老花眼的原因就在于此。

眼睛肌肉完全松弛和最紧张时所能清楚看到的点，分别称为它调焦范围的远点和近点。如前所述，正常眼睛的远点在无穷远[图 2-21(a)]。近视眼的眼球轴向过长，当肌肉完全松弛时，无穷远的物体成像在网膜之前[图 2-21(b)]，它的远点在有限远的位置。远视眼的眼球轴向过短，无穷远的物体成像在网膜之后[图 2-21(c)]，它的远点在眼睛之后(虚物点)，图 2-21 中光轴上粗黑线的部分代表调焦范围。不难看出，矫正近视眼和远视眼的眼镜应分别是凹透镜和凸透镜。所谓散光，是由于眼球在不同方向截面内的曲率不同引起的，它需要用非球面透镜来矫正。

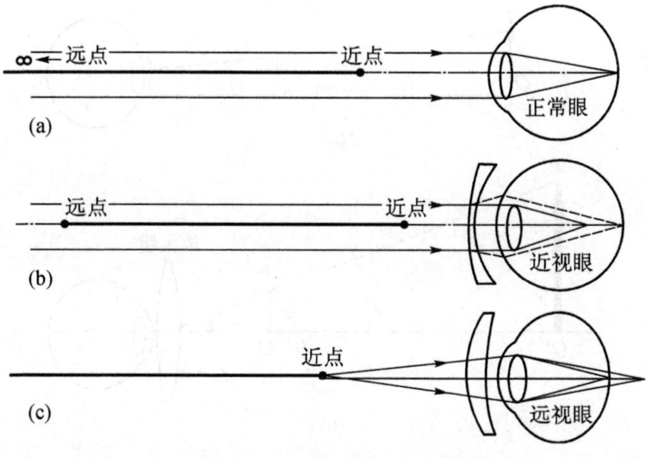

图 2-21　眼睛的缺陷与矫正

物体在网膜上成像的大小，正比于它对眼睛所张的角度——视角。所以物体愈近，它在网膜上的像也就愈大(图 2-22)，我们便愈容易分辨它的细节；但是物体太近了，即使不超出调焦范围，看久了眼睛也会感到疲倦。只有在适当的距离上眼睛才能比较舒适地工作，这距离称为明视距离。习惯上规定明视距离为 25 cm。

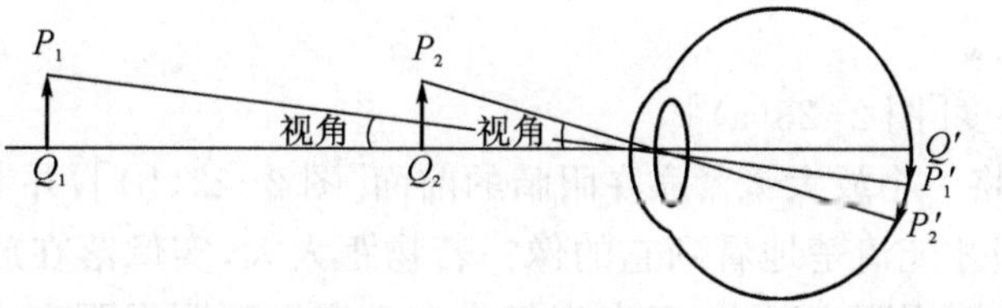

图 2-22　像的大小与视角

眼睛分辨物体细节的本领与网膜的结构(主要是其上感光单元的分布)有关，不同部分有很大差别。在网膜中央靠近光轴的一个很小区域(称为黄斑)里，分辨本领最高。能够分辨的最近两点对眼睛所张视角，称为最小分辨角。在白昼的照明条件下，黄斑区的最小分辨角接近 1′。趋向网膜边缘，分辨本领急剧下降。所以人的眼睛视场虽然很大(水平方向视场角约 160°，垂直方向约 130°)，但其中只有中央视角约为 6′～7′的一个小范围内才能较清楚地看到物体的细节。然而这对我们并没有什么妨碍，因为眼球是可以随意转动的，它可随时使视场的中心瞄准到所要注视的地方。还要指出，眼睛的分辨本领与照明条件有很大的关系，在夜间照明条件比较差的时候，眼睛的分辨本领大大下降，最小分辨角只可达 1°以上。

瞳孔的大小随着环境亮度的改变而自动调节。在白昼条件下其直径约为 2 mm，在黑暗的环境里，最大可达 8 mm 左右。

2.5.2 放大镜和目镜

最简单的放大镜就是一个焦距 f 很短的会聚透镜。$f\leqslant$明视距离 s_0，其作用是放大物体在网膜上所成的像。如前所述，这像的大小是与物体对眼睛所张的视角成比例的。

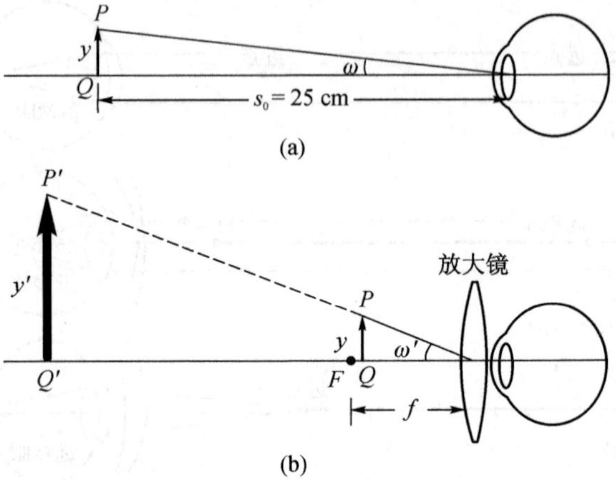

图 2-23 放大镜的视角放大率

如果我们用肉眼观察物体，当物体由远移近时，它所张的视角增大。但是在达到明视距离 s_0 以后继续前移，视角虽继续增大，但眼睛将感到吃力，甚至看不清。可以认为，用肉眼观察，物体的视角最大不超过

$$\omega=\frac{y}{s_0} \tag{2.43}$$

式中，y 为物体的长度[图 2-23(a)]。

现在我们设想将一个放大镜紧靠在眼睛的前面[图 2-23(b)]，并考虑一下，物体应放在怎样的位置上，眼睛才能清楚地看到它的像？若物距太大，实像落在放大镜和眼睛之后；若物距太小，虚像落在明视距离以内，只有当像成在无穷远到明视距离之间时，才和眼睛的调焦范围相适应。与此相应地，物体就应放在焦点 F 以内的一个小范围里，这范围叫做焦深。在 $f\ll s_0$ 的条件下，这范围比焦距 f 小得多。根据牛顿公式，这范围是 $0\geqslant x\geqslant -f^2/(s_0-f)\approx -f^2/s_0$，$|x|<f^2/s_0\ll f$，也就是说，物体只能放在焦点内侧附近。这时它对光心所张的视角近似等于

$$\omega'=\frac{y}{f} \tag{2.44}$$

由图 2-23(b)可以看出，由物点 P 发出的通过光心的光线，延长后通过像点 P'，所以物体 QP 与像 $Q'P'$ 对光心所张视角是一样的，亦即式(2.44)中的 ω' 也是像对光心所张的视角。由于眼睛与放大镜十分靠近，又可认为 ω' 就是像对眼睛所张的视角。

由于放大镜的作用是放大视角，我们引入视角放大率 M 的概念，它定义为像所张的视角 ω' 与用肉眼观察时物体在明视距离处所张的视角 ω 之比

$$M=\frac{\omega'}{\omega} \tag{2.45}$$

将式(2.43)和式(2.44)代入后，就得到放大镜视角放大率的公式

$$M=\frac{s_0}{f} \tag{2.46}$$

下面要讲的显微镜和望远镜中的目镜，从原理上看就是一个放大镜。不过为了消除像差以及其他一些原因，目镜常采用种种复合透镜的形式，最典型的有惠更斯目镜和拉姆斯登目镜。

2.5.3 显微镜

简单的放大镜的放大倍率有限(几倍到几十倍)，欲得到更大的放大倍率要靠显微镜。显微镜的原理光路示于图 2-24。在放大镜(目镜)前再加一个焦距极短的会聚透镜组(称为物镜)。物镜和目镜的间隔比它们各自的焦距大得多。被观察的物体 QP 放在物镜物方焦点 F_0 外侧附近，它经物镜成放大实像 Q_1P_1 于目镜物方焦点 F_E 内侧附近，再经目镜成放大的虚像 $Q'P'$ 于明视距离以外。在实际显微镜中为了减少各种像差，物镜和目镜都是复杂的透镜。我们为了突出其基本原理，在图 2-24 中二者都用一个薄透镜代替。

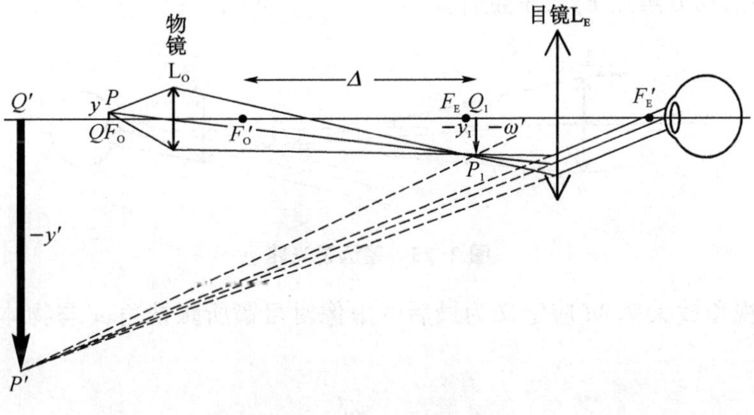

图 2-24 显微镜光路图

设 y 为物体 QP 的长度，y_1 为中间像 Q_1P_1 的长度，f_O 和 f_E 分别为物镜 L_O 和目镜 L_E 的焦距，Δ 为物镜像方焦点 F_O' 到目镜物方焦点 F_E 的距离(称为光学筒长)，显微镜的视角放大率为

$$M=\frac{\omega'}{\omega} \tag{2.47}$$

式中，ω 为物体 QP 在明视距离处所张视角，即 $\omega=y/s_0$。ω' 为最后的像 $Q'P'$ 所张的视角。现规定由光轴转到光线的方向为顺时针时交角为正，逆时针时交角为负，故这里的 $\omega'<0$。如前所述，ω' 和中间像 Q_1P_1 所张的视角一样，故 $-\omega'=-y_1/f_E$，所以

$$M = \frac{y_1/f_E}{y/s_O} = \frac{y_1}{y}\frac{s_O}{f_E} = V_O M_E, \tag{2.48}$$

式中，$M_E = s_O/f_E$ 是目镜的视角放大率，$V_O = y_1/y$ 是物镜的横向放大率。根据式(2.28)，令其中 $x' = \Delta$，$f' = f_O$，得

$$V_O = -\frac{\Delta}{f_O},$$

代入式(2.48)后，得到显微镜视角放大率的最后表达式

$$M = -\frac{s_O \Delta}{f_O f_E} \tag{2.49}$$

式中，负号表示像是倒立的。式(2.49)表明，物镜、目镜的焦距愈短，光学筒长愈大，显微镜的放大倍率愈高。

2.5.4 望远镜

望远镜的结构和光路与显微镜有些类似(图 2-25)，也是先由物镜成中间像，再通过目镜来观察此中间像。与显微镜不同的是，望远镜所要观察的物体在很远的地方(可以看成是无穷远)，因此中间像成在物镜的像方焦面上。所以望远镜的物镜焦距较长，而物镜的像方焦点 F_O 和目镜的物方焦点 F_E 几乎重合。

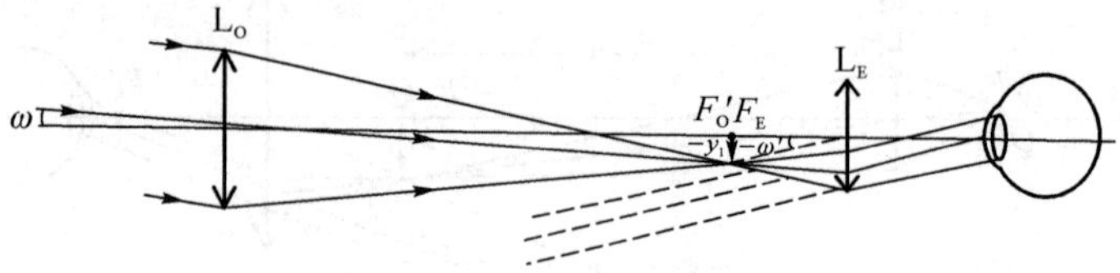

图 2-25 望远镜光路

望远镜的视角放大率 M 应定义为最后的虚像对目镜所张视角 ω' 与物体在实际位置所张视角 ω 之比

$$M = \frac{\omega'}{\omega} \tag{2.50a}$$

由于物距远比望远筒长得多，它对眼睛或目镜所张视角实际上和它对物镜所张视角是一样的。从图 2-25 不难看出，$\omega = -y_1/f_0$，而 $-\omega' = -y_1/f_E$(ω、ω' 的正负号规定同前)，代入式(2.50a)得到

$$M = -\frac{f_O}{f_E} \tag{2.50b}$$

式中，负号的意义同前，表示像是倒立的。式(2.50b)表明，物镜的焦距愈长，望远镜的放大倍率愈高。

当望远镜对无穷远聚焦时，中间像成在物镜的像方焦面上。这样，平面上的每个点和一个方向的入射线对应。所以当望远镜筒平移时，中间像对镜筒没有相对位移，只有当望远镜

的光轴转动时，中间像才会相对它移动。因此望远镜可用来测量两平行光束间的夹角。

***激光扩束器**

有些激光器发出的激光束直径很小，例如常用的氦氖激光器的光束在出口处直径约为 1 mm，然而我们有时希望获得一束直径比较宽阔的激光光束，如果使激光器发出的光束先经过一个高质量的望远镜，便可以实现扩束，这个望远镜就是激光扩束器。它的构造和折射望远镜相仿[图 2-26(a)(b)]，所不同的是用发散透镜接受入射光束并经过会聚透镜出射，通常望远镜目镜采用消色差的复合透镜，所以侧过来作为扩束器，正好适用于单色的激光。由图 2-26 可以看出，一束较窄的平行光束经望远镜后，便扩展为较宽阔的平行光束。

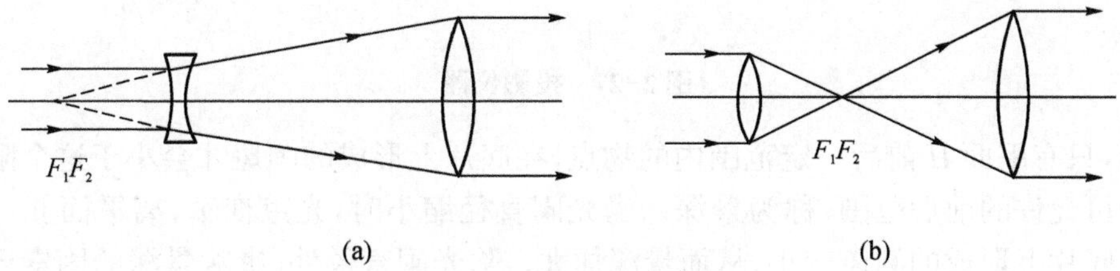

图 2-26　激光扩束器

在测量人造卫星离地球远度的激光测距仪中，发射激光用的望远镜系统就是采用这种“倒装”的伽利略式望远镜。人造卫星激光测距仪是利用人造卫星上安装的角反射器，将地面发射的激光反射回地面，通过对激光往返时间间隔的精确计算，精密测定人造卫星与测量站间的距离，我国人造卫星激光测距技术已达到了国际先进水平，测量的精度达到±5 cm。

顺便提及的是，在要求不高的情况下，进行激光扩束还可以采用 20×或 40×的显微镜物镜，焦距很短的发散透镜，甚至有时可用短焦距的凸或凹面反射镜。

2.5.5　投影仪和照相机

电影机、幻灯机、印相放大机以及绘图用的投影仪等，都属于投影仪器。它们的主要部分是一个会聚的投影镜头，使画片成放大的实像于屏幕上(图 2-27)。由于通常镜头到像平面(幕)的距离比焦距 f 大得多，所以画片总在物方焦面附近，物距 $s=f$，因而放大率 $V=-s'/s=s'/f$，它与像距 s'成正比。

为了使动画片后的光线进入投影镜头，投影仪器中需要附有聚光系统。总的来说，聚光系统的安排应有利于幕上得到尽可能强的均匀照明。通常聚光系统有两种类型，其一适用于画片面积较小的情况，这时聚光镜将光源的像成在画片上或它的附近。其二适用于画片面积较大的情况，这是聚光镜将光源的像成在投影镜头上。图 2-27 中只列出第二种情况。

摄影仪器的成像系统刚好与投影仪器相反，拍摄对象的距离 s 一般比焦距 f 大得多，因此像平面(感光底片)总在像方焦面附近，像距 $s'\approx f'$(图 2-28)，在小范围内调节镜头与底片间的距离，可使不同距离以外的物体成清晰的实像于底片上。照相机镜头上都附有一个大小可改变的光阑。光阑的作用有二个：一是影响底片上的照度，从而影响曝光时间的选择；二是影响景深。如图 2-29 所示，照相机镜头只能使某一个平面 Π 上的物点成像在底片上，在此平面前后的点成像在底片前后，来自它们的光束在底片上的截面是一圆斑。如果这些圆斑的线度小于底片能够分辨的最小距离，还可认为它们在底片上的像是清晰的。对于给

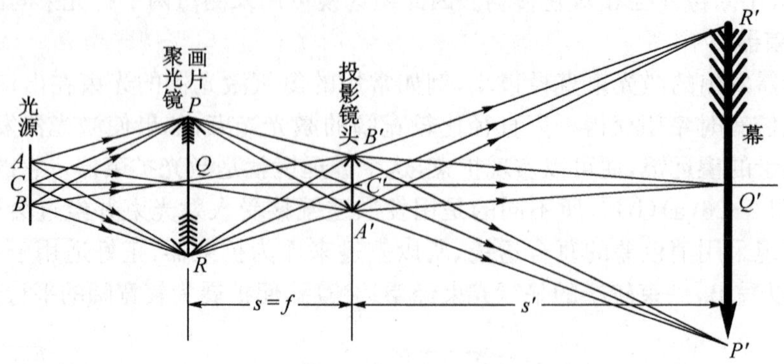

图 2-27 投影仪器

定的光阑，只有平面 *Π* 前后一定范围内的物点，在底片上形成的圆斑才会小于这个限度。物点的这个可允许的前后范围，称为景深。当光阑直径缩小时，光束变窄，离平面Ⅱ一定距离的物点在底片上形成的圆斑变小，从而景深加大。除光阑直径外，影响景深的因素还有焦距和物距。令 x、x' 分别为物距和像距(从焦点算起)，当物距改变 δx 时，像距改变 $\delta x'$，$\delta x'/\delta x$ 的数值愈小，愈有利于加大景深。由牛顿公式可知，$\delta x'/\delta x=-f^2/x^2$(设物、像方焦距相等)，对给定的焦距 f 来说，x 愈小，则景深愈小。因此在拍摄不太近的物体时，很远的背景可以很清晰，面在拍摄近物时，稍远的物体就变得模糊了。

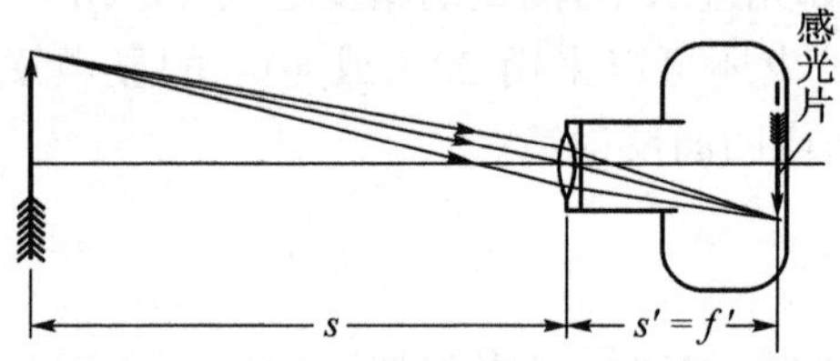

图 2-28 照相机

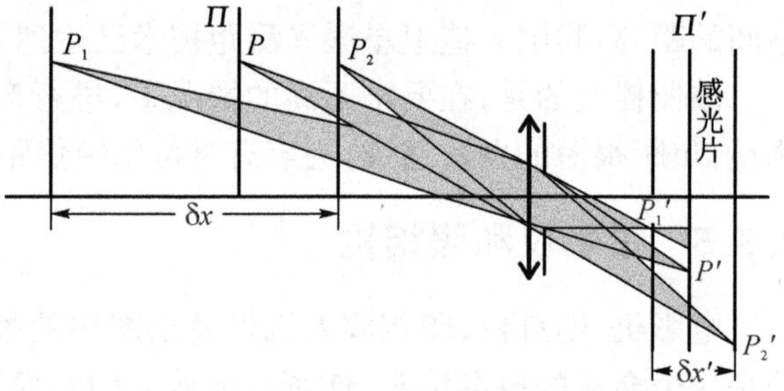

图 2-29 景深

2.6 光阑与像差

本节首先介绍限制成像光束的元件——光阑，然后简要讨论实际光学系统中各种像差的产生、特点及校正方法。

2.6.1 光阑

组成光学系统的各个元件(如透镜、反射镜和棱镜等)都有各自的边缘和孔径，有时还特别附加固定或可变的带孔屏障，这些边缘或带孔屏障称为光阑。一个光学系统中会有许多光阑，最重要的有两种：一种是限制成像光束口径大小的，称为孔径光阑；另一种限制成像的空间范围(即视场)，称为视场光阑。它们分别影响像的清晰度、照度、景深和分辨率等。

1. 孔径光阑——入射光瞳和出射光瞳

在光学系统的所有光阑中,一定有一个具有限制轴上物点成像光束孔径角作用的光阑,此光阑称为系统的孔径光阑,简称孔阑。

从原理上讲,孔阑与轴上物点的位置有关,因此欲确定孔阑,必须明确是对主轴上哪个物点(包括无限远处的物点)而言的孔阑,确定一个系统的孔阑的方法如下:将系统中各光阑分别经其前面的光学元件成像于系统的物空间,其中对轴上物点张角最小的那个像所对应的光阑即为系统的孔阑。

孔阑经其前面的光学元件成在系统物空间的像称为系统的入射光瞳,简称入瞳。入瞳半径对轴上物点的张角称为入射孔径角,记作 u_0,它表征进入系统光束的宽窄。

孔阑经其后面的光学元件成在系统像空间的像称为系统的出射光瞳,简称出瞳。出瞳半径对轴上物点的共轭像点的张角称为出射孔径角,记作 u_0',它表征从系统出射光束的宽窄。

如果忽略光阑的像差,入瞳是物平面上各点成像光束的公共入口;出瞳是成像光束的公共出口。通过孔阑中心的光线称为主光线,因共轭关系,它必通过入瞳中心和出瞳中心,因此,主光线是成像光束的中心线。

2. 视场光阑——入射窗和出射窗

在光学系统的所有光阑中,一定有一个具有限制成像范围作用的光阑,此光阑称为系统的视场光阑,简称场阑。在有中间实像平面的系统(例如开普勒望远镜和显微镜)和有实像平面的系统(例如摄影系统)中,场阑一般设置在这种像平面上。

确定一个系统的场阑的方法如下:将系统中各光阑分别经其前面的光学元件成像于系统的物空间,确定出系统的入瞳;对入瞳中心张角最小的那个像所对应的光阑即为系统的场阑。

场阑经其前面的光学元件成在系统物空间的像称为系统的入射窗,简称入窗。入窗半径对入瞳中心的张角称为物方视场角,记作 ω_0。物平面上被 ω_0 所限制的范围称为物方视场。

场阑经其后面的光学元件成在系统像空间的像称为系统的出射窗,简称出窗。出窗半径对出瞳中心的张角称为像方视场角,记作 ω_0'。物平面的共轭像平面上被 ω_0' 所限制的范围称为像方视场。

2.6.2 像差概述

我们知道,在傍轴条件下理想成像是能够近似实现的。但在实际光学系统中,往往根据需要不得不加大成像光束的孔径或使视场较为广阔,从而突破傍轴条件的限制,若干偏离理想成像的现象随之出现,这些现象称为像差。认清产生各种像差的规律,并设法最大限度地减小像差,这是设计各种成像光学仪器的中心问题。

像差通常可分为两大类:一类是单色光成像时,由于非傍轴光线引起的像差,称为单色像差;另一类是复色光成像时,由于介质折射率与光波长有关而产生的像差,称为色像差。这两类像差都是按几何光学进行计算的,统称为几何像差。即使将所有几何像差都消除,由于存在衍射效应,仍然不能满足理想成像条件,这时成像的质量就要靠波动光学的理论来分析和评价了。

下面以薄透镜为例,简单介绍各种几何像差的形成原因、现象和基本的消除途径,为方便起见,讨论某种像差时,假设其他像差都不存在,实际上各种像差是同时存在的。

1. 单色像差

单色像差包括:球面像差(简称球差)、彗形像差(简称彗差)、像散、像场弯曲(简称场曲)和畸变五种。前两种是大孔径光束引起,后三种是大视场引起。

1) 球差

轴上物点发出的宽光束经薄透镜后不再交于一点,这种现象叫做球差。以凸透镜为例,如图 2-30(a)所示,设傍轴光线在像空间中与主轴交点为 P'(称为高斯像点),非傍轴光线与主轴交点为 P'', h 表示非傍轴光线穿越透镜时的离轴高度。若用一个垂直于光轴的屏在 P'' 点接收出射光束,得到的是一个圆形弥散光斑,球差的大小一般用 P''到 P'点的轴向距离 $\overline{P''P'}$即 s'与 s''之差值来度量,即

$$\delta s' = \overline{P''P'} = s' - s'', \tag{2.51}$$

$\delta s'$ 称为轴向球差。对于会聚透镜,$\delta s' > 0$;对于发散透镜,$\delta s' < 0$。显然,$|\delta s'|$ 与 h 有关,h 越大,$|\delta s'|$ 越大。

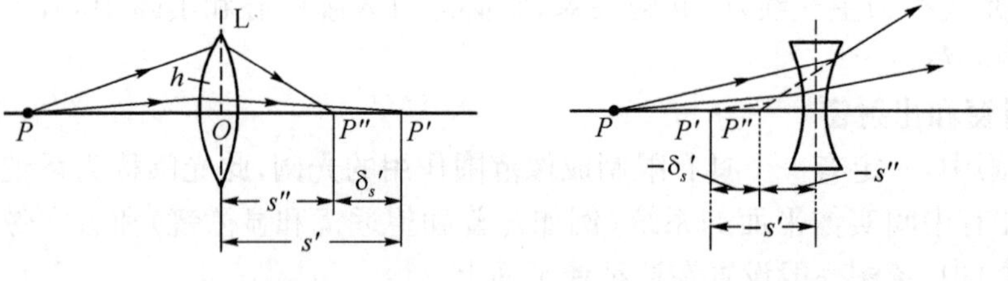

(a) 会聚透镜$\delta s'>0$　　(b) 发散透镜$\delta s'<0$

图 2-30　球差

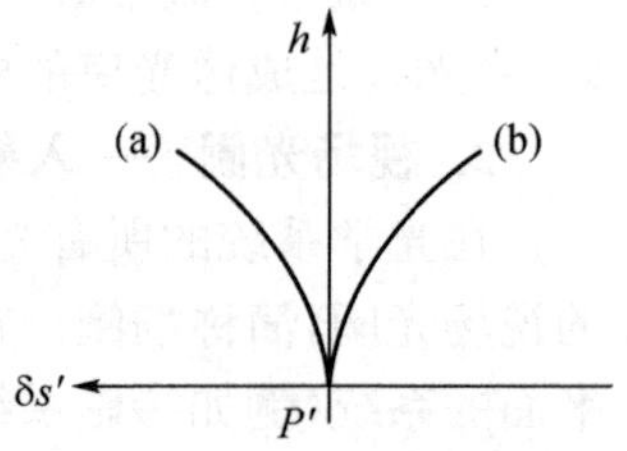

图 2-31　轴向球差曲线

图 2-31 所示的两条曲线(a),(b)分别代表会聚透镜、发散透镜的轴向球差曲线,它们只是表明 $\delta s'$的符号及与 h 的关系,而没有考虑各透镜的焦距和形状。由图可见,会聚透镜和发散透镜的 $\delta s'$符号相反,故可用二者的组合来减少球差。

2) 彗差

傍轴物点发出的宽光束经透镜后不再交于一点,而在高斯像面上形成彗星状弥散斑,这种现象叫做彗差。

彗差的产生可由图 2-32 说明。轴外物点射在透镜上不同半径的环带上的光经透镜后在高斯像平面上仍成一个个环带,但这些环带不是同心的,与透镜上半径愈大的环带相应的像平面上的环带半径愈大,其中心距高斯像点 Q'也愈远. 图 2-32(b)中示出了透镜上半径较大的一个环,图 2-32(c)中底部的圆则具体示出了该环上各点相应的成像位置,像平面上的各环带的叠加即形成彗差。

球差和彗差往往混在一起,只有当轴上物点的球差消除时,才能明显地观察到傍轴物点的彗差。利用物像之间等光程性可以证明:在轴上物点的球差已被消除的条件下,傍轴物点以宽光束成像的条件是

$$ny\sin u = n'y'\sin u' \tag{2.52}$$

式中,n、n'分别为物、像方折射率;y, y'分别为物、像高;u、u'分别为物、像方孔径角。式(2.52)称为正弦条件,满足这个条件的一对共轭点能够消除彗差。

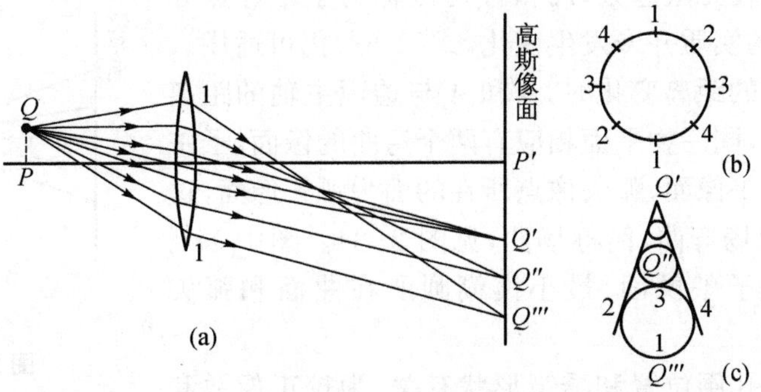

图 2-32 彗差

单个透镜对于一定位置的物体成像时，其彗差的大小与透镜的形状和孔阑位置有关。对于给定孔阑可通过配曲法使彗差消失，也可以通过与其他透镜组合起来消除彗差。

3) 像散和场曲

远轴物点发出的窄光束经透镜后不再交于一点，这种现象称为像散。

为说明像散，可引入子午平面和弧矢平面，前者为包含轴外物点与主轴的平面，后者为包含主光线且与前者垂直的平面，两平面内的光束分别称为子午光束和弧矢光束。

设物平面位于无限远处，大倾角入射的窄平行光束经透镜后子午光束的焦点和弧矢光束的焦点位于主光线上的不同位置。就整体而言，在子午焦点处得到的是一垂直于子午平面的短线，称为子午焦线；在弧矢焦点处得到的是一垂直于弧矢平面的短线，称为弧矢焦线；在其他位置上出射光束在垂直于主轴的平面上的截面为椭圆弥散斑，在子午焦线和弧矢焦线之间的某个位置上为圆弥散斑，通常认为这是出射光束聚焦最清晰的地方，此圆弥散斑称为最小模糊圆，如图 2-33 所示。像散的大小一般用子午焦点 A_t' 和弧矢焦点 A_s' 投影到主轴上的间距 $\Delta x'$ 表示，即

$$\Delta x' = x_t' - x_s' \tag{2.53}$$

式中，x_t'、x_s' 是两焦点到高斯焦面的距离。

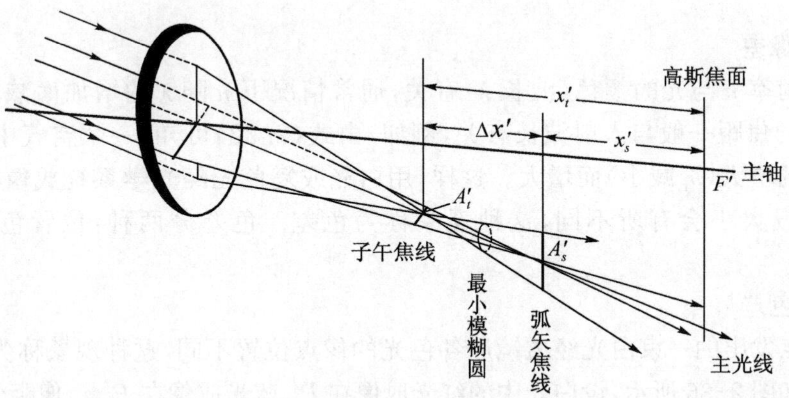

图 2-33 像散

如果物平面不在无限远处，A_t'和A_s'可改称为子午像点和弧矢像点，而问题的实质并未发生变化，式(2.53)仍可适用。

当物点到光轴的距离变化时，A_t'和A_s'与透镜主轴的距离亦随之变化。因此，同一物平面相应有两个弯曲的像面，子午像点所在的面为子午像面，弧矢像点所在的面为弧矢像面，这种像面弯曲称为像场弯曲，简称场曲，见图 2-34。图中$\Sigma t'$、Σ和$\Sigma s'$分别代表子午像面、最小模糊圆所在曲面和弧矢像面。

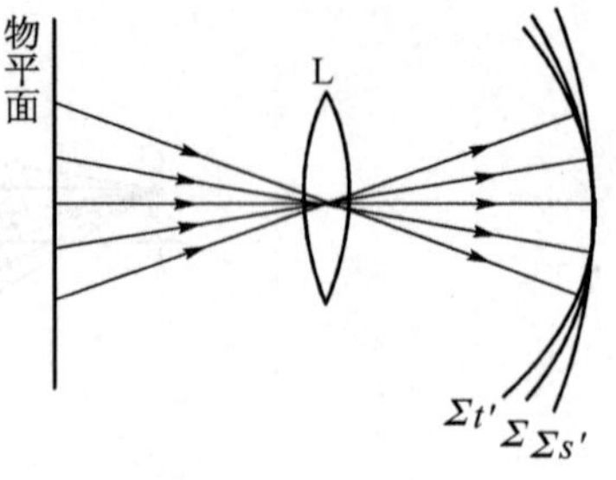

图 2-34 场曲

透镜的像散与孔阑位置和透镜形状有关，为校正像散和场曲，常需要复杂的透镜组合系统。

4）畸变

当物体发出的光线与主轴有大倾角时，即使是窄光束，所成的像与原物体也不再相似，这种现象称为畸变。具有畸变的系统并不破坏光束的同心性，但是其横向放大率在整个视场范围内不能保持为一常数，从而破坏了平面像与平面物之间的几何相似性。例如，当该系统对一个方格网状物体[图 2-35(a)]成像时，若视场中心部分横向放大率比边缘部分低，则形成一枕头形的像[图 2-35(b)]，称为枕形畸变；反之，则形成一啤酒桶形的像[图 2-35(c)]，称为桶形畸变。

一般地，畸变大小随孔阑位置而异，如果光学系统在孔阑两侧的结构相互对称，可以实现无畸变成像，因此对消除畸变要求严格的系统往往采用对称或准对称形式。

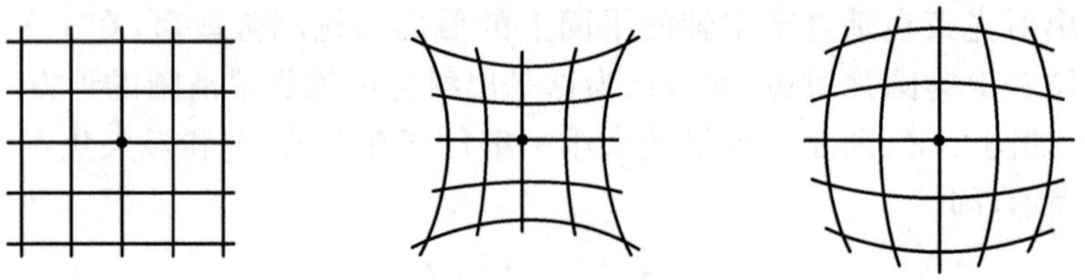

(a) 物　　(b) 枕形畸变　　(c) 桶形畸变

图 2-35 畸变

2. 复色像差

介质折射率 n 与光的颜色(波长 λ)有关，通常情况下 n 随 λ 的增加而减小。因此，一个光学系统的焦距一般与入射波长有关，例如，由式(2.22)可知，一个空气中的薄透镜的焦距将随 λ 的增大(n_L减小)而增大。这样，用白光或复色光经光学系统成像时，不同色光的像的位置或大小会有所不同，这种现象称为色差。色差分两种：位置色差和放大率色差。

1）位置色差

轴上物点发出的一束白光经透镜后各色光的像点位置不同，这种现象称为位置色差或轴向色差。如图 2-36 所示，设白光中的红光成像在P_r'，蓝光成像在P_b'点，像距分别为s_r'，s_b'，位置色差可表示为

$$\delta_s' = s_r' - s_b' \tag{2.54}$$

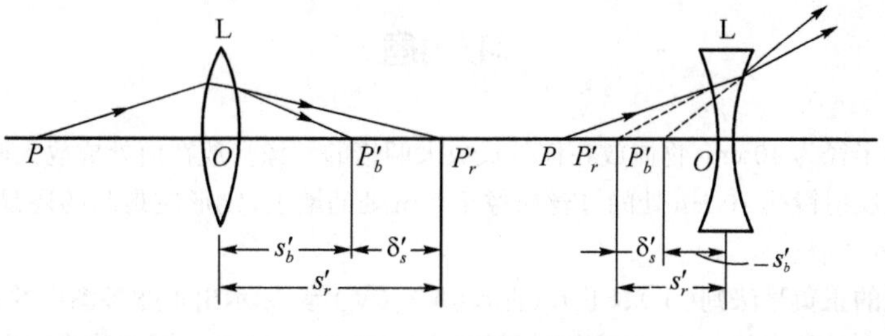

图 2-36　位置色差

对于会聚透镜，$\delta_s'>0$；对于发散透镜，$\delta_s'<0$。存在位置色差时，轴上物点的像为一带色的圆形弥散斑，单个透镜的位置色差是无法消除的。用不同介质制成的会聚、发散透镜的组合系统，可以对选定的两种波长消除位置色差。

2）放大率色差

轴外物点发出的一束白光经透镜后各色光的像点高度不同，这种现象称为放大率色差或垂轴色差。如图 2-37 所示，设白光中的红光成像高度为 y_r'，蓝光成像高度为 y_b'，放大率色差可表示为

$$\delta_y' = y_r' - y_b' \tag{2.55}$$

或用放大率表示为

$$\delta_\beta = \beta_r - \beta_b \tag{2.56}$$

存在放大率色差时，像点边缘带色。

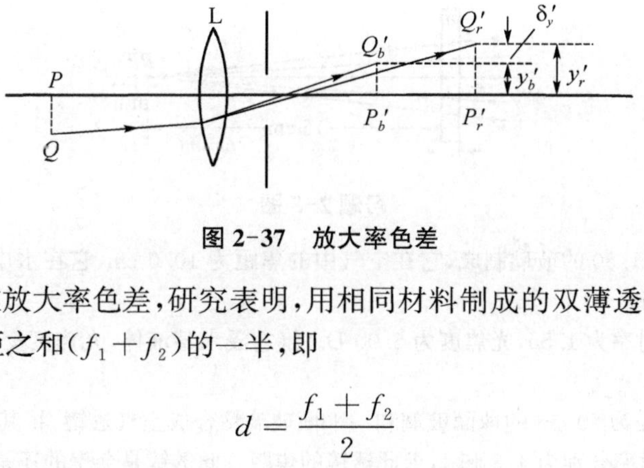

图 2-37　放大率色差

单个透镜总存在放大率色差，研究表明，用相同材料制成的双薄透镜组合系统，使其间距 d 等于两透镜焦距之和（f_1+f_2）的一半，即

$$d = \frac{f_1 + f_2}{2} \tag{2.57}$$

则可对某波长附近的光消除放大率色差。

应当注意，对于一个实际光学系统，上述各种单色像差和色差可能是同时存在的，要将它们完全消除是不可能的，也是不必要的。实用中可根据每种光学仪器的用途和要求将起关键作用的像差或色差降低到容许限度即可。

习 题

2-1 凹面镜的半径为 40 cm，物体放在何处成放大两倍的实像？放在何处成放大两倍的虚像？

2-2 要把球面反射镜前 10 cm 处的灯丝成像于 3 m 处的墙上，镜形应是凸的还是凹的？半径应有多大？这时像放大了多少倍？

2-3 按已约定的正负号法则（Ⅰ）、（Ⅱ）、（Ⅲ）、（Ⅳ）、（Ⅴ）等，标示出本题各图中的物距 s、像距 s'、曲率半径 r、光线倾角 u、u' 的绝对值。比较各图中折射率 n、n' 的大小，指明各图中物像的虚实。

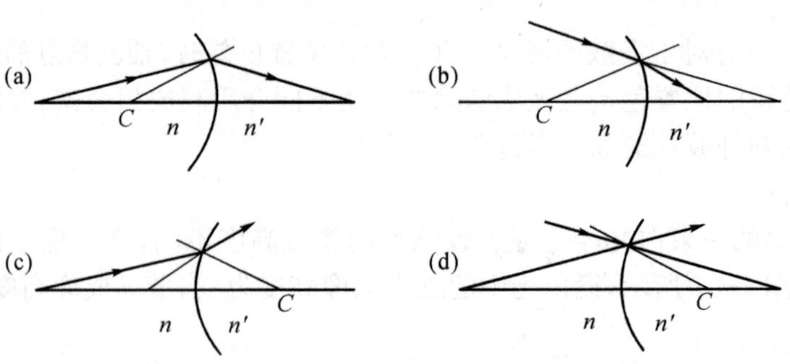

习题 2-3 图

2-4 若空气中一均匀球形透明体能将平行光束会聚于其背面的顶点上，此透明体的折射率应等于多少？

2-5 如习题 2-5 图，一会聚光束本来交于 P 点，插入一折射率为 1.50 的平面平行玻璃板后，像点移至 P'。求玻璃板的厚度 t。

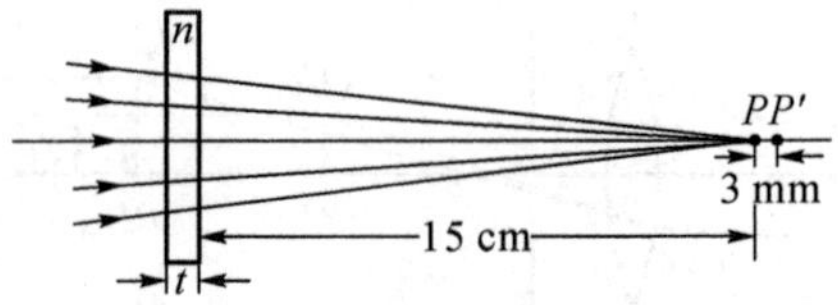

习题 2-5 图

2-6 某透镜用 $n=1.50$ 的玻璃制成，它在空气中的焦距为 10.0 cm，它在水中的焦距为多少？（水的折射率为 4/3）。

2-7 一薄透镜折射率为 1.50，光焦度为 5.00 D。将它浸入某液体，光焦度变为 −1.00 D。求此液体的折射率。

2-8 用一曲率半径为 20 cm 的球面玻璃和一平面玻璃粘合成空气透镜，将其浸于水中。设玻璃壁厚可忽略，水和空气的折射率分别为 4/3 和 1，求此透镜的焦距。此透镜是会聚的还是发散的？

2-9 在 5 cm 焦距的凸透镜前放一小物，要想成虚像于 25 cm到无穷远之间，物应放在什么范围里？

2-10 一光源与屏间的距离为 1.6 m，用焦距为 30 cm 的凸透镜插在二者之间，透镜应放在什么位置，才能使光源成像于屏上？

2-11 如习题 2-11 图，L_1、L_2 分别为凸透镜和凹透镜，前放一小物，移动屏幕到 L_2 后 20 cm 的 S_1 处接收到像。现将凹透

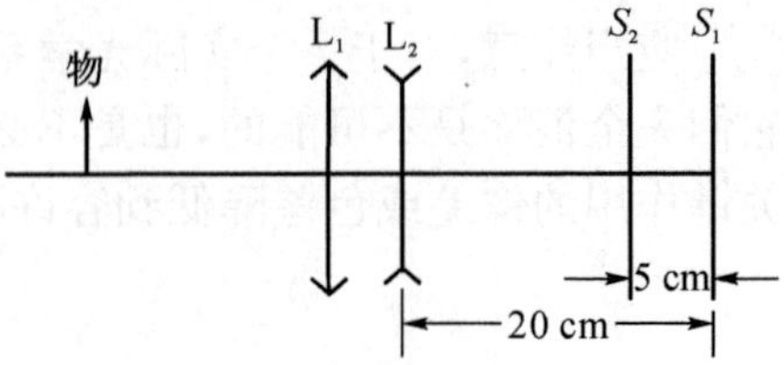

习题 2-11 图

镜 L_2 撤去，将屏移前 5 cm 至 S_2 处，重新接收到像。求凹透镜 L_2 的焦距。

2-12　一光学系统由一焦距为 5.0 cm 的会聚透镜 L_1 和一焦距为 10.0 cm 的发散透镜 L_2 组成，L_2 在 L_1 之右 5.0 cm。在 L_1 之左 10.0 cm 处置一小物，求经此光学系统后所成的像的位置和横向放大率。用作图法验证计算结果。

2-13　用作图法求习题 2-13 图中 PQ 的像（入射线从左到右）。

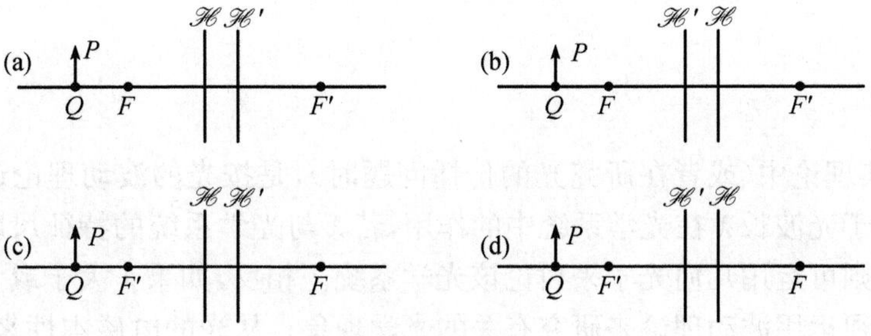

习题 2-13 图

2-14　用作图法求习题 2-14 图中 PQ 点的像（入射线从左到右）。

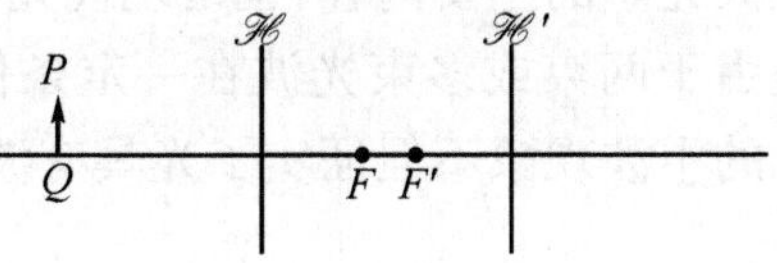

习题 2-14 图

2-15　用作图法求习题 2-15 图中正方形 $ABCD$ 的像。

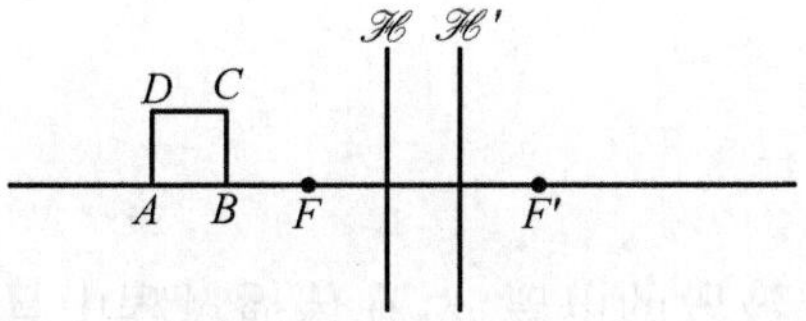

习题 2-15 图

第3章 光的干涉

在光的经典理论中(或者在研究光的传播问题时),是按光的波动理论还是按几何光学方法处理,取决于光波长 λ 在光学系统中的作用,若 λ 与光学系统的特征尺度(如光阑尺寸)相比可以略去,则可运用几何光学来讨论该光学系统。相反,如果 λ 大于或者相近于系统的特征尺寸,则必须运用波动理论来研究有关的光学现象。从光的电磁本性来理解,几何光学的一些基本规律,其实是光波衍射规律的短波近似行为。本章及随后的第 4 章、第 5 章,我们将以经典电磁波理论为基础来研究光传播中重要的波动性质及相应的光学现象,这就是通常所说的波动光学,它是经典光学的主要内容,也是现代光学发展的理论基础。

本章讨论光的干涉,这是由于两束或多束光波在一定条件下相互作用叠加的结果。干涉是波动的一个重要特征,光的干涉现象不但证实了光具有波动性,而且在科学技术上有着广泛的应用。

3.1 波的叠加与干涉

3.1.1 波的叠加原理

如 1.5.1 所述,光是一定波段的电磁波,在传播过程中具有波动的共性,如干涉、衍射等,它们的共同基础是波的叠加。由于大多数光检测元件以及人眼睛的视觉对光的响应主要由电磁波中的电场引起,所以在光学中我们用电场强度矢量 $\boldsymbol{E}$ 表示光场,并称 $\boldsymbol{E}$ 为光振动矢量或光矢量。

当两列光波在空间相遇交叠时,经验告诉我们,它们的传播互不干扰,各自独立进行,这就是“光的独立传播原理”,也是一般波动的特性。依照这一原理,当两列或多列光波在同一波场中传播时,每一列波的传播方式都不会因其他波的存在而受到影响,每列波都保持着自己本来的特性,如频率、振动方向、强度等。在光波与物质相互作用的情况中,此原理亦可称为波的独立作用原理,即每一列波的作用都不因其他波的存在而受到影响。

一列波在空间传播时,在空间的每一点引起振动。当两列或多列波在同一空间传播时,空间各点都参与每列波在该点引起的振动。那么在波独立传播的前提下,在两列或多列波的交叠区域,每一点的振动都是各列波单独存在于该点产生的振动的合成,通常是振动矢量和,即

$$\boldsymbol{E} = \boldsymbol{E}_1 + \boldsymbol{E}_2 + \boldsymbol{E}_3 + \cdots \tag{3.1}$$

这就是“波的叠加原理”。波的叠加原理是波的独立传播原理的必然结果；另一方面，叠加原理从数学含义上意味着波动方程的解的可加性。

需要注意，波的叠加原理和独立传播定律有其适用条件和范围。除了在真空中这些原理总是成立外，能够使叠加原理成立的介质称为“线性介质”，不服从叠加原理的介质称为“非线性介质”。介质是否线性，不仅取决于介质本身，也取决于光的强度。一般介质在通常的光强下，均可认为是线性介质，只有在光强很大的情况下，如对高强度激光，才呈现出明显的非线性。而某些特殊材料(如光折变材料)则会在普通光强下呈现非线性效应。光的非线性效应种类很多，光学中研究非线性现象的分支称为“非线性光学”，因为许多介质的非线性效应只有在强光作用下才较明显，所以非线性光学在激光出现之后得以迅速发展。今后若不作特殊说明，本书的研究都限于线性介质，即光波服从叠加原理，这将是今后许多章节的理论基础。

3.1.2 干涉现象与相干条件

1. 同频率、同方向振动平面简谐波的叠加

我们首先回顾一下谐振动的合成问题。假设有两列振动方向相同、频率相同的简谐波(光波)在空间某点激起的电场谐振动的标量形式分别为：

$$E_1 = E_{10}\cos(\omega t + \varphi_1)$$
$$E_2 = E_{20}\cos(\omega t + \varphi_2)$$

其中 E_{10}、E_{20} 分别是两列波在该点激起的电振动的振幅，φ_1、φ_2 分别是初相位。在线性条件下，振动的合成满足叠加原理。因此，空间该点的电振动等于两个振动的线性叠加：

$$\begin{aligned} E &= E_1(t) + E_2(t) = E_{10}\cos(\omega t + \varphi_1) + E_{20}\cos(\omega t + \varphi_2) \\ &= (E_1\cos\varphi_1 + E_2\cos\varphi_2)\cos\omega t - (E_1\sin\varphi_1 + E_2\sin\varphi_2)\sin\omega t \end{aligned}$$

令

$$E_1\cos\varphi_1 + E_2\cos\varphi_2 = E_0\cos\varphi$$
$$E_1\sin\varphi_1 + E_2\sin\varphi_2 = E_0\sin\varphi$$

可得

$$E = E_0\cos(\omega t + \varphi) \tag{3.2}$$

可见，两个简谐振动的合成仍旧是简谐振动，频率不变，合振幅 E_0 和初相位 φ 由式(3.3)，式(3.4)决定

$$E_0^2 = E_{10}^2 + E_{20}^2 + 2E_{10}E_{20}\cos(\varphi_2 - \varphi_1) \tag{3.3}$$

$$\tan\varphi = \frac{E_{10}\sin\varphi_1 + E_{20}\sin\varphi_2}{E_{10}\cos\varphi_1 + E_{20}\cos\varphi_2} \tag{3.4}$$

式(3.3)中 $\varphi_2 - \varphi_1$ 为两个简谐振动的相位差 δ。

我们也可以用矢量图解法来求解振动合成。对振幅矢量作如下规定：振幅矢量 $\boldsymbol{E}$，它的长度代表振幅 E_0 的大小，它与给定轴(Ox 轴)的夹角相当于振动的初相 φ。两个振动方向和

频率相同的振动的叠加等于两个振幅矢量 $\boldsymbol{E}_1$ 和 $\boldsymbol{E}_2$ 的矢量合。如图 3-1 所示，合矢量 $\boldsymbol{E}$ 在坐标轴上的投影记作 x、y，则有

$$E_0^2 = x^2 + y^2 = (x_1 + x_2)^2 + (y_1 + y_2)^2 \tag{3.5}$$

其中

$$x = x_1 + x_2 = E_{10}\cos\varphi_1 + E_{20}\cos\varphi_2$$
$$y = y_1 + y_2 = E_{10}\sin\varphi_1 + E_{20}\sin\varphi_2$$

代入式(3.5)，经整理后得到

$$E_0^2 = E_{10}^2 + E_{20}^2 + 2E_{10}E_{20}\cos(\varphi_2 - \varphi_1)$$
$$\tan\varphi = \frac{E_{10}\sin\varphi_1 + E_{20}\sin\varphi_2}{E_{10}\cos\varphi_1 + E_{20}\cos\varphi_2}$$

上两式就是式(3.3)和式(3.4)。

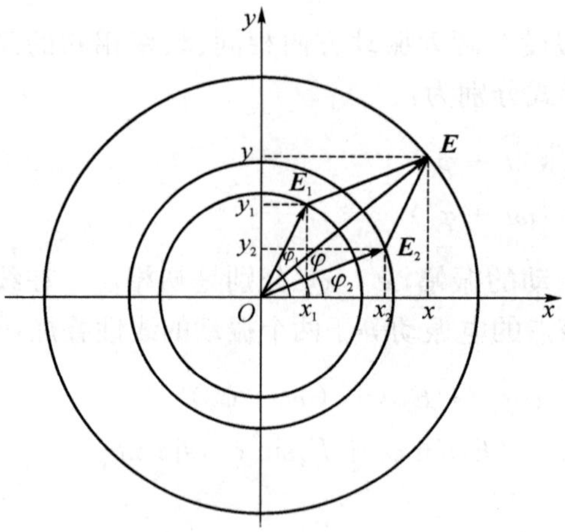

图 3-1　振动合成的矢量图解法

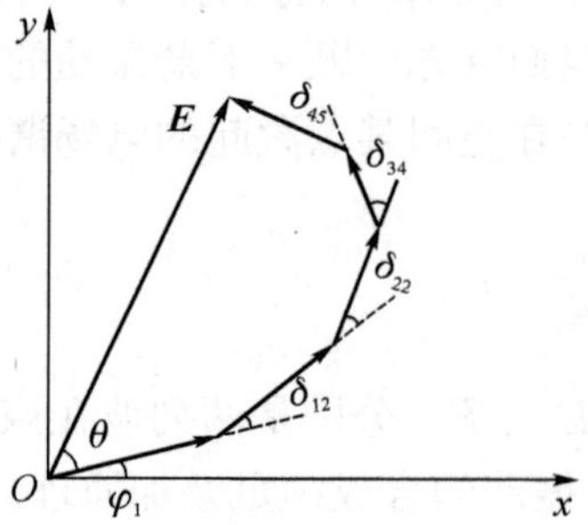

图 3-2　多个振动矢量的合成

在求多列波的叠加时，可以利用矢量合成的多边形法则，即将各列波的振幅矢量依次首尾相接，则从第一个矢量的始端指向最终矢量末端的矢量即为合成波的振幅矢量。图 3-2 给出了五个振动矢量在某点的合矢量，即代表了该点的合成振动，振幅为 $\boldsymbol{E}$ 的大小，相位 θ。图中 $\delta_{ij} = \varphi_j - \varphi_i$ 即第 j 个振动的相位与前一个振动 i 的相位之差。可见，振动矢量图解法对于许多个同方向同频率振动的叠加尤其方便。我们在讨论光波的干涉和衍射时，常常用振幅矢量图解法来求合振动，其物理意义十分清楚。

以上仅讨论了光振动的叠加，在此基础上进而讨论光波的叠加问题。光波在传播过程中具有独立性，因此，上述分析对光振动在空间任一点的叠加也是适用的。这里以一个特殊的例子来分析两列光波的叠加，如图 3-3 所示，两单色简谐波，即频率是单值的、振幅不随传播距离而改变，它们分别从空间两定点 S_1 和 S_2 发出，振源振动用式(3.6)表示：

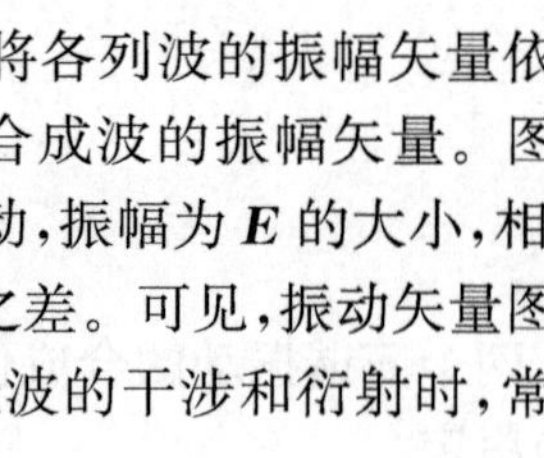

图 3-3　两列简谐波的叠加

$$E_{s1}=E_{10}\cos(\omega t+\varphi_{10})$$
$$E_{s2}=E_{20}\cos(\omega t+\varphi_{20}) \tag{3.6}$$

式中，φ_{10}，φ_{20} 分别为 S_1 和 S_2 两点振动初相位。为简单起见，设两列波都在空气中传播，分别经过路径 r_1，r_2 后在空间 P 点相遇，P 点振动表示式如下：

$$E_1=E_{10}\cos\left(\omega t-\frac{2\pi}{\lambda}r_1+\varphi_{10}\right)$$
$$E_2=E_{20}\cos\left(\omega t-\frac{2\pi}{\lambda}r_2+\varphi_{20}\right) \tag{3.7}$$

P 点合振动振幅表示式同式(3.3)，即

$$E_0^2=E_{10}^2+E_{20}^2+2E_{10}E_{20}\cos\delta \tag{3.8}$$

其中

$$\delta=(\varphi_{10}-\varphi_{20})-\frac{2\pi}{\lambda}(r_1-r_2) \tag{3.9}$$

δ 为两列光波在 P 点任意时刻的相位差，取决于两个因素：其一是定点 S_1 和 S_2 的初始振动情况；其二是波从 S_1、S_2 两点到达观察点 P 所经过的路程(一般情况下为光程)。

2. 干涉现象与相干条件

由上述分析得出，两束或多束同频率、同方向振动的光波在空间相交时，交叠区域内各点的合振动由叠加原理给出。目前所有的光接收器只对光强度产生响应，不能直接探测出电场的变化，因此我们更关心的是交叠区域中总的光强度分布，光强度 I 与 $\boldsymbol{E}$ 矢量的振幅平方成正比，由式(3.8)可得

$$I\propto E_0^2=E_{10}^2+E_{20}^2+2E_{10}E_{20}\cos\delta(P) \tag{3.10}$$

式中，$\delta(P)$ 是两列光波在相遇点 P 的相位差。由于光振动频率极高，现有光探测器的响应时间远远大于光波周期，因此实际测得的 P 点合成光强总是一段时间间隔 τ 中的平均强度，忽略某些常数，可表示为

$$\begin{aligned}I&=\frac{1}{\tau}\int_0^\tau E_0^2\,\mathrm{d}t\\&=\frac{1}{\tau}\int_0^\tau(E_{10}^2+E_{20}^2+2E_{10}E_{20}\cos\delta)\,\mathrm{d}t\\&=E_{10}^2+E_{20}^2+2E_{10}E_{20}\frac{1}{\tau}\int_0^\tau\cos\delta\,\mathrm{d}t\end{aligned}$$

即

$$I=I_1+I_2+I_{12}$$
$$I_{12}=2\sqrt{I_1I_2}\left[\frac{1}{\tau}\int_0^\tau\cos\delta(P)\,\mathrm{d}t\right] \tag{3.11}$$

I_{12} 称为干涉项。

若在观察时间 τ 内，两光波的相位差 $\delta(p)=\varphi_1(pP)-\varphi_2(p)$ 不恒定，即 $\varphi_1-\varphi_2$ 可取 $0\sim 2\pi$ 内的一切数值，而且取各种数值的机会均等，则有 $\int_0^\tau \cos\delta(P)\mathrm{d}t=0$，干涉项 $I_{12}=0$，式(3.11)化为 $E_0^2=E_{10}^2+E_{20}^2$ 或 $I=I_1+I_2$，即在相交区域内任一点的合成光强都等于两列光波光强之和，没有强度重新分布的干涉现象。

若在观察时间 τ 内，两光波的相位差 $\delta(p)=\varphi_1(pP)-\varphi_2(p)$ 不随时间变化，则有 $\int_0^\tau \cos\delta(P)\mathrm{d}t=\cos\delta(P)\cdot\tau$，干涉项 $I_{12}=2\sqrt{I_1I_2}\cos\delta(P)$，式(3.11)化为 $E_0^2=E_{10}^2+E_{20}^2+2E_{10}E_{20}\cos\delta(P)$ 或 $I=I_1+I_2+2\sqrt{I_1I_2}\cos\delta(P)$。空间不同位置，两列光波在相遇点 P 的相位差 $\delta(P)$ 不同，I_{12} 随空间位置周期性改变。于是在两列波的相交区域，合成光强随空间位置重新分布，并周期性变化，出现干涉条纹，这就是相干叠加。

可以看出两列波要产生干涉，必须具备如下三个条件，我们称之为相干条件：

① 两列光波的频率相同，$\omega_1=\omega_2$。

② $\boldsymbol{E}_1\cdot\boldsymbol{E}_2\neq 0$，即在相遇点两束光波的振动矢量不能相互垂直。当振动方向成一定角度时，可以将它们分解成为相互平行和相互垂直的分量，只有在相互平行的分量之间才会产生干涉。

③ 在相遇点，两束光波的相位差 $\delta(p)=\varphi_1(P)-\varphi_2(p)$ 在观察时间 τ 内恒定。若 $\delta(p)$ 是时间的函数，则 $\cos\delta(P)$ 在 τ 时间内的平均值等于 0，$I_{12}=0$。

上述第一条是任何波发生干涉的必要条件，第二条是针对矢量波的，标量波没有这个问题，而第三条反映了干涉场的稳定性问题。此外，还要求两束光波的振幅不要相差太大，否则叠加时明暗对比不显著，不易观察到干涉条纹。满足上述相干条件的两列波称为相干波。

当两列光波满足相干条件时，干涉项

$$I_{12}=2\sqrt{I_1I_2}\cos\delta(P)=2\sqrt{I_1I_2}\cos(\varphi_2-\varphi_1) \tag{3.12}$$

相遇点的合成光强为

$$I=I_1+I_2+2\sqrt{I_1I_2}\cos\delta(P) \tag{3.13}$$

当 $\delta(P)=0, \pm 2\pi, \pm 4\pi, \cdots, \pm 2k\pi$ 时($k=0, 1, 2, \cdots$)，强度达最大值，称为干涉相长；

$$I=I_{\max}=I_1+I_2+2\sqrt{I_1I_2}$$

当 $\delta(P)=\pm\pi, \pm 3\pi, \cdots, \pm(2k+1)\pi$ 时($k=0, 1, 2, 3, \cdots$)，强度最小，又称干涉相消。

$$I=I_{\min}=I_1+I_2-2\sqrt{I_1I_2}$$

上述分析表明，相干与非相干只是不同情况下光波叠加的具体表现。

3.1.3 干涉条纹的可见度

可见度(或对比度、衬比度)是描写干涉条纹清晰度的物理量，它的定义是：

$$V=\frac{I_{\max}-I_{\min}}{I_{\max}+I_{\min}} \tag{3.14}$$

I_{max} 和 I_{min} 分别表示干涉条纹中光强的极大值和极小值。$V=1$，干涉条纹的对比度最大，条纹最为清晰；$V=0$，光场均匀照明，看不到干涉条纹，通常 $0 \leqslant V \leqslant 1$。影响干涉条纹可见度的因素很多，对于理想的相干点光源来说，主要因素为强度比（或振幅比）。

由光强公式 $I = I_1 + I_2 + 2\sqrt{I_1 I_2}\cos\delta(P)$，得到

当 $\delta = 2k\pi$，k 为整数，$\cos\delta = 1$，光强 I 为最大，

$$I_{max} = I_1 + I_2 + 2\sqrt{I_1 I_2} = (\sqrt{I_1} + \sqrt{I_2})^2$$

当 $\delta = (2k+1)\pi$，$\cos\delta = -1$，光强 I 为最小，

$$I_{min} = I_1 + I_2 - 2\sqrt{I_1 I_2} = (\sqrt{I_1} - \sqrt{I_2})^2$$

将 I_{max} 和 I_{min} 代入式(3.14)，得到可见度

$$V = \frac{2\sqrt{I_1 I_2}}{I_1 + I_2} \tag{3.15}$$

也可以振幅比表示可见度

$$V = \frac{2E_1 E_2}{E_1^2 + E_2^2} = \frac{2(E_1/E_2)}{1+(E_1/E_2)^2} \tag{3.16}$$

如果 $I_1 \gg I_2$，两光波强度相差很大，可见度很小。所以要清晰看见干涉条纹，两束光的强度不能相差太大。

3.1.4 相干光的获得

综上所述，不管两列波是相干还是非相干，在它们交叠的区域内其合振动都符合叠加原理，亦即线性叠加，这是所有线性系统的特点。但叠加的结果则因光源是相干还是非相干而有根本区别：相干光的叠加将导致光强度在空间重新分布，形成干涉条纹；而非相干的叠加并不改变光强度的重新分布，各点的总光强等于两个波列光强之和。

在日常生活中我们发现，当两盏灯同时照射时，光强是两个灯光强度的简单相加，观察不到干涉条纹，这是因为通常的独立光源是不相干的。光源发光源自物质原子的辐射，普通光源（非激光光源）的发射过程以自发辐射为主，是一种随机过程。一般是原子的外层电子受激后从低能态跃迁到高能态，当它从高能态回到低能态时，将能量以光的形式辐射。由于能量的损失以及周围原子的相互作用，原子的辐射过程杂乱无章且常常中断，发光的持续时间极短，不超过 10^{-8} s。当某个原子中断辐射以后，受到激发又会重新辐射，但已具有新的初相位了。因此，原子辐射的光波是一系列有限长度的波列，只能在短暂时间（小于 10^{-8} s）内保持振幅和频率近似不变。而不同原子辐射的波列的初相位之间也互不相关，这些断断续续、长短不一，初相位无规则且迅速变化的波列总体就构成了宏观的光波。这样的两列光波在空间某处相遇时，只能在 10^{-8} s 或更短的时间中保持恒定的相位差，在不同瞬时叠加所得的干涉图像更替变换的频率极高，达到每秒 10^8 以上，肉眼或一般的光能探测器的响应时间远远大于原子发光的持续时间，因而无法追踪光场的即时振动，只能获得在响应时间范围内的平均光强度，从而显示不出干涉效应。

因此，能否观察到光的干涉，取决于光源的相干性和接收器的时间响应能力。对普通光源来说，不同原子发出的光波列，或同一原子在不同时刻发出的光波列都是不相干的。这就是两个普通的独立光源所发出的光波叠加时，观察不到干涉现象的原因。

为了获得相干光束，可通过光学装置将同一波列分成两列或几列，使它们经过不同路径后再重新相遇。这样，尽管各原子的发光迅速地变化，但在相遇点的各光束因来自同一波列，其频率、振动方向、初相位等将随着原光波同步变化，各波列间因路径不同引起的相位差保持恒定，从而在相遇区域形成干涉场。具体方法有：分波前干涉，将同一束光波前的各个不同部分作为发射次波的子光源，然后使这些次波交叠产生干涉，典型的如杨氏实验；另有分振幅干涉，利用光在两种透明介质界面上的反射和折射，将一束光波前上的同一点分成两部分，经过多次反射和折射，使它们重新交叠并发生干涉，这是一种能量分割过程，因此称为分振幅法，例如薄膜干涉和迈克尔逊干涉仪。分波前干涉和分振幅法干涉示意图分别如图3-4(a)和(b)所示。以下按照这两种方法来研究具体的干涉现象。此外还有分振动面干涉，将在第5章的偏振光干涉一节中讨论。

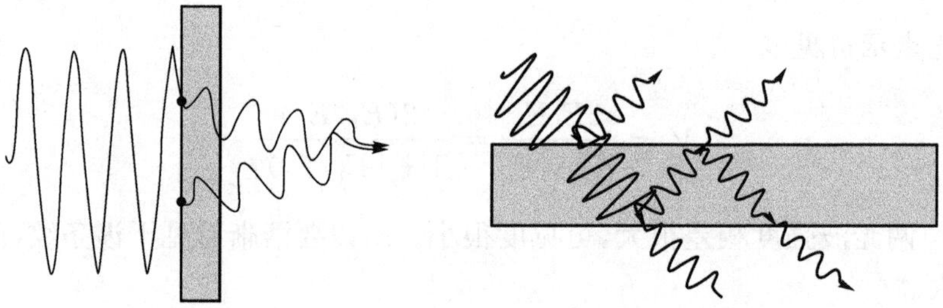

(a) (b)

图 3-4 相干光的获得

3.2 分波前干涉

3.2.1 杨氏实验

英国医生托马斯·杨(Thomas Young)最先在1801年成功地得到两列相干的光波，并最早以明确的形式确立了光波叠加原理，用光的波动性解释了干涉现象，他所进行的著名的分波前双孔(缝)干涉实验以后被称为杨氏实验，在物理学史上有着重要的地位，而且通过对其干涉条纹特性的分析可以得出许多具有重要理论及实际意义的结论，大大深化和丰富了人们对干涉原理及光场相干性的认识。本节讨论光源为单色点(线)源的理想情况，对偏离理想情况带来的影响将在3.3节讨论。

1. 实验装置与光强分布

图3-5是杨氏实验装置的示意图。在强单色光源前放一个有针孔 S 的遮光屏A，光通过 S 向前传播。若针孔足够小，S 就可以看作单色点光源。在屏A的前面再放置屏B，上面开有两个针孔 S_1 和 S_2，它们将 S 发出的球面波前分离出两个次波波源，因为来自同一光源

S，S_1 和 S_2 永远有一定的相位关系，它们是相干光源，在光波相遇区域产生干涉，观察屏 P 上呈现出干涉图样。

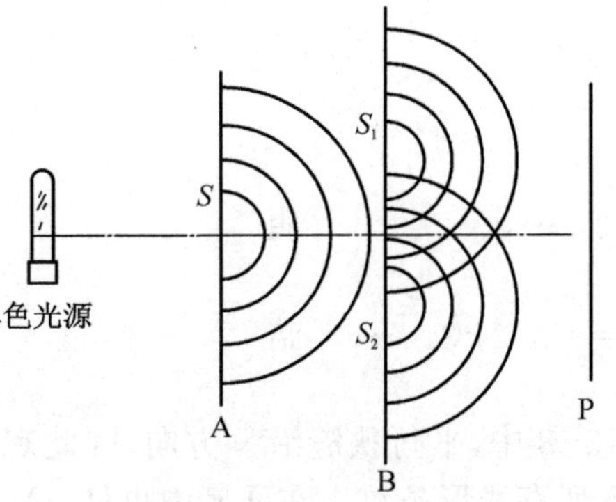

图 3-5　杨氏实验装置示意图

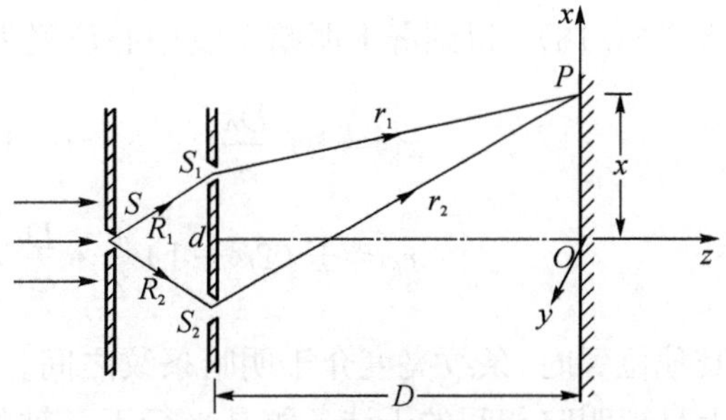

图 3-6　杨氏实验光路图

现用图 3-6 表示杨氏干涉实验的光路图，考察屏上 P 点的光强。可以认为 S_1 和 S_2 在 P 点引起振动的振幅相等，即 $I_1 = I_2$。由式(3.13)，得到屏上 P 点的光强表达式：

$$I = I_1 + I_2 + 2\sqrt{I_1 I_2}\cos\delta(P)$$

并简化为

$$I = 4I_1\cos^2\frac{\delta(P)}{2} \tag{3.17}$$

若 S_1 和 S_2 位于 S 发出光波的同一波阵面上，则它们有相同的相位，即 $\varphi_{01} = \varphi_{02}$，$S_1$，$S_2$ 到 P 点的光程差：$\Delta = r_2 - r_1 = d\sin\theta$，相位差：$\delta = 2\pi\dfrac{\Delta}{\lambda}$，

当光程差 $\Delta = \pm k\lambda$，$k = 0, 1, 2, 3, \cdots$，　$I(P) = I_{max} = 4I_1$，干涉加强；

当光程差 $\Delta = \pm(2k-1)\dfrac{\lambda}{2}$，$k = 1, 2, 3, \cdots$，　$I(P) = I_{min} = 0$，干涉相消。　(3.18)

由式(3.17)可以画出屏上光强分布随相位差 δ 的变化情况，如图 3-7 所示。

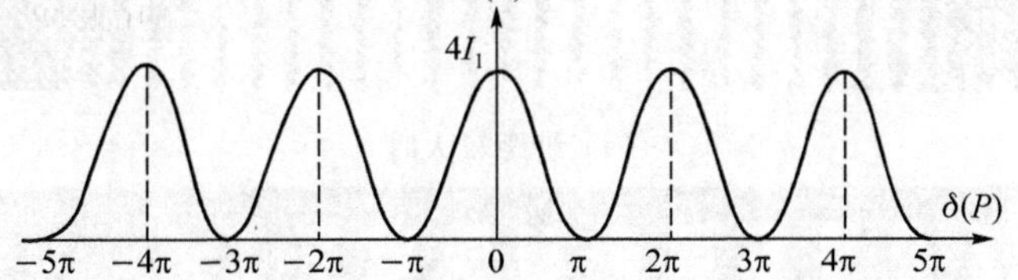

图 3-7　等光强两波相干叠加时强度与相位差的关系

2. 干涉条纹特点

为了提高干涉图样的明亮度，往往用平行狭缝来代替图 3-5 中的针孔 S_1、S_2 和 S，狭缝安置与图面垂直，以单色平行光照射，如图 3-8 所示，其光路截面图仍可用图 3-6 表示。设屏上 P 点离中心 O 的距离为 x，现在 O 是由 S 作出的平分双缝的中央线与屏幕的交点，在通常的干涉实验中，要求 $D \gg d$，且在傍轴区域观察，即 $D \gg x$，因此近似有

$$\frac{x}{D} = \frac{r_2 - r_1}{d} = \frac{\Delta}{d}$$

$$\Delta = \frac{xd}{D}$$

代入式(3.18)，得到屏上明暗条纹中心位置为：

$$\begin{aligned} x_k &= \pm k \frac{D\lambda}{d}, \quad k = 0, 1, 2, 3, \cdots, \quad \text{明} \\ x_k &= \pm (2k-1)\frac{\lambda}{2} \cdot \frac{D}{d}, \quad k = 1, 2, 3, \cdots, \quad \text{暗} \end{aligned} \tag{3.19}$$

在其他位置时，条纹亮度介于明暗条纹之间。在图 3-8 中，平行狭缝沿 y 方向，因此观察屏 P 上呈现明暗相间的干涉条纹是平行于 y 轴的一系列直线形条纹。在屏幕中央处，$\Delta = 0$，为零级明纹，两侧条纹对称分布。图 3-9 给出了双缝干涉实验结果的照片，其中水平方向相应于图中的 x 方向。

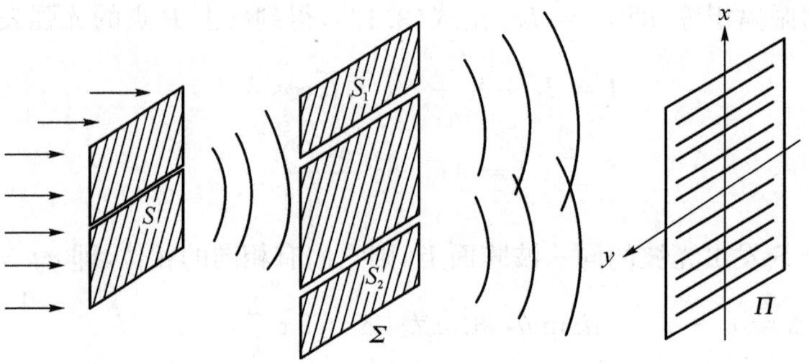

图 3-8 杨氏双缝干涉

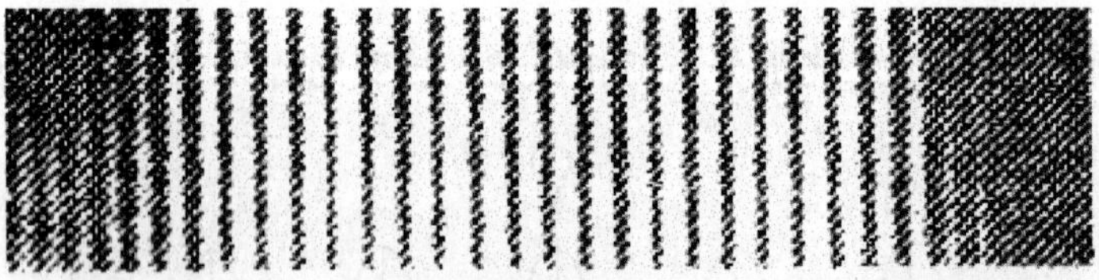

(a) 缝距较大时

(b) 缝距较小时

图 3-9 双缝干涉实验结果

干涉条纹的间距定义为两条相邻亮纹(强度极大)或两条相邻暗纹(强度极小)之间的距离。由式(3.19)可得双缝干涉条纹相邻明条纹或相邻暗条纹的间距均为

$$\Delta x = x_{k+1} - x_k = \frac{D\lambda}{d} \tag{3.20}$$

明纹和暗纹都是等间距的，并且与干涉级数 k 无关；间距的大小与波长 λ 以及双缝到屏幕的距离 D 成正比，与双缝间距 d 成反比。

在给定的实验装置中，如果用白光照射时，紫光的间距小，红光的间距大，所以除中央明纹外，其余各级亮条纹将因 λ 不同而错开位置，形成从紫到红的彩色条纹，并且将产生不同级次条纹的重叠，设 k 为紫光 λ_1 的亮条纹级次，k' 为红光 λ_2 的亮条纹级次，如图 3-10 所示，第四级紫光与第三级红光亮纹发生重叠。能观察到从紫到红清晰可见光谱的级次由式 3.21 求得：

$$\begin{gathered} k\lambda_r = (k+1)\lambda_v \\ k = \frac{\lambda_v}{\lambda_r - \lambda_v} = \frac{390}{750-390} = 1.08 \end{gathered} \tag{3.21}$$

所以从紫到红排列清晰的可见光谱只有正负各一级。

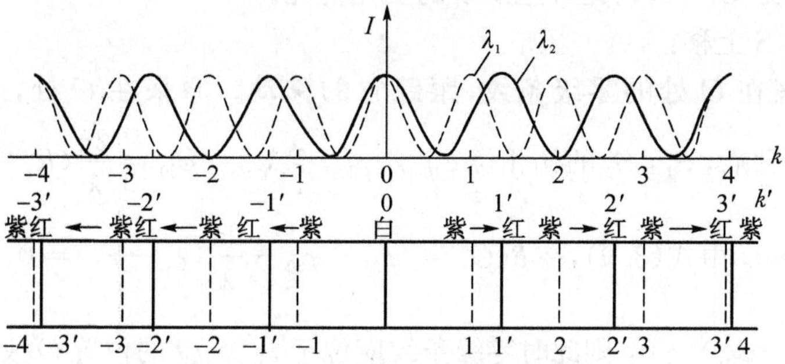

图 3-10 白光照射的条纹分布

例题 3.1 在杨氏双缝实验中，光源波长 $\lambda = 6.4 \times 10^{-5}$ cm，两狭缝间距 $d = 0.4$ mm，光屏与狭缝相距 $D = 50$ cm。试求：

(1) 光屏上第一条明条纹和中央明条纹之间的距离；

(2) 若 P 点离中央明条纹中心的距离 x 为 0.1 mm，问双缝出射的两光束在 P 点的相位差是多少？

(3) 求 P 点的光强和中央明条纹中心的强度之比。

解：(1) 根据条纹间距公式(3.20)

$$\Delta x = \frac{D\lambda}{d} = \frac{50 \times 6.4 \times 10^{-5}}{0.04} = 8.0 \times 10^{-2} \text{ cm}$$

(2) 根据图 3-6 得两束光到达 P 点的光程差为

$$\Delta = r_2 - r_1 = d\frac{x}{D} = 0.04 \times \frac{0.01}{50} = 0.8 \times 10^{-5} \text{ cm}$$

再根据相位差与光程差的关系得

$$\delta(P)=\frac{2\pi}{\lambda}\Delta=\frac{2\pi}{6.4\times10^{-5}}\times0.8\times10^{-5}=\frac{\pi}{4}$$

(3) 由光强公式可得

$$\frac{I_P}{I_0}=\frac{4I_1\cos^2\dfrac{\delta(P)}{2}}{4I_1\cos^2\dfrac{\delta(O)}{2}}=\cos^2\frac{\pi}{8}=0.8536$$

在干涉实验中，人们不仅注意干涉条纹的静态分布，而且关心它们的移动变化情况，因为干涉的许多应用都与条纹的变动有关。造成条纹变动的因素来自三个方面：一是光源的移动；二是装置结构的变动；三是光路中媒质的变化。而讨论条纹的移动情况通常从两个角度着手：一是固定屏上（干涉场中）某点，观察有多少条纹移过此点；二是跟踪某级条纹（如零级条纹），看它朝什么方向移动多少距离。无论是哪一种观察方式，关键都要知道光程差 Δ 如何变化。下面我们通过一道例题来具体讨论杨氏双缝干涉中条纹的移动。

例题 3.2 参见图 3-6，讨论屏上条纹的变化情况。

解：① 将光源 S 上移：

我们选择原来在 O 处的零级条纹，跟踪它的移动。原来在 O 处，$r_1=r_2$，相位差 $\delta(O)=0$。当 S 上移后，S_1，S_2 的初相位 $\varphi_{10}\neq\varphi_{20}$，且 $\varphi_{10}-\varphi_{20}=\frac{2\pi}{\lambda}(R_2-R_1)$，这里 $R_1<R_2$，即 $\varphi_{10}-\varphi_{20}>0$，由式(3.9)，在 $\delta(O')=\varphi_{10}-\varphi_{20}-\frac{2\pi}{\lambda}(r_1-r_2)=0$，在 $\delta(O')=0$ 时，$r_1-r_2=\frac{\lambda}{2\pi}(\varphi_{10}-\varphi_{20})>0$，则此时零级条纹应位于 $r_1>r_2$ 的位置 O' 处，即向下移动。

② 光源 S 移近双缝：

由式(3.19)、式(3.20)得，此时条纹的位置、间隔并不变化。

③ 观察屏移离双缝：

按式(3.19)、式(3.20)，此时 D 增大，故条纹间距 $\Delta x'$ 增大，条纹向两边扩散，但中央零级条纹不动。（试考虑，若用白光作光源将观察到什么现象？）

④ 两缝间距加倍：

由式(3.19)、式(3.20)，此时 d 增大，条纹间距 $\Delta x'$ 减为原来的一半，即条纹变密。

⑤ 若在 S_1 处放置一 $n>1$ 的透明介质：

由于 S_1 光路光程增大，对零级条纹来说，要使 $\Delta'=0$，r_2 应相应地增大，即条纹向上移动。若已知条纹移动距离及介质厚度，便可求出介质的折射率 n。

3.2.2 其他分波前装置

1. 菲涅耳双棱镜

菲涅耳双棱镜是由顶角 α 很小的两块相同的棱镜底边相贴组成，如图 3-11 所示。光源 S 发出的光波，其波面的两部分经上下两个棱镜折射后形成两束光。这两束光可以看成是由同一光源 S 的两个虚像 S_1，S_2 发出，因而是相干的。在它们的重叠区域（图中阴影部分）

将产生干涉，在屏 P 上可以看到干涉条纹。由于棱镜 α 很小，不难证明在 C 点附近出射光线与 CO 的夹角 θ 近似为

$$\theta \approx (n-1)\alpha$$

式中，n 为棱镜材料的折射率。若点光源 S 到棱镜的距离是 l_1，则虚光源 S_1，S_2 之间的距离为

$$d = 2l_1(n-1)\alpha$$

由于 S_1，S_2 相当于双缝干涉中的两狭缝，因此，根据式(3.20)可以得到干涉条纹的间距为

$$\Delta x = \frac{D\lambda}{d} = \frac{\lambda(l_1+l_2)}{2l_1(n-1)\alpha} \tag{3.21}$$

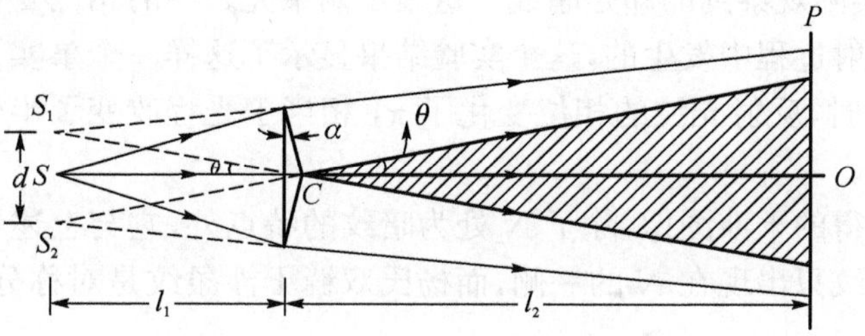

图 3-11 菲涅耳双棱镜光路示意图

2. 菲涅耳双面镜

菲涅耳双面镜是由两个交角很小的平面镜组成，如图 3-12 所示。从点(线)光源 S 发出的光波，经两个夹角很小的平面镜 M_1 和 M_2 反射后成为两束相干光波。S_1，S_2 分别为 S 在双面镜中所成的虚像，它们来自同一光源，所以 S_1，S_2 是两个相干的虚光源。图中阴影部分为这两束光的叠加区域，若把屏放在该区域内，在屏上将看到明暗相间的干涉条纹。设两平面镜之间夹角 θ(θ 很小)，那么在 C 点附近，由光源 S 发出的光线 SC 分别经 M_1 和 M_2 反射后所得到的两反射光线之间的夹角是 2θ，它实际上就是虚光源 S_1，S_2 相对于 C 点的张角。如果 $SC=b$，由镜像对称性知

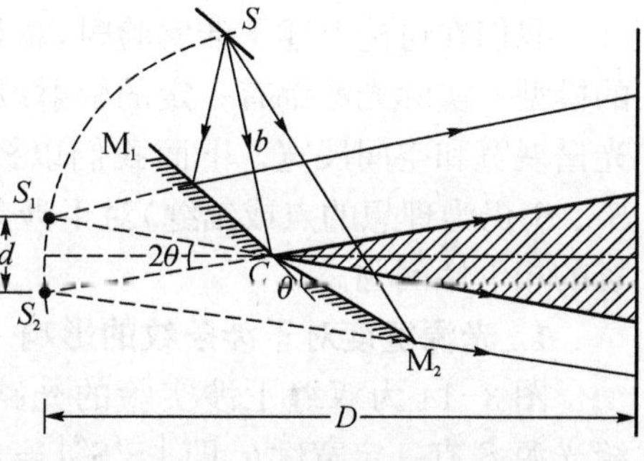

图 3-12 菲涅耳双面镜光路示意图

$$S_1C = S_2C = b$$

即 C 点在 S_1，S_2 的垂直平分线上，由此可以得到 S_1，S_2 之间的距离

$$d = 2b\sin\theta \approx 2b\theta \tag{3.22a}$$

和菲涅耳双棱镜类似，由式(3.22a)可以得到菲涅耳双面镜干涉条纹的间距

$$\Delta x = \frac{D\lambda}{d} = \frac{\lambda D}{2b\theta} \tag{3.22b}$$

3. 洛埃镜

洛埃镜装置如图 3-13 所示，是由一平面玻璃板 MN 和线光源 S 组成，入射光在掠入射条件下被玻璃板表面反射，形成虚像 S'。由玻璃表面反射的光波与直接从光源发出的光波在空间交叠（图中阴影部分），产生干涉，在观察屏 P 上可以看到明暗相间的干涉条纹。

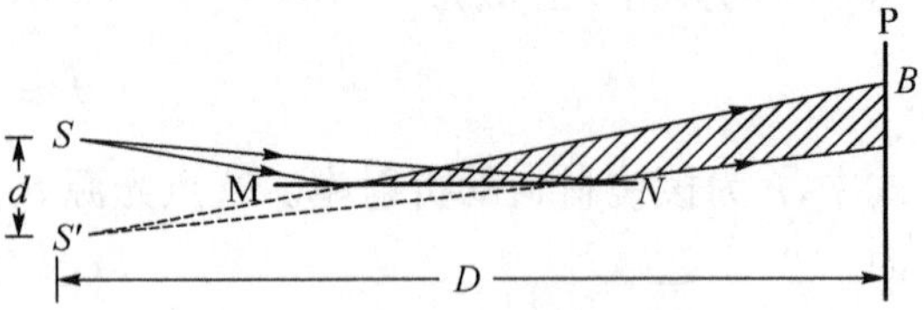

图 3-13 洛埃镜光路示意图

值得指出的是，洛埃镜实验的结果，揭示了光在介质表面上反射时一个重要的特性。若把观察屏移到紧靠镜子端点 N 处，将发现沿镜子端线的干涉条纹为一条暗线。从几何路程来看，在紧靠 N 处，$SN = S'N$，从 S 发出的光波和从虚光源 S' 发出的光波（镜面反射的光波）光程差为零，有相同的相位，N 处的干涉条纹应为亮线，而实际观察到的却是暗线。这表示两束光之一的相位变化了 π，这一变化是光波在玻璃表面反射过程中发生的，这个实验结果显示了这样一个事实：光波从光疏媒质向光密媒质表面入射时，反射光波的相位变化了 π，相当于光程改变了半个波长，所以这种现象又称为半波损失。

洛埃镜实验所得的干涉图像，除了 N 处为暗纹的特点外，它与上述干涉图样不同之处，还在于它的干涉条纹只出现在 N 的一侧，而杨氏双缝干涉条纹是对称分布在零级条纹的两侧的。

3.2.3 光场的空间相干性和时间相干性

我们在讨论上述干涉实验时，总是假定光源 S 是单色点光源或线光源，这只是一种理想的模型。实际光源都有一定的辐射波长范围，并具有一定的大小和宽度，分别称之为光源的光谱展宽和空间展宽。下面我们以杨氏双缝干涉实验为例，讨论光源 S 的两种展宽（假设 S_1、S_2 仍为理想的点或细缝）对干涉条纹的特性产生的影响，分析这两种展宽的作用，即光场的相干性问题。

1. 光源宽度对干涉条纹的影响——空间相干性

图 3-14 为双缝干涉实验的光路截面图，设缝光源 S 有一定宽度 b，即 $|S'S''| = b$，S'，S'' 相对于 S 上下对称。光源离双缝 S_1，S_2 距离为 R，$b \ll R$，光源上各点 S'，S，S'' 是不相干的独立点光源。轴上点源 S 经 S_1、S_2 后形成干涉条纹，其零级明纹位于屏上中心点 O；而 S' 的 0 级明纹在 O'，S'' 的 0 级明纹在 O''，满足 $R_1 + r_1 = R_2 + r_2$。它们各自产生一组干涉条纹，彼此错开，它们之间的重叠为非相干叠加，使得条纹衬比度下降。

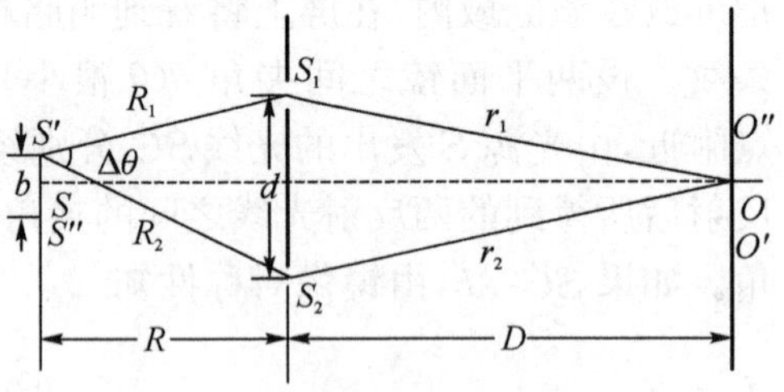

图 3-14 光源宽度为 b 时的双缝干涉

对于屏上中心点 O，光源中心 S 经 S_1、S_2 后产生的光程差 $\Delta_S = 0$，而光源边缘 S' 点在 O 点的光程差 $\Delta_{S'} = R_2 - R_1$，在傍轴近似下，由图 3-14 几何关系可以得出

$$\Delta_{S'} = R_2 - R_1 \approx \frac{bd}{2R}$$

对于观察屏上任一点 P，均有

$$|\Delta_{S'} - \Delta_S| = \frac{bd}{2R}$$

当满足

$$\frac{bd}{2R} = \frac{\lambda}{2} \tag{3.23}$$

时，S' 产生的干涉极小正好落在 S 产生的干涉极大上，以此类推，此时 SS' 之间连续分布的点源与 SS'' 之间对应点源产生的干涉条纹明暗互补，这时屏上光强分布均匀，干涉条纹消失。

当 d、R 一定时，由式(3.23)定义了光源 S 的极限宽度

$$b_0 = \frac{\lambda R}{d} \tag{3.24}$$

当光源线度 $b > b_0$ 时，屏上干涉条纹将不可分辨，衬比度接近零。同样，当光源线度 b 一定时，两缝(点光源) S_1，S_2 间距达到

$$d_0 = \frac{R}{b}\lambda \tag{3.25}$$

时，干涉条纹的衬比度为零，d_0 又称为横向相干间隔，表示对于给定宽度为 b 的面光源，在距离光源 R 处的波阵面上，只有间距 $d < d_0$ 的两个次波源 S_1，S_2 才能相干，这就是光场的空间相干性问题，源自于普通扩展光源的不同部分是不相干的。横向相干间隔也可以用 d_0 对于光源 S 所张的角度 $\Delta\theta_0$ 来表示：$\Delta\theta_0 = \frac{d_0}{R} = \frac{\lambda}{b}$，即

$$b \cdot \Delta\theta_0 = \lambda \tag{3.26a}$$

$\Delta\theta_0$ 称为相干孔径角，表示对一定宽度 b 的光源，只有在 $\Delta\theta_0$ 范围内的 S_1，S_2 才有相干性，式(3.26a)又称为空间相干性的反比公式。宽度 b 越小，$\Delta\theta_0$ 越大，空间相干性越好，对于点光源，其宽度 $b \approx 0$，$\Delta\theta_0 \to \infty$，因此点光源波面上各点所发的光均可以相干。

利用光源的空间相干性特征，可以测量星体的角直径，这就是测星干涉仪的基本原理。以星体作为杨氏双缝干涉的光源，从地面观察到的星体角直径

$$\varphi = \frac{b}{R}$$

增大两缝 S_1，S_2 间距 d，当屏上干涉条纹刚好消失时，有 $d_0 = \frac{R}{b}\lambda$，则

$$\varphi = \frac{b}{R} = \frac{\lambda}{d_0} \tag{3.26b}$$

图 3-15 是迈克耳逊星体干涉仪的光路图。平面镜 $M_1 /\!/ M_1'$，$M_2 /\!/ M_2'$，且与望远镜光

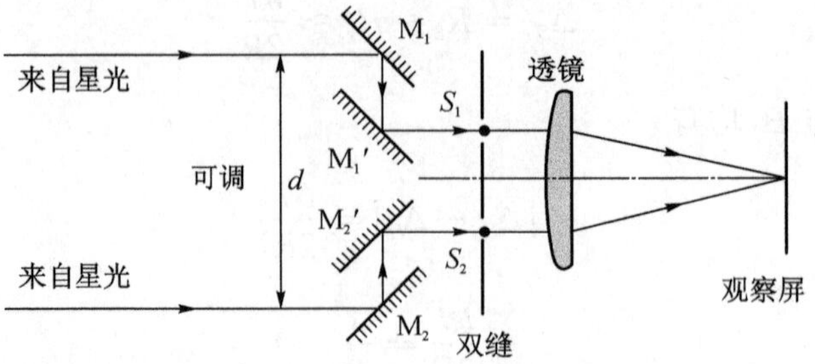

图 3-15 迈克耳逊星体干涉仪光路图

轴成 45°角。在透镜焦平面上可以看到星光的干涉条纹，这时式(3.26b)中的 d_0 是 M_1 和 M_2 之间的距离，对称地移动 M_1 和 M_2，当屏上干涉条纹消失时，就可以由 λ，d_0 根据式(3.26b)测得星体的角直径。

2. 光源的非单色性对干涉条纹的影响——时间相干性

我们在讨论干涉实验时，总是假定光源是单色光源。严格地说，单色光源是只发射单一波长光波的光源，即每次发射的波列为无限长。实际上严格的无限窄的光谱线是不存在的，一般都有一定的谱线宽度 $\Delta\lambda$ 或 $\Delta\nu$，当不同波长的干涉条纹重叠时，干涉现象就消失了。

以杨氏双缝干涉实验为例，产生明纹的条件：

$$\Delta = x\frac{d}{D} = k\lambda$$

设光源光谱线宽度为 $\Delta\lambda$，入射光是 λ 到 $\lambda+\Delta\lambda$ 的非单色光，则不同波长的光形成各自的干涉条纹，零级条纹相互重叠，其他各级亮纹将逐渐错开，随着光程差的增大，同级亮纹错开愈大，干涉条纹可见度愈低，如图 3-16 所示。当最短波长 $k+1$ 级与最大波长的 k 级重合时，干涉条纹可见度降为零，此时有

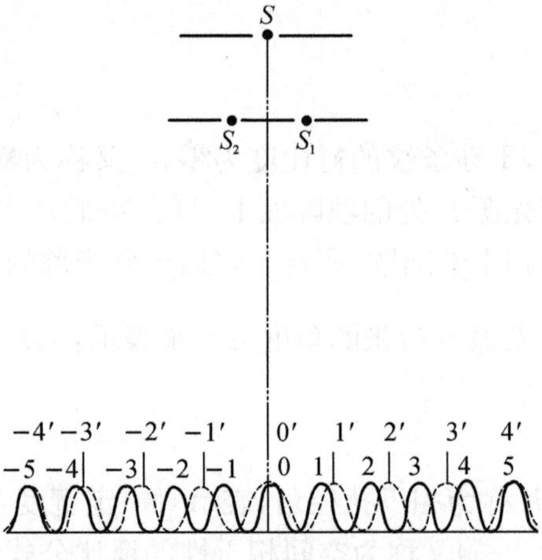

图 3-16 光源光谱线宽度对杨氏干涉条纹的影响

$$\left(\lambda+\frac{\Delta\lambda}{2}\right)k = \left(\lambda-\frac{\Delta\lambda}{2}\right)(k+1)$$

此时干涉级数

$$k = \frac{\lambda}{\Delta\lambda}$$

因此，能看到的条纹级数范围是 $k<\dfrac{\lambda}{\Delta\lambda}$，此时最大光程差为

$$\Delta_m = k\lambda = \frac{\lambda^2}{\Delta\lambda} \tag{3.27}$$

只有 $\Delta<\Delta_m$ 时才能观察到干涉条纹。我们将 Δ_m 称为光源的相干长度，由下面的分析可以看到，实际上它就是光波的波列长度 L。

如前所述,原子每次发光的持续时间是有限的,记作 τ,对应的波列的空间长度为

$$L = c\tau$$

而频谱宽度 $\Delta\nu$ 与波列持续时间 τ 之间有一个重要的反比关系式:

$$\tau \cdot \Delta\nu = 1 \tag{3.28}$$

若光波在真空中的传播速度为 c,波长为 λ,则有

$$\nu = \frac{c}{\lambda}$$

由此可得到 $\Delta\nu$ 与 $\Delta\lambda$ 的关系式

$$\Delta\nu = -\frac{c}{\lambda^2}\Delta\lambda \tag{3.29}$$

式中负号表示光波长增大时,频率减小。结合式(3.28)和(3.29),波列的空间长度又可表示为

$$L = c\tau = \frac{\lambda^2}{\Delta\lambda} \tag{3.30}$$

由式(3.28)和式(3.30)可得,波列的空间长度和持续时间都与谱线的宽度成反比。波列愈长(τ、L 愈大),光谱宽度($\Delta\nu$, $\Delta\lambda$)就愈小,光源的单色性愈好;反之,波列和持续时间愈短,光谱宽度愈大,光源的单色性愈差。由此可见,"波列长度是有限的"和"光是非单色性的"两种说法等价,它们是光源同一性质的不同表述,即原子发光的断续性(光源的时间相干性问题)。

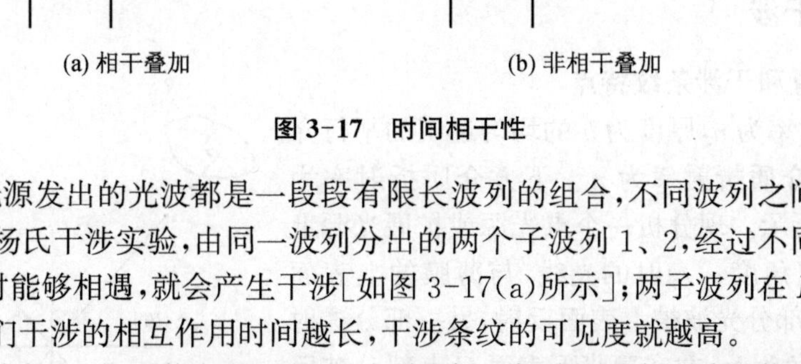

图 3-17 时间相干性

任意实际光源发出的光波都是一段段有限长波列的组合,不同波列之间不相干。考察图 3-17 所示的杨氏干涉实验,由同一波列分出的两个子波列 1、2,经过不同路径先后到达某一观察点 P 时能够相遇,就会产生干涉[如图 3-17(a)所示];两子波列在 P 点相遇时重叠部分越多,则它们干涉的相互作用时间越长,干涉条纹的可见度就越高。

若两子波列在 P 点不能相遇,即 P 点非同一波列的叠加,则不能发生干涉[如图 3-17(b)所示]。显然,只有当两子波列在 P 点对应的光程差 Δ 小于波列长度 L 时,才能产生干涉,或者说,只有当两子波列先后到达 P 点的时间差小于波列持续时间 τ 时才能产生干

涉。所以能产生干涉的最大光程差 $\Delta_m = L = c\tau$，光源相干长度就是波列本身的空间长度 L，对应的波列持续时间 τ 称为相干时间。相干长度、相干时间都是光源发光时间不连续的表示，表征了光波场的纵向相干性，这就是光的时间相干性问题。光源的单色性越好，其波列越长或一次发光的持续时间越长，其时间相干性就越好。

例题 3.3 低压汞灯发出绿光 $\lambda = 546.1$ nm，$\Delta\lambda = 0.044$ nm。求能观察到条纹的级次及最大光程差。

解： $k = \dfrac{\lambda}{\Delta\lambda} = \dfrac{546.1}{0.044} = 1.24 \times 10^4$

$$\Delta_m = \frac{\lambda^2}{\Delta\lambda} = 6.8 \times 10^6 \text{ nm} = 6.8 \text{ mm}$$

3.3 分振幅干涉——薄膜干涉

使一束光波经透明薄膜或薄板的上、下表面依次反射和折射，从而将入射光振幅分为若干部分（如图 3-18 所示），反射光束（1，2，3，…）或透射光束（1′，2′，3′，…）都是相干光，它们相遇产生的干涉称为分振幅干涉，也叫薄膜干涉。对于一般的透明介质而言，反射光束中只有前两束的振幅相近，其余的反射光束振幅都小到可以忽略不计，因此，可以按双光束干涉来处理反射光的干涉。与分波前干涉相比，分振幅干涉可以使用扩展光源提高干涉场的亮度，也便于放置待测物体，因此现代很多干涉仪器都以分振幅法构建干涉装置。而在日常生活中，也可以观察到许多薄膜干涉现象，如阳光照射下肥皂膜、油膜以及昆虫翅膀等呈现出的绚丽多彩的条纹就是一种分振幅干涉现象。分振幅干涉依照其实现方式的不同，通常分为平行平面薄膜产生的等倾干涉和非平行薄膜产生的等厚干涉两种类型，本节将具体讨论两种干涉条纹形成的原理、变化规律，以及分振幅干涉条纹的定域特点等，并介绍薄膜干涉在科研和生产中的实际应用。

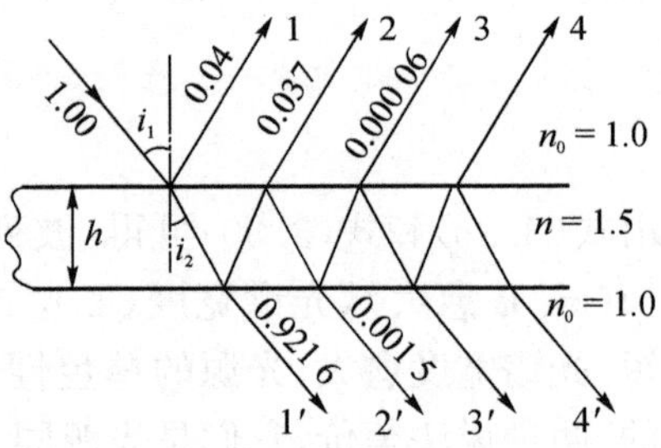

图 3-18 分振幅干涉

3.3.1 等倾干涉

1. 干涉装置和干涉条纹特点

设有一折射率为 n，厚度为 h 的均匀透明的平行介质薄膜，其上方介质折射率为 n_1，下方介质折射率为 n_2，如图 3-19 所示。现分析一个点光源或扩展光源上一点 S 发出的以角度 α 入射的光线，与薄膜的上表面相交于 A 点，一部分光波被上表面反射，另一部分透射进入薄膜，折射角为 γ，并在薄膜下表面 C 点部分被反射，回到上表面 B 点，再经过一次透射和反射。我们只考虑从 B 点透射返回折射率 n_1 介质的光束 2 和在 A

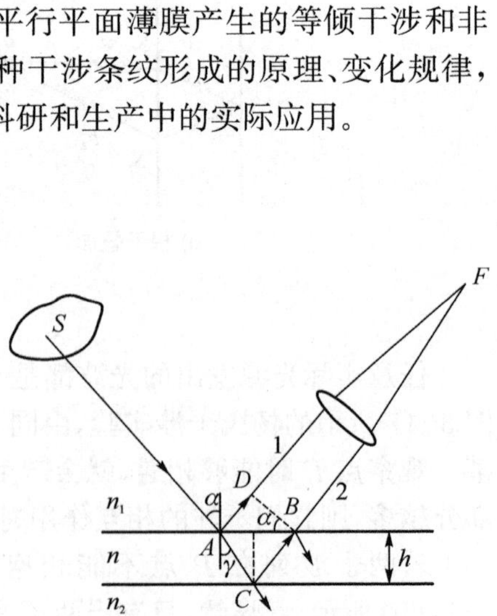

图 3-19 等倾干涉的光程差分析

点直接被反射的光束1的干涉。由于薄膜的上下表面彼此平行，所以光束1平行于光束2，经透镜聚焦在焦平面上的一点 F 干涉叠加，其叠加强度取决于光束1和2到叠加点的光程差 Δ。

由于理想透镜不引入附加光程差，因此 D 点到 F 点的光程等于 B 点到 F 点的光程。由图 3-18 可得光线1和2到 F 点的光程差为：

$$\Delta = n(AC + CB) - n_1 AD \tag{3.31}$$

其中

$$AC = CB = \frac{h}{\cos\gamma}$$

$$AD = AB\sin\alpha = 2h \cdot \tan\gamma \cdot \sin\alpha$$

$$n_1 \sin\alpha = n\sin\gamma$$

将以上三式代入式(3.31)，得到

$$\Delta = 2nh\cos\gamma = 2h\sqrt{n^2 - n_1^2\sin^2\alpha} \tag{3.32}$$

若平行薄膜放在同一介质 n_0 中，那么无论薄膜折射率 $n > n_0$ 还是 $n < n_0$，总是有一个反射面，光是从光疏媒质射向光密媒质，在这一个反射面上反射的两束光之间将有 π 相位突变，即对应式(3.32)中还应考虑额外半个波长的光程差，即

$$\Delta = 2nh\cos\gamma \pm \frac{\lambda}{2} = 2h\sqrt{n^2 - n_1^2\sin^2\alpha} \pm \frac{\lambda}{2} \tag{3.33}$$

在此我们笼统地说有无半波损失。结论是：当 $n_1 < n > n_2$ 或 $n_1 > n < n_2$ 时有半波损失，当 $n_1 < n < n_2$ 或 $n_1 > n > n_2$ 时无半波损失。式(3.33)中 $\lambda/2$ 取正或负的差别仅在条纹干涉级次相差1级，对条纹特征并无影响，而且在实际应用中，通常都是考虑干涉级数的变化，绝对的级次并不重要，本书在今后对该情况统一规定取正号。

对于平行薄膜，厚度 h 处处相等，由式(3.33)可见，在一定的介质中，对于波长确定的单色光，光程差只取决于倾角(指入射角 α)。以相同倾角 α 入射的光线，经上下表面反射后产生的相干光束具有相同的光程差，对应了同一条干涉条纹，即平行薄膜干涉的同一级干涉条纹是由入射角(倾角)相同的光形成，所以这种干涉称为等倾干涉。

当入射角 α 满足

$\Delta = k\lambda$，　　反射光在会聚点的干涉光强为极大(亮纹)

$\Delta = (2k+1)\dfrac{\lambda}{2}$，反射光在会聚点的干涉光强为极小(暗纹)

$$k = 0, 1, 2, \cdots$$

观察等倾干涉条纹的实验装置示意图见图 3-20(a)。首先讨论扩展光源上的某一点光源 Q，它发射不同方向的光波，当垂直薄膜表面观察，即透镜光轴方向与薄膜面法线方向平行时，具有同一入射倾角 α 的入射光线将构成以薄膜表面法线为轴的圆锥，经薄膜上下表面反射后，反射光线在透镜焦面上叠加形成的干涉条纹是以 O 为中心的圆环，圆环半径只取决于倾角 α。对于不同入射角的光线，将形成一组明暗相间的同心圆环状干涉条纹，如图 3-20(b)所示。

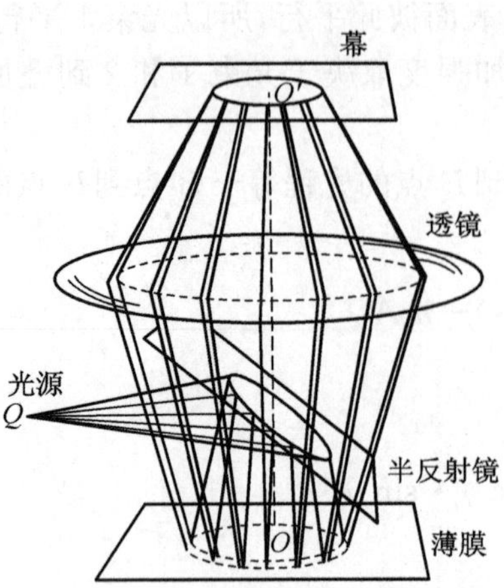

(a) 观察等倾干涉的实验装置透视图

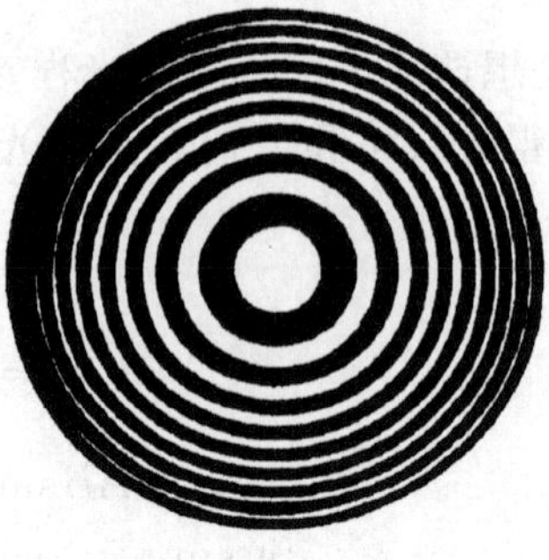

(b) 等倾干涉条纹

图 3-20　等倾干涉实验装置与干涉条纹

在以透镜焦平面作为观察屏构成的等倾干涉装置中，采用扩展光源，可以提高干涉亮纹的强度，而衬比度却不受影响。由图 3-21 可见，扩展光源上不同点发出的光，只要入射角大小相同，则光程差相同，各自经薄膜上下表面反射后，将在透镜焦平面会聚在同一干涉条纹上，从而增加了干涉明环的强度。

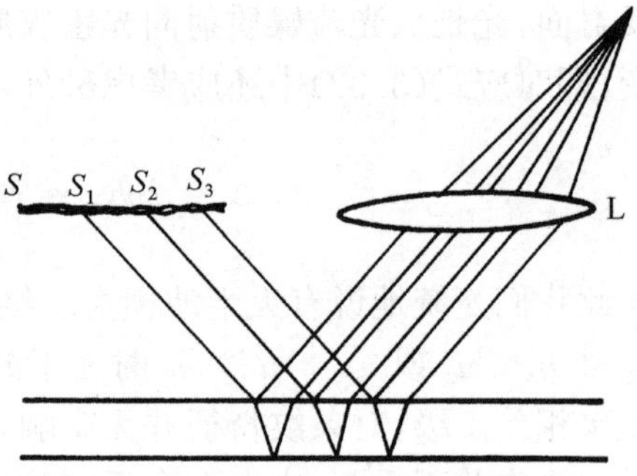

图 3-21　扩展光源产生的等倾干涉

总之，扩展光源上同一点发出的光波经薄膜上下表面反射的光束之间产生干涉；不同点发出的光波之间不产生干涉，但入射角相同的光束经平行薄膜反射后，各自对应的干涉条纹将出现在透镜焦面上相同位置，它们之间光强的均匀叠加，使干涉图样更加明亮。这是分振幅等倾干涉有别于分波前干涉的优点。

下面分析等倾干涉条纹的特点。如前所述，在垂直薄膜表面方向观察，等倾干涉圆环的中心点对应入射倾角 $\alpha = 0$，由式(3.33)可知，此时光程差 Δ 最大，因此中心点的干涉级次 k 最高。愈向边缘，倾角愈大，光程差愈小，干涉条纹级次愈低。

在倾角不很大时，可以近似地认为相邻干涉圆环半径之差 $\Delta r = r_{k+1} - r_k$ 正比于倾角之差 $\alpha_{k+1} - \alpha_k$，也正比于折射角之差 $\gamma_{k+1} - \gamma_k$。对于后者我们作如下近似计算。按式(3.33)

第 k 级明环：$\Delta_k = 2h\sqrt{n^2 - n_1^2\sin^2\alpha_k} + \dfrac{\lambda}{2} = 2nh\cos\gamma_k + \dfrac{\lambda}{2} = k\lambda$

第 $k+1$ 级明环：$\Delta_{k+1} = 2nh\cos\gamma_{k+1} + \dfrac{\lambda}{2} = (k+1)\lambda$

则

$$\cos\gamma_{k+1} - \cos\gamma_k = \frac{\lambda}{2nh}$$

又　$$\cos\gamma_{k+1}-\cos\gamma_k\approx\left.\frac{\mathrm{d}\cos\gamma}{\mathrm{d}\gamma}\right|_{\gamma=\gamma_k}\cdot(\gamma_{k+1}-\gamma_k)=-\sin\gamma_k\cdot(\gamma_{k+1}-\gamma_k)$$

联立两式可得

$$\Delta r=r_{k+1}-r_k\propto\alpha_{k+1}-\alpha_k\propto\gamma_{k+1}-\gamma_k=-\frac{\lambda}{2nh\sin\gamma_k}=-\frac{\lambda}{2n_1h\sin\alpha_k}\tag{3.34}$$

式中，负号反映 $r_{k+1}<r_k$ 的事实，即等倾干涉圆环级次为内高外低。式(3.34)表明，α_k 愈大，$|\Delta r|$ 愈小，条纹愈密；反之，条纹愈疏。即等倾干涉条纹是一组内疏外密的同心圆环。此外，薄膜厚度 h 愈大，$|\Delta r|$ 也愈小，即较厚的膜产生的等倾条纹较密。

最后，我们讨论薄膜厚度 h 连续变化时，等倾干涉条纹的变化情况。中心点的光程差 $\Delta=2nh$，h 每改变 $\frac{\lambda}{2n}$ 时，Δ 改变 λ，中心干涉圆斑的级数改变 1 级。若初始厚度 $h_k=\frac{k\lambda}{2n}$，则中心为第 k 级亮斑，从中心向外第一、二、三、…亮环的级数依次为 $k-1$，$k-2$，$k-3$，…。当 h 增加到 $h_{k+1}=h_k+\frac{\lambda}{2n}=\frac{(k+1)\lambda}{2n}$ 时，中心亮斑级数变为 $k+1$，中心向外亮环级数依次为 k，$k-1$，$k-2$，…，即原来的中心亮斑变为第一圈亮环，原来的第一圈变为第二圈，…，而中心则生出一个新的亮斑。所以当 h 连续增大时，我们将看到中心强度周期性地变化，并从中心不断生出新的条纹，向外扩散，h 每增加 $\frac{\lambda}{2n}$，中心将“吐出”一个新的干涉环。反之，厚度 h 连续减小时，我们看到的情形正好相反，干涉环不断向中心会聚，收缩成一个斑点后消失，h 每减小 $\frac{\lambda}{2n}$，中心将“吞没”一个干涉环。如果我们只注意观察中心点的亮暗变化，那么中心点光强度每改变一个周期(即“吐出”或“吞进”一个条纹)，就表明厚度 h 改变了 $\frac{\lambda}{2n}$，若变化 N 次，则 h 的变化量 Δh 为

$$\Delta h=N\frac{\lambda}{2n}$$

利用这种方法可以精确测量膜厚 h 的改变量。实际上这就是干涉测长的基本原理。

2. 干涉条纹的定域问题

所谓干涉条纹的定域问题是指在两列光波的叠加区域中哪些地方能出现清晰的干涉条纹。如果在叠加区域的任何地方都能形成清晰的干涉条纹，称这种条纹是非定域的；如果只在叠加区域的某些位置出现清晰的干涉条纹，而其他地方干涉条纹的可见度几乎为零，即干涉条纹的衬比度随观察屏的位置而变化，这种干涉条纹称为定域条纹，衬比度最大的观察面称为定域面。两个相干点光源产生的干涉条纹总是非定域的，而扩展光源则具有定域干涉条纹的特点。

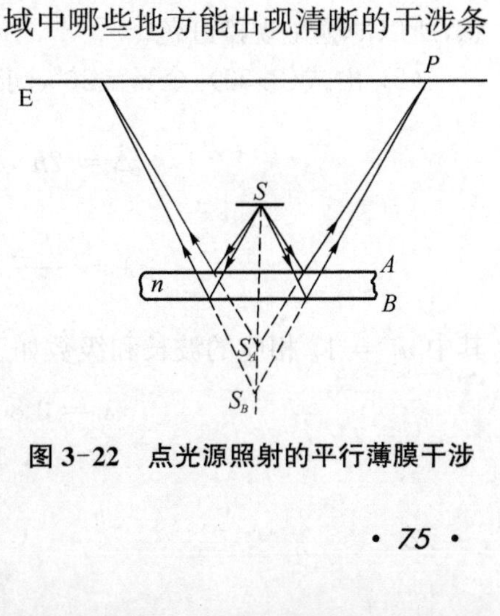

图 3-22　点光源照射的平行薄膜干涉

下面首先讨论单色点光源 S 发出的光照射在平行薄膜上，考察屏幕 E 上的干涉情况，如图 3-22 所示。

为简单起见，忽略薄膜折射率和环境介质折射率的差别。S 发出的光在薄膜上下表面 A、B 形成的反射光，可以看成是由 S 分别经 A、B 两表面所成的虚像点 S_A 和 S_B 发出，它们是两个相干点光源(只要光源的单色性足够好)，因此在屏幕 E 上任一点 P 都可以产生清晰的干涉条纹，并且，它们在相遇的整个空间都能产生干涉，无论屏幕 E 置于何处，都可以观察到清晰的条纹，所以，这种由点光源照射产生的干涉条纹是非定域的。

如果光源以 S 为中心扩展，扩展光源可以看成是由大量互不相干的点光源构成，这些点光源各自产生如上所说的非定域干涉图样，彼此错开，可以想象这些干涉图样叠加的结果将使条纹可见度降低。当扩展光源的横向宽度超过一定限度时，条纹可见度降为零，条纹消失。只有一种情况，即在扩展光源照射平行薄膜的等倾干涉中，使用透镜，将观察屏置于透镜焦平面上，相当于观察屏位于无穷远，如前所述，对于平行薄膜，同一条入射光线的两条相干的反射光线是相互平行的(图 3-19)，它们将在无穷远相遇而发生干涉，此时，干涉条纹的位置只与入射光的倾角有关，而与点光源的位置无关，扩展光源上各点源形成的同级干涉圆环彼此完全重合，没有位移，这时干涉条纹的衬比度没有降低，而各明条纹光强度增加。所以扩展光源照射下平行薄膜的等倾干涉条纹为定域条纹，其定域面在无穷远。由上述分析可知，条纹定域问题本质上是光源的空间相干性问题。

例题 3.4 折射率 $n=1.5$ 的透明介质薄膜厚度均匀，$h=0.5\ \mu\text{m}$，在空气中用白光照射。试求在垂直方向观察和与垂直方向成 30°时观察所见薄膜的颜色。

解：(1) 由式(3.33)，令 $\alpha=0$，可得干涉极大的条件为

$$2nh = k\lambda + \frac{\lambda}{2}$$

干涉相长的波长满足

$$\lambda = \frac{2nh}{k+\frac{1}{2}} = \frac{3.0}{2k+1}\ (\mu\text{m})$$

满足这个方程式的波长和干涉级次如下：

$$\lambda = 3\,000,\ 1\,000,\ 600,\ 430,\ 330,\ \cdots\ (\text{nm})$$
$$k = 0,\ 1,\ 2,\ 3,\ 4,\ \cdots$$

其中只有 600 nm 和 430 nm 两个波长在可见光区，但 430 nm 光波已接近紫色端，人眼不敏感，所以薄膜呈现橙红色。

(2) 由式(3.33)，令 $\alpha=30°$，同理可得

$$\Delta = 2h\sqrt{n^2 - n_1^2\sin^2\alpha} + \frac{\lambda}{2} = k\lambda$$

$$\lambda = \frac{4h\sqrt{n^2 - n_1^2\sin^2\alpha}}{2k+1} = \frac{2.8}{2k+1}\ (\mu\text{m})$$

其中 $n_1=1$。相应的波长和级数如下：

$$\lambda = 2\,800,\ 940,\ 560,\ 400,\ \cdots\ (\text{nm})$$
$$k = 0,\ 1,\ 2,\ 3,\ \cdots$$

其中只有 560 nm 波长的光波落在可见光区，所以从 30°反射角方向观察薄膜呈绿色。

3.3.2 等厚干涉

若产生干涉的薄膜或薄板两表面不平行，即厚度 h 不是常数，同样也可以产生非定域干涉和定域干涉。图 3-23 所示薄膜的两表面有一个很小的夹角，点光源 S 发出的光经薄膜两表面反射形成的相干光，可以在光束交叠区域里的任意一点相交产生干涉，如图 3-23 中的 A、B、C、D 点，这种干涉条纹是非定域的。若光源是以 S 为中心的扩展光源，则同样受光源空间相干性的影响，不能再从空间任意位置看到干涉条纹，而只能在定域面附近看到，干涉条纹是定域的。在膜的厚度足够小，光的入射角范围又比较小时，定域面一般就在薄膜表面附近，通常将眼睛、放大镜或显微镜调焦在薄膜的表面进行观察。

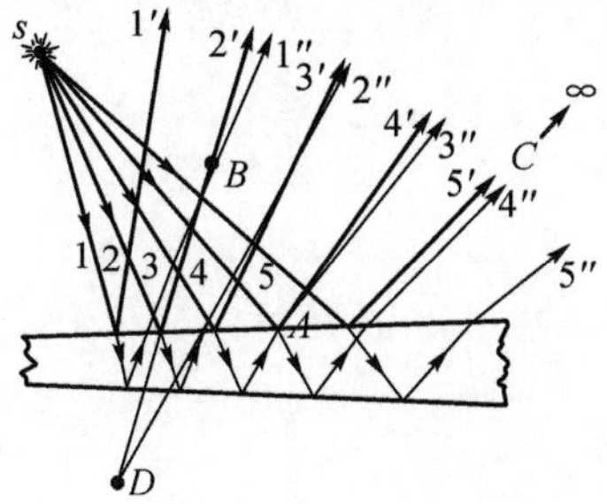

图 3-23 点光源照射厚度非均匀薄膜产生的干涉

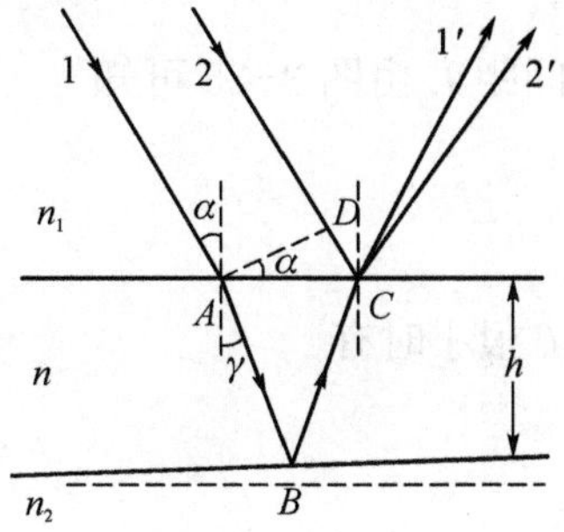

图 3-24 等厚干涉薄膜表面光程差的计算

本节重点讨论平行光照射下厚度不均匀薄膜表面的等厚干涉条纹。如图 3-24 所示，假设薄膜厚度很小，且两表面夹角非常小，平行入射光以确定的入射角 α 入射，光束 2 和 1 经薄膜上、下表面反射形成的相干光 $2'$ 和 $1'$ 在薄膜表面附近相交，在 A、C 范围内可以认为薄膜厚度不变，我们可用同样的方法推出与式(3.33)相同的光程差表达式，即

$$\Delta = 2nh\cos\gamma \pm \frac{\lambda}{2} = 2h\sqrt{n^2 - n_1^2\sin^2\alpha} + \frac{\lambda}{2} \tag{3.35}$$

如果薄膜的折射率均匀，则薄膜表面上各点的光程差 Δ 只取决于所处位置薄膜的厚度 h，因此，干涉条纹与薄膜上厚度相同的点的轨迹（等厚线）相对应，所以这种干涉称为等厚干涉。下面讨论两种典型的等厚干涉现象。

1. 劈形薄膜干涉

如图 3-25 所示，空气中折射率为 n 的透明劈形薄膜，两表面夹角 θ（顶角）非常小。实际应用中常采用正入射方式，即入射光和反射光近似与薄膜表面处处垂直。在薄膜表面产生干涉的两束反射光的光程差表示式(3.35)中 $\alpha = 0$，得到

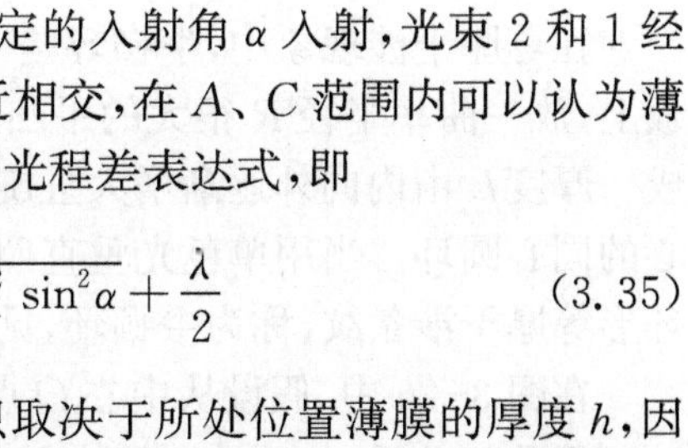

图 3-25 劈形薄膜的等厚干涉条纹

$$\Delta = 2nh + \frac{\lambda}{2} \tag{3.36}$$

当薄膜厚度 h 处对应光程差 Δ 满足

$$\begin{aligned}&\Delta = k\lambda,(k=1,2,\cdots),\text{薄膜表面的干涉强度极大(明条纹)}\\&\Delta=(2k+1)\frac{\lambda}{2},(k=0,1,2,\cdots),\text{薄膜表面的干涉强度极小(暗条纹)}\end{aligned} \tag{3.37}$$

这种劈形薄膜的等厚线是一组平行于交棱的直线，在这些直线上，光程差 Δ 相等，因此干涉条纹是一组与棱边平行、明暗相间并均匀分布的直条纹。在棱边处，厚度 h 为零，但由于相位突变，此处是暗纹。

由式(3.36)和式(3.37)可得相邻明条纹(或暗条纹)对应薄膜的厚度差为

$$\Delta h = \frac{\lambda}{2n} \tag{3.38}$$

则条纹间距 L 由图 3-25 可知

$$L\sin\theta = \frac{\lambda}{2n}$$

在顶角 θ 很小时有

$$L = \frac{\lambda}{2n\theta} \tag{3.39}$$

因为 θ 角是恒定值，所以条纹是等间距的。且顶角 θ 愈小，条纹间距愈大；反之，则条纹愈密。

2. 牛顿环

在等厚干涉现象中，牛顿环是一个重要而著名的例子。如图 3-26 所示，在一块平玻璃板上，放一曲率半径 R 很大的平凸透镜，其凸面与平板玻璃相接触，在中心接触点 O 周围形成一厚度 h 由内向外逐渐增大且旋转对称的空气薄层，显然该空气膜的等厚线是以 O 为中心的同心圆环。当用单色光垂直照射时，可以看到由空气膜上下表面反射光形成的同心圆环形等厚干涉条纹，称为牛顿环，见图 3-27。

在图 3-26 中，假设从中心 O 点向外第 k 个暗环的半径为 r，该处对应空气膜的厚度为 h，可得几何关系

$$h = R - \sqrt{R^2 - r^2} \approx \frac{r^2}{2R} \tag{3.40}$$

式(3.40)中考虑到 $r \ll R$ 的条件，已略去了高次项。在正入射情况下($\alpha=\gamma=0$)，r 处空气膜上下表面反射形成的相干光的光程差为 $2h$，再考虑到半波损失，可得到 k 级暗环满足的光程差条件为：

$$\Delta = 2h + \frac{\lambda}{2} = (2k+1)\frac{\lambda}{2}, \tag{3.41}$$

结合式(3.40)，得到牛顿环第 k 级暗环半径表示式

$$r_k = \sqrt{kR\lambda} \tag{3.42}$$

我们还可以证明，在 $k \gg 1$ 时，第 k 级干涉环与第 $k+1$ 级干涉环之间的间隔 Δr_k 为

$$\Delta r_k = r_{k+1} - r_k \approx \frac{\mathrm{d}r_k}{\mathrm{d}k} = \frac{1}{2}\sqrt{\frac{R\lambda}{k}} \tag{3.43}$$

由上述讨论可得，在图 3-26 所示的牛顿环中心处，若透镜与平板紧密接触，则空气膜厚度 $h=0$，光程差 $\Delta = \frac{\lambda}{2}$，因此中心零级干涉条纹是一暗点，一般为一暗斑；从中心向外，空气层厚度 h 逐渐增加，干涉环级次增大，且环间距减小，条纹变密、变细。

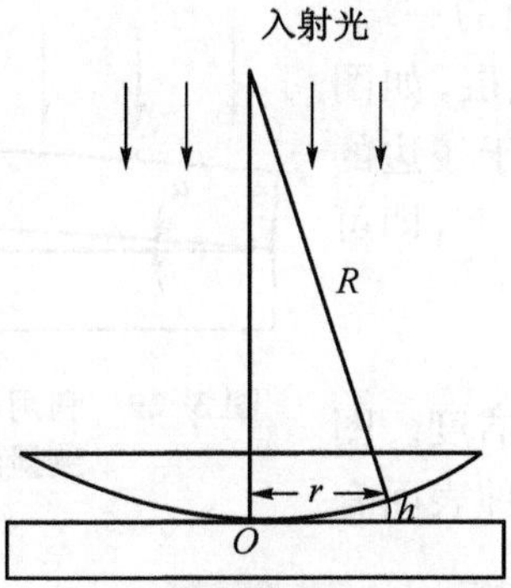

图 3-26　牛顿环干涉装置

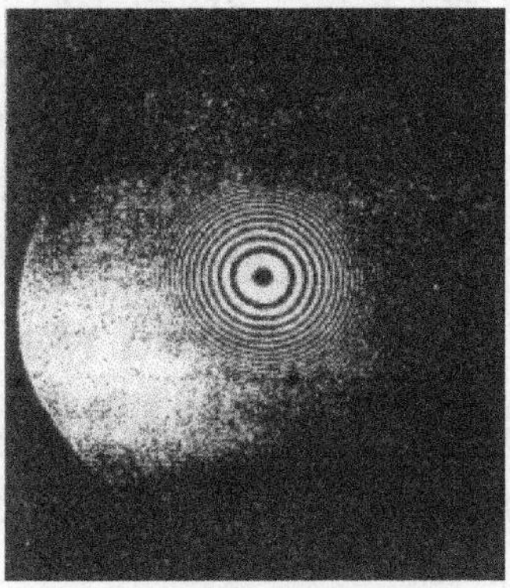

图 3-27　牛顿环照片

若已知波长，通过读数显微镜测量牛顿环的半径，可以计算透镜凸面的曲率半径 R。为减小误差，测量时通常测某个干涉环的直径。设第 k 个暗环直径 d_k，向外数第 $k+m$ 个暗环直径 d_{k+m}，则由式(3.42)可得

$$R = \frac{d_{k+m}^2 - d_k^2}{4m\lambda} \tag{3.44}$$

例题 3.5　图 3-28(a)的装置中，平凸透镜 A 和平板玻璃 B 的折射率分别为 $n_\mathrm{A}=1.5$ 和 $n_\mathrm{B}=1.7$，A、B 之间的空隙左半侧为空气，右半侧充以 $n=1.6$ 的高折射率液体，试分析单色光正入射时干涉条纹的特点。

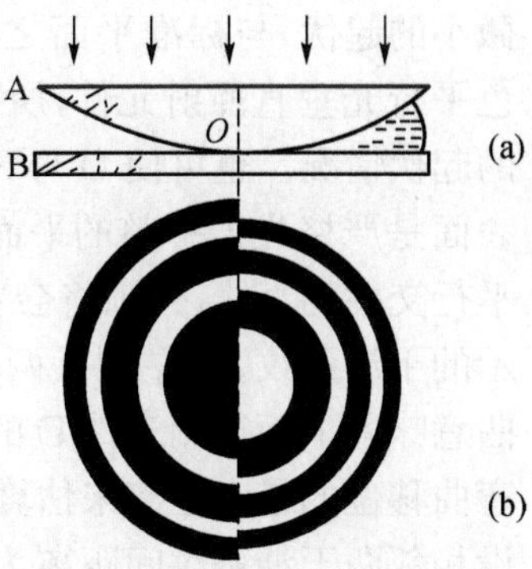

图 3-28　例题 3.5 图

解：左右两侧干涉图样均是以 A、B 接触点 O 为圆心的内疏外密的圆环状等厚干涉条纹。但两侧图样有明显差别：

首先，左侧为空气膜，上下表面反射光的光程差中有半波损失项 $\Delta = 2h + \frac{\lambda}{2}$，故中心 O 点处 $\Delta = \frac{\lambda}{2}$，为暗斑；而右侧液体的折射率 n 介于 n_A 和 n_B 之间，两反射光的光程差中无半波损失项 $\Delta = 2nh$，中心 O 点处 $\Delta = 0$，所以中心处为亮斑。

其次，由式(3.42)和式(3.43)可得左侧 k 级暗纹半径和相邻条纹间距分别为 $r_k = \sqrt{kR\lambda}$ 和 $\Delta r_k = \frac{1}{2}\sqrt{\frac{R\lambda}{k}}$；而右侧 k 级亮纹满足：

$$\Delta = 2nh = k\lambda, (k=0, 1, 2, \cdots)$$

同理可得右侧第 k 级亮环的半径 $r_k = \sqrt{\dfrac{kR\lambda}{n}}$，相邻条纹间距为 $\Delta r_k = \dfrac{1}{2}\sqrt{\dfrac{R\lambda}{nk}}$。所以右侧条纹比左侧更密，图 3-28(b)画出了两侧干涉条纹大致的分布。

3. 等厚干涉条纹的应用

因为等厚干涉条纹能够反映两个表面所夹的薄层的厚度变化情况，因此在精密测量和光学元件加工中，常利用等厚条纹的形状、条纹数目、条纹间距以及条纹移动等特征，检验元件表面加工质量、局部误差，测量微小角度、长度及其变化，检测球面曲率半径等。

例如，为测量细丝直径可将其夹在两块平面玻璃的一端，压紧另一端，这样就在两玻璃之间形成一劈形空气层，如图 3-29所示，在平行光垂直照射下，表面形成一组平行于棱边的等厚干涉条纹，数出棱边暗纹到细丝之间的条纹数目 N，即可求出细丝直径 $d = \dfrac{N\lambda}{2}$。

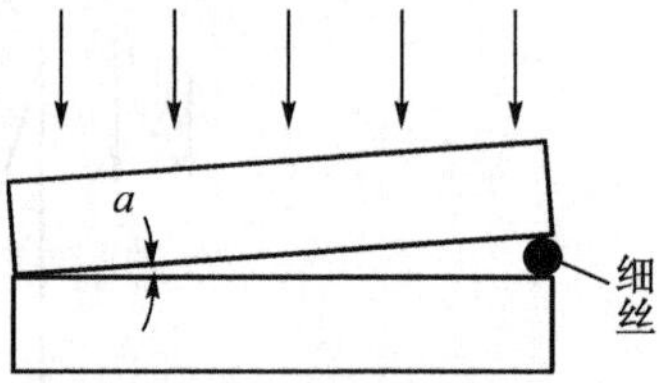

图 3-29 利用等厚干涉条纹测量细丝直径

类似的方法还可用来检验精密机械零件表面光洁度。图 3-30 中 D 为待测元件，S 为标准平面玻璃，若待测元件表面有微小的起伏，与标准平面之间形成厚度不等的空气间隙，用单色平行光垂直照射元件，所得干涉条纹形状就反映了元件表面的起伏情况。也可使 D 与 S 两表面间形成劈形空气膜，若 D 的表面是严格光洁平整的平面，则空气膜的等厚干涉条纹是一组平行交棱的直线，否则将会看到弯曲的干涉条纹，对图 3-31 所示的干涉条纹，若左侧是两平面的交棱，则条纹向左侧棱边弯曲意味着下面待测工件 D 的表面有凹陷的纹路，可以根据条纹弯曲移位的最大距离来估算待测工件表面起伏的最大深度 Δd。设相邻两干涉条纹间距离为 a，弯曲条纹最大偏移为 b，则待测平面最大起伏偏差(粗糙度)为：

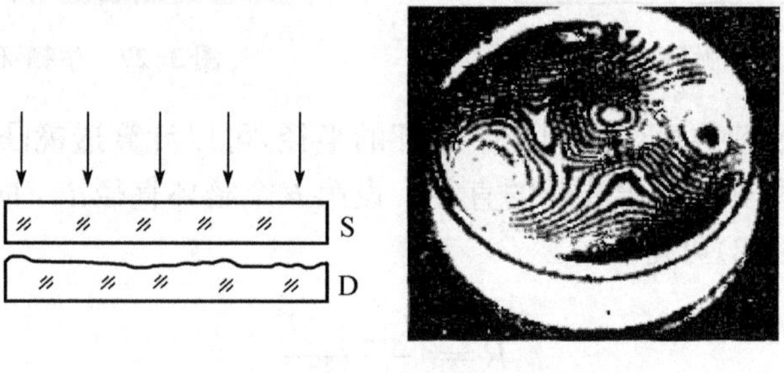

图 3-30 检测机械零件表面光洁度

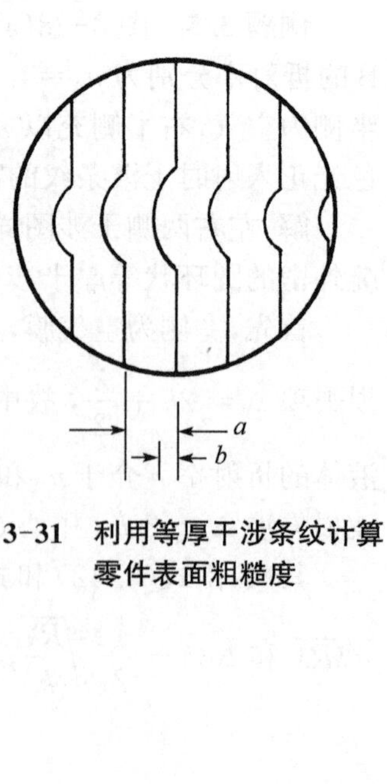

图 3-31 利用等厚干涉条纹计算零件表面粗糙度

$$\Delta d = \frac{b}{a} \cdot \frac{\lambda}{2}$$

在光学冷加工中则经常利用牛顿环快速检测透镜表面曲率是否合格。检查的方法是将标准件 G 覆盖在待测透镜 L 之上，若透镜曲率未达要求，则标准件与待测透镜之间形成空气膜，因而出现牛顿环，干涉环的数目(常称作光圈数)越多，说明公差越大，如图 3-32 所示。如果某透镜表面的公差为一个光圈，表明它与标准件之间的最大差距为 $\lambda/2$。那么与标准件相比，透镜曲率究竟偏大还是偏小，如何判断呢？我们只要在标准件上轻轻按压，若条纹向外扩大，说明透镜曲率半径偏小(表面曲率偏大)，如图 3-32(a)所示；若条纹向内收缩，则说明透镜曲率半径偏大(表面曲率偏小)，如图 3-32(b)所示(请读者思考为什么)。

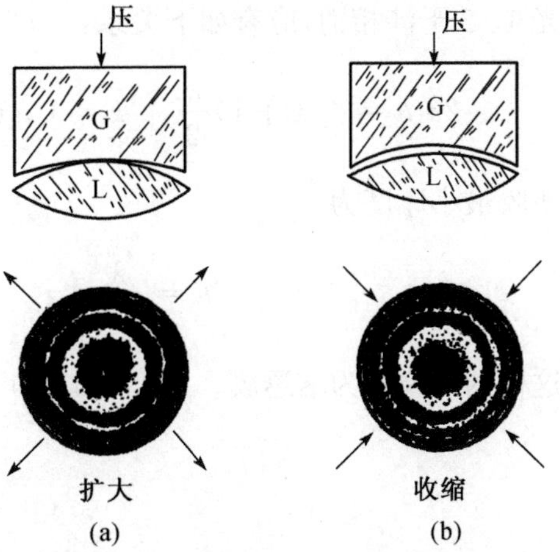

图 3-32 利用牛顿环检测透镜曲率

例题 3.6 一金属丝夹在两块平板玻璃之间形成一劈形空气膜，波长 $\lambda=500$ nm 的平行光垂直入射，产生平行干涉条纹。现将金属丝通电后，发现劈形空气膜中点处的明条纹变暗再变明，连续变化 2 次。试求通电后金属丝直径的变化量 Δd。

解：如图 3-33 所示，当金属丝通电后因焦耳热有所膨胀，直径有微小的增加，即两玻璃板之间夹角 θ 增大，因此干涉条纹将趋向棱边处，且条纹间距减小，条纹变密。设劈形空气膜中点处原来为第 k 级明纹，对应厚度 h_k。金属丝通电后该处厚度增加 Δh，根据题意，该处现为 $k+2$ 级明条纹。由式(3.38)可知，相邻明纹对应空气膜的厚度差为 $\frac{\lambda}{2}$。则

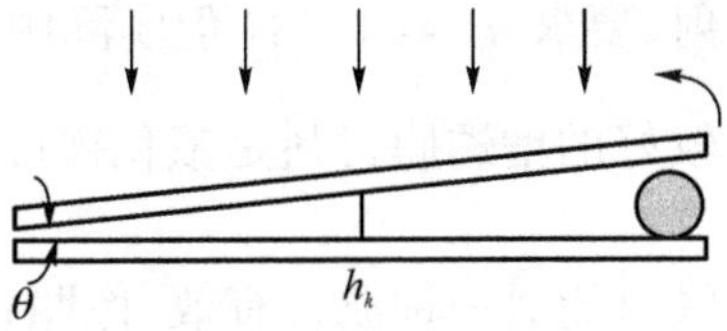

图 3-33 例题 3.6 图

$$\Delta h = h_{k+2} - h_k = 2 \cdot \frac{\lambda}{2} = \lambda$$

平行空气膜端点处金属丝的直径增加量为

$$\Delta d = 2\Delta h = 2\lambda = 1\ 000 \text{ nm}$$

3.3.3 增透膜与增反膜

1. 增透膜

当光从空气正入射到玻璃表面时，由于界面的反射，透过界面的光能量约 96%。在许多光学仪器中，为了矫正像差或其他原因，大多采用多透镜组合镜头，存在许多界面，因界面反射导致的光能量损耗是相当可观的。而且这些反射光在光学仪器中还会造成有害的杂光，影响成像清晰度。为避免反射损失，可利用干涉原理，在玻璃表面涂敷一层介质薄膜以增加透射的光能量，这种薄膜就是增透膜。其原理就是使入射的单色光在薄膜上、下表面反射形成的反射光的光程差符合相消条件。

如图 3-34 所示。在折射率为 n 的玻璃片上均匀镀一层折射率为 n_1 的透明膜。波长为 λ 的光照射膜表面，设膜厚 h，且 $n_0<n_1<n$(常称为“低膜”)，现取正入射的情况。为使反射

光 1、2 干涉相消，应有如下关系：

$$2n_1 h = (2k+1)\frac{\lambda}{2}, \quad k = 0, 1, 2, 3, \cdots$$

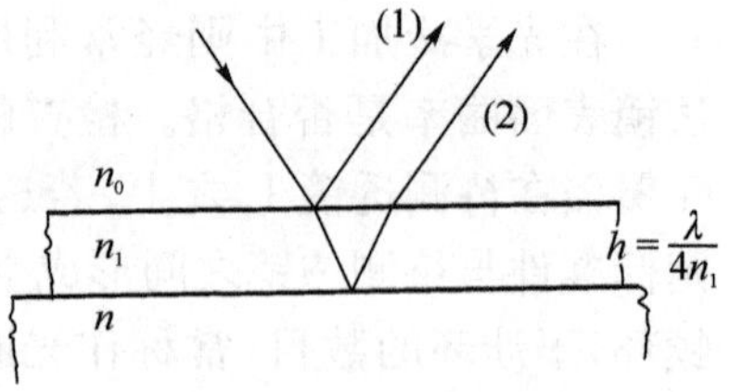

图 3-34　增透膜模型

薄膜最小厚度为

$$h = \frac{\lambda}{4n_1} \tag{3.45}$$

这样的薄膜称为增透膜。式(3.45)又可表示为

$$n_1 h = \frac{\lambda}{4}$$

即薄膜光学厚度为某一波长的$\frac{1}{4}$，称为 $\frac{1}{4}$ 波长薄膜。

如果再考虑振幅，可以从理论上证明，当反射光完全消失时，n_1 应满足：

$$n_1 = \sqrt{nn_0} \tag{3.46}$$

常用的光学元件，如各种透镜，是用玻璃材料(n=1.5)制造的，通常 $n_0 = 1$，要实现完全消反射，要求 $n_1 = 1.23$，但实际中很难找到折射率如此低而其他性能又满足要求的材料。目前较好的增透膜材料是氟化镁(MgF_2)，$n_1 = 1.384$，在光学厚度 $\frac{\lambda}{4}$ 时，反射率为 1.3%。增透膜只能对一种波长有效，像照相机镜头之类的光学元件，$\frac{1}{4}$ 波长薄膜通常选择对人眼最灵敏的波长(λ =550 nm)进行消反射，所以这些镜头看上去总是呈蓝紫色。

2. 增反膜

实际应用中有时需要尽量降低透射，提高反射率，如激光器中的谐振腔，宇航员的头盔等。我们也可以利用光的干涉原理使光在薄膜上的反射增强。取同样光学厚度的介质薄膜，即 $n_1 h = \frac{\lambda}{4}$，但此时薄膜的折射率 n_1 满足 $n_0 < n_1 > n$ (n_1 又称为“高膜”)。这时因薄膜上下表面反射光的光程差中有半波损失项，相干叠加的结果是反射光干涉加强，这就是增反膜的原理。常用的增反膜材料有硫化锌(ZnS)，$n_1 = 2.3$。

总之，当膜层的光学厚度 $n_1 h = \frac{\lambda}{4}, \frac{3\lambda}{4}, \cdots$ 时，如果是“低膜”，可对波长 λ 的入射光起增透作用；如果是“高膜”，则起增反作用。

3.4　迈克耳逊干涉仪

迈克耳逊干涉仪是美国物理学家迈克耳逊(A. A. Michelson)在 1881 年发明的，其设计精巧、用途广泛，是近代许多干涉仪的原型。迈克耳逊用这种干涉仪做了三个重要实验：测量以太漂移的迈克耳逊-莫雷实验(1887 年)，研究光谱线的精细结构(1882 年)以及将光的波长直接与标准米尺比较。他还以此为基础研制成功多种精密光学仪器。迈克耳逊因发明干涉仪器和光速的测量而获得1907年诺贝尔物理学奖。

3.4.1 干涉仪结构和原理

迈克耳逊干涉仪结构和光路示意图如图3-35所示。从扩展光源 S 发出的单色光入射到平行玻璃板D上，被D的半反射面A分成两束，它们分别经平面反射镜 M_1，M_2（它们相互垂直，与D各成45°角）反射后又回到D，再经D的透射和反射，在 P 方向上叠加产生干涉花样。由于射向反射镜 M_1 的光束先后三次通过玻璃板D到达 P，而射向 M_2 的光束到达 P 时，只通过D一次。当光波通过玻璃板时会引进较大的光程差，特别是光源为复色光时，在玻璃板中会产生色散。对不同波长的光，M_1，M_2 两路光的光程不同，引起一个随波长 λ 而变的附加的光程差，从而影响对干涉图样的观察。因此要在 M_2 光路中加上一块和D的厚度、材料完全相同的补偿板C，和D平行放置，以此来补偿由于 M_1，M_2 两光路不对称引入的附加光程差，使两束光在玻璃介质中的光程完全相等。这种补偿在单色光照明时并非必要，但在观察白光条纹时，补偿板C是不可缺少的。由图3-35看出，M_2' 可以看成是反射镜 M_2 相对于半反射面A的虚象，M_1，M_2 两反射光之间的干涉实际上可以等价于实反射镜 M_1 和虚反射镜 M_2' 之间形成的“薄膜”的干涉。不过此处两反射面之间的介质是空气。

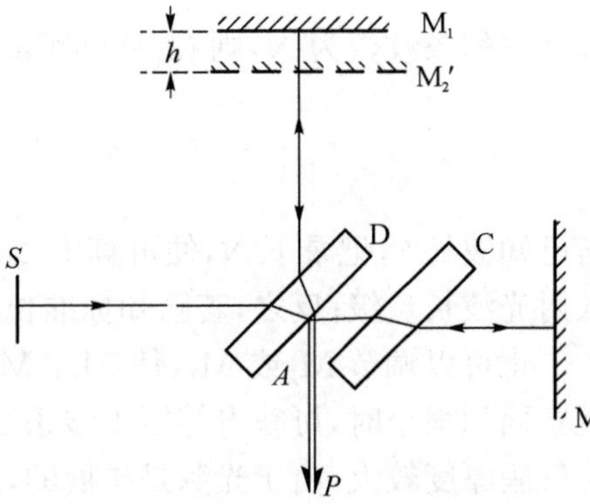

图3-35 迈克耳逊干涉仪光路图

迈克耳逊干涉仪是一种分振幅的双光束干涉装置，与薄膜干涉相比，迈克耳逊干涉仪的特点是光源、两个反射面、接收器（观察者）四者在空间四个方位上完全分开，便于在光路中安插其他元件和测量物体。利用迈克耳逊干涉仪可以观察到相当于薄膜干涉的许多现象，如等倾条纹、等厚条纹，以及条纹的各种变化，也可方便地进行各种精密测量。

3.4.2 干涉条纹

在图3-35中，镜面 M_1，M_2 的背面有螺旋，可用来调节它们的方向，而 M_1 安装在光具座上可通过精密调节前后平移，从而改变等效空气“薄膜”M_1，M_2' 的厚度。入射光在空气膜 M_1，M'_2 上下两面反射光之间的光程差为

$$\Delta = 2d\cos\theta$$

其中 d 为 M_1，M_2' 间的距离，θ 是入射倾角。在 P 处干涉加强的条件是：

$$2d\cos\theta = k\lambda \tag{3.47}$$

当调节反射镜 M_1 或 M_2 方向，使 M_1，M_2' 精确平行，并采用扩展面光源照射时，我们将观察到一组定域在无穷远（或透镜焦面上）的等倾圆环干涉条纹，如图3-36(a)～(e)所示。如果移动 M_1，使之逐渐靠近 M_2'，即 M_1，M_2' 空气膜厚度 d 逐渐减小，可以看到干涉圆环向

中心收缩,并在中心一一消失,且条纹间距增大,条纹逐渐变得稀疏;当 M_1,M_2' 完全重合时($\Delta=0$),中心圆斑充满整个视场,呈现均匀的光强分布。若继续移动 M_1,使之逐渐远离 M_2',将会看到条纹从中心不断冒出,随着 M_1,M_2' 距离逐渐增大,干涉条纹重新变密。由式(3.47)可知,中心处每冒出或消失一个圆环,就意味着 d 增大或减小 $\frac{\lambda}{2}$。如果视场中心冒出或消失的条纹数为 N,则 M_1 移动距离为:

$$\Delta d = N\frac{\lambda}{2} \tag{3.48}$$

若已知波长 λ,记录下 N,便可算出 Δd,这就是干涉仪用于精密测长的原理,显然,其精度为入射光波长量级;反之,若已知标准长度 Δd,就可测出入射光的波长。

也可以调节 M_1 或 M_2,使 M_1,M_2' 有一微小夹角,之间形成一很薄的劈形空气膜,而且观察面积很小时,可获得等厚干涉条纹,如图 3-37(a)~(e)所示。当 M_1,M_2' 相距较远时,空气膜厚度较大,由于光源是扩展的,因此条纹衬比度极小,以致看不到条纹,见图 3-37(a)和(e)。随着 M_1,M_2' 间距逐渐缩小,可以看到愈来愈清晰的干涉条纹,它们是平行于 M_1,M_2' 交线的等间距直条纹。但在 M_1,M_2' 间距较大时,干涉条纹偏离等厚线向背离 M_1,M_2' 交线方向弯曲(见图 3-37(b)和(d)),因为此时光程差随入射角的变化较为明显。与上述平行薄膜等倾干涉条纹一样,反射镜 M_1 每移动 $\frac{\lambda}{2}$,视场中的干涉条纹就移过一条。

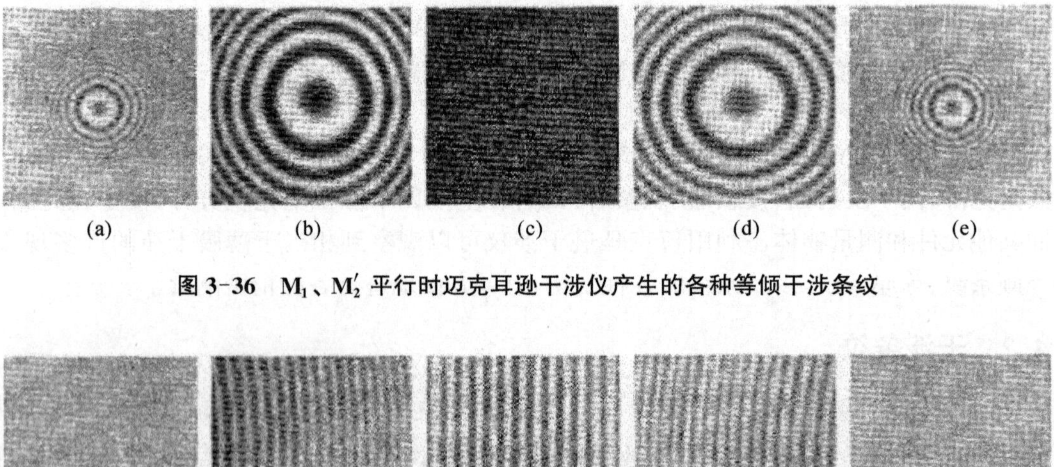

(a) (b) (c) (d) (e)

图 3-36 M_1、M_2' 平行时迈克耳逊干涉仪产生的各种等倾干涉条纹

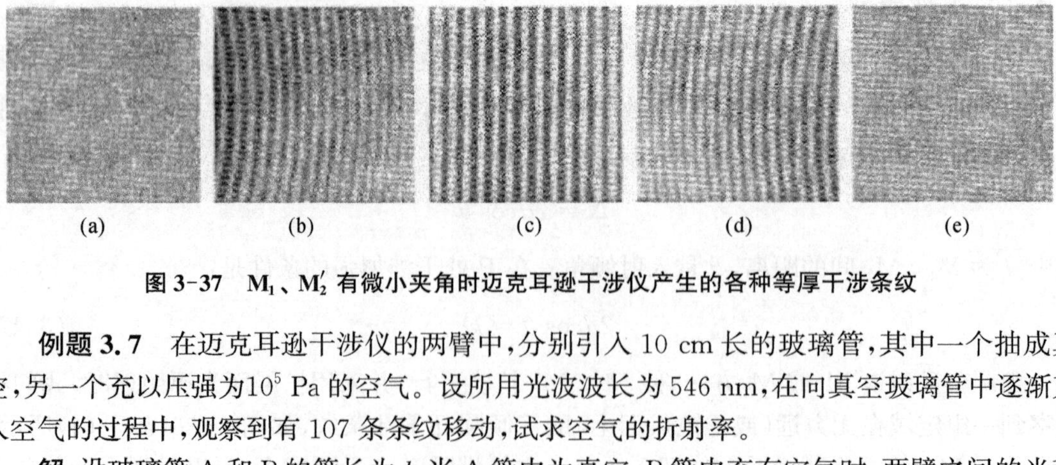

(a) (b) (c) (d) (e)

图 3-37 M_1、M_2' 有微小夹角时迈克耳逊干涉仪产生的各种等厚干涉条纹

例题 3.7 在迈克耳逊干涉仪的两臂中,分别引入 10 cm 长的玻璃管,其中一个抽成真空,另一个充以压强为10^5 Pa 的空气。设所用光波波长为 546 nm,在向真空玻璃管中逐渐充入空气的过程中,观察到有 107 条条纹移动,试求空气的折射率。

解:设玻璃管 A 和 B 的管长为 l,当 A 管内为真空,B 管内充有空气时,两臂之间的光程

差为 ΔL_1；在A管内充入空气，两臂之间的光程差为 ΔL_2，其变化为

$$\Delta L_1 - \Delta L_2 = 2nl - 2l = 2l(n-1)$$

由于移动一条条纹时所对应的光程差变化为1个波长，所以当观察到107条条纹移动时，对应的光程差变化为

$$2l(n-1) = 107\lambda$$

由此可得空气的折射率为

$$n = 1 + \frac{107\lambda}{2l} = 1.000\ 292$$

3.5　多光束干涉和法布里-珀罗干涉仪

双光束干涉条纹的光强随相位差 δ 变化缓慢(光强分布是 $\cos^2\dfrac{\delta}{2}$ 的函数)，干涉条纹较宽，影响了测量精度。而利用多光束干涉，可以获得光强急剧变化、条纹细锐明亮且暗纹区域较宽的干涉条纹，在光谱超精细结构分析、光学薄膜设计制作、激光器选频技术等许多技术中都包含着多光束干涉现象。

3.5.1　分波阵面法获得的多光束干涉

如图3-38所示，考虑一平面光波波阵面上 N 个相干点光源，相互间距离都为 d 并排成一直线。设观察点离光源距离 $r \gg d$，并且 $r \gg \lambda$。可以用一个会聚透镜，在其焦平面上观察 N 个相干点光源之间的多光束干涉现象。现考察透镜焦平面上任意一点 P，P 点对透镜光轴的张角为 θ，则各点光源发出的与波阵面法线成 θ 角的 N 束平行光都将会聚于 P 点。假定 N 个点光源初相都为零，由图3-38可见，在 P 点叠加的相邻两光束的光程差及相位差分别为

$$\Delta = d\sin\theta \tag{3.49}$$

$$\delta = \frac{2\pi}{\lambda}\Delta = \frac{2\pi}{\lambda}d\sin\theta \tag{3.50}$$

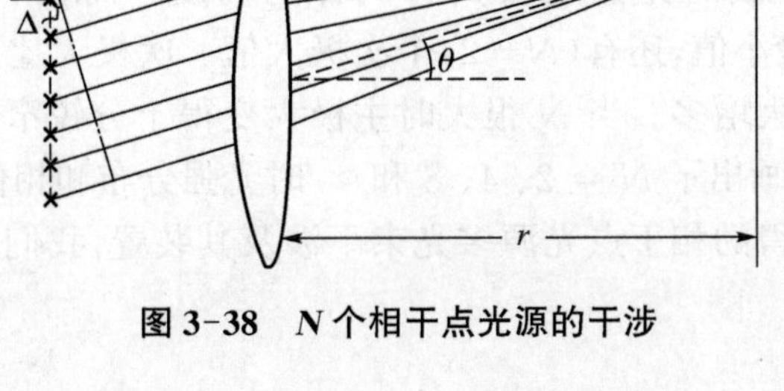

图3-38　N 个相干点光源的干涉

P 点光振动等于 N 个光源发出并传至 P 点的光振动之和。设每个点光源发出的光振动振幅相等，且在远场条件下，各点光源到 P 点的光程差很小，即每一点光源发射的光波在 P 点引起的振动都有相同的振幅 a，则 P 点的合振动可用复数表示为

$$\begin{aligned} A_P &= a(1+\mathrm{e}^{i\delta}+\mathrm{e}^{i2\delta}+\cdots+\mathrm{e}^{i(N-1)\delta}) \\ &= a\frac{1-\mathrm{e}^{iN\delta}}{1-\mathrm{e}^{i\delta}} = a\frac{\mathrm{e}^{i\frac{1}{2}N\delta}(\mathrm{e}^{-i\frac{1}{2}N\delta}-\mathrm{e}^{i\frac{1}{2}N\delta})}{\mathrm{e}^{i\frac{\delta}{2}}(\mathrm{e}^{-i\frac{\delta}{2}}-\mathrm{e}^{i\frac{\delta}{2}})} = a\mathrm{e}^{i\frac{\delta}{2}(N-1)}\frac{\sin\dfrac{N\delta}{2}}{\sin\dfrac{\delta}{2}} \end{aligned} \tag{3.51}$$

P 点处光强：

$$I_P = |A_P|^2 = a^2\frac{\sin^2\left(\dfrac{N\delta}{2}\right)}{\sin^2\left(\dfrac{\delta}{2}\right)} \tag{3.52}$$

若 $N=2$ 时，式(3.52)变为：

$$I_P = I_0\left(\frac{\sin\delta}{\sin\dfrac{\delta}{2}}\right)^2 = 4I_0\cos^2\frac{\delta}{2}$$

式中，$a^2=I_0$，这正是在杨氏双缝实验中得到的双光束干涉的结论。

由式(3.52)，多光束干涉光强最大值满足条件：

$$\delta = 2k\pi \quad 或 \quad \Delta = d\sin\theta = k\lambda,\quad k=0,\pm1,\pm2,\cdots \tag{3.53}$$

光强最大值为

$$I_{\max} = (Na)^2 = N^2 I_0$$

可见，N 个点光源的最大光强是单独一个点光源光强贡献的 N^2 倍。多光束干涉光强最小值则满足条件：

$$\delta = \frac{2k'\pi}{N},\quad k' \neq N,\ 2N,\ 3N,\ \cdots \tag{3.54}$$

光强最小值为

$$I_{\min} = 0$$

显然对应于 k 为整数的光强主极大有同样的高度。而在相邻两主极大之间共有 $(N-1)$ 个光强为零的最小值，还有 $(N-2)$ 个次极大值。次极大比主极大小得多。随着 N 增加，主极大变窄，次极大增多。当 N 很大时主极大变得十分锐窄，而次极大变得很小、很多，暗区很宽。图 3-39 画出了 $N=2$、4、8 和 ∞ 时光强分布和相位差 δ 的关系。

这种分波阵面法获得的相干点光源多光束干涉及其装置，我们将在光栅衍射部分再做进一步的详细讨论。

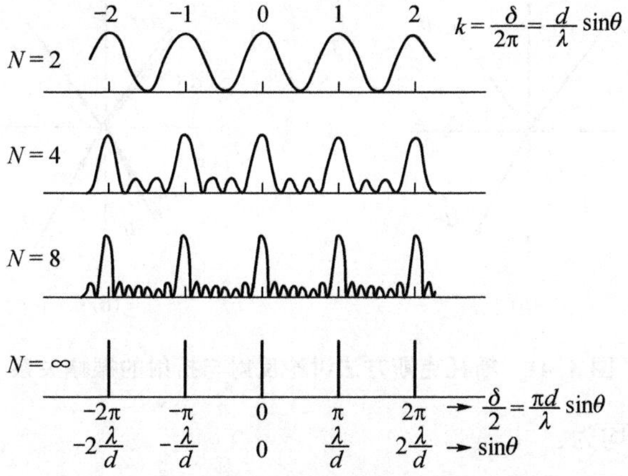

图 3-39 多光束干涉的光强极大和极小

3.5.2 分振幅法获得的多光束干涉

在 3.3 节讨论薄膜的分振幅干涉时，我们只考虑了两束反射光之间的干涉，这只是近似的处理。事实上，一束光进入薄膜后将进行多次反射和折射，特别是在薄膜反射率较高时，应该按多光束干涉处理，干涉条纹将出现一些新的特点。

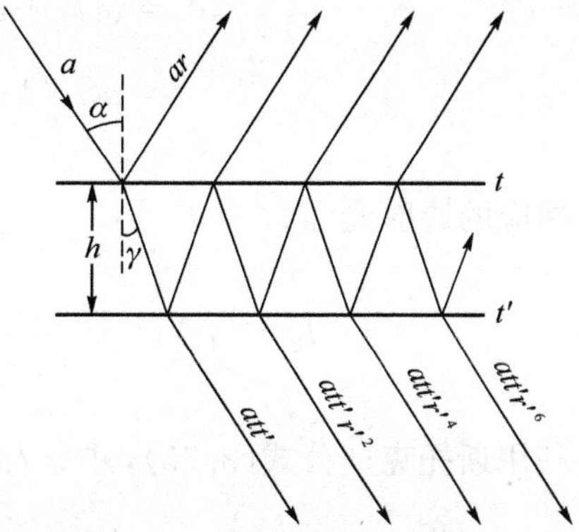

图 3-40 光在平行薄膜内的多次反射和透射

如图 3-40，一束振幅为 a 的单色光入射到厚度为 h、折射率为 n 的透明平行薄膜上。光在薄膜内发生多次反射和透射。设光从空气到透明薄膜的振幅反射率为 r，振幅透射率为 t，而光从薄膜到空气的振幅反射率和透射率分别为 r' 和 t'。

这里介绍斯托克斯公式，这是英国数学和物理学家斯托克斯(G. G. Stokes)借助光的可逆性原理，直观简洁得出的 r、r' 和 t、t' 之间的关系。如图 3-41(b)和(a)中光线进行的方向相反，图 3-41(b)中两束反向进行的入射光波振幅分别为 Ar 和 At。光路可逆性指出：在没有光的吸收等光损耗时，光线全部逆向传播是可以实现的。比较图 3-41(a)和(b)，为满足光路可逆性，必有如下关系：

$$Arr+Att'=A\rightarrow rr+tt'=1$$
$$Art+Atr'=0\rightarrow -r=r'$$

即

$$tt'=1-r^2 \qquad (3.55)$$
$$r'=-r$$

这就是斯托克斯公式。

下面我们讨论透过薄膜的各平行光束在无穷远处叠加形成的干涉，各光束的振幅如图

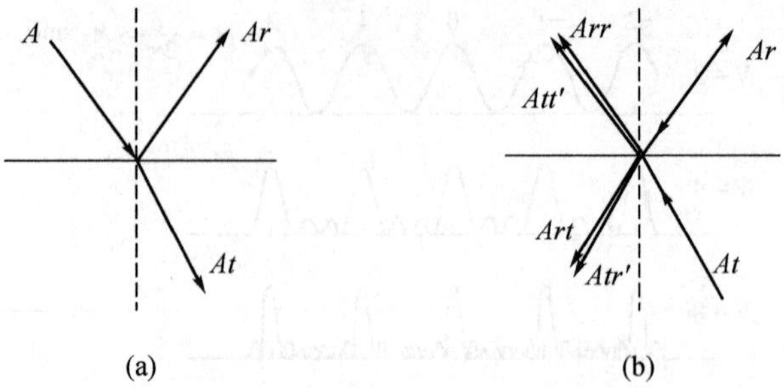

(a) (b)

图 3-41 斯托克斯方法讨论反射与折射的振幅关系

示，相邻两束光相位差均为：

$$\delta=\frac{2\pi}{\lambda}\Delta=\frac{2\pi}{\lambda}(2nh\cos\gamma) \tag{3.56}$$

则透射平行光束在无限远处叠加，合成复振幅为：

$$\begin{aligned}A&=att'+att'r'^2\mathrm{e}^{i\delta}+att'r'^4\mathrm{e}^{2i\delta}+\cdots\\&=att'(1+r'^2\mathrm{e}^{i\delta}+r'^4\mathrm{e}^{2i\delta}+\cdots)=\frac{att'}{1-r'^2\mathrm{e}^{i\delta}}\end{aligned} \tag{3.57}$$

相应的透射光强为

$$I_{\mathrm{T}}=|A|^2=\frac{a^2\,(tt')^2}{(1-r'^2\mathrm{e}^{i\delta})(1-r'^2\mathrm{e}^{-i\delta})}=\frac{a^2\,(tt')^2}{1+r'^4-2r'^2\cos\delta} \tag{3.58}$$

利用斯托克斯公式(3.55)，并令入射光强为 $I_0=a^2$，可以得到

$$I_{\mathrm{T}}=\frac{a^2}{1+\dfrac{2r^2}{(1-r^2)^2}(1-\cos\delta)}=\frac{I_0}{1+\dfrac{4r^2}{(1-r^2)^2}\sin^2\dfrac{\delta}{2}} \tag{3.59}$$

用强度反射率 $R=r^2$ 来表示，透射光强可写为

$$I_{\mathrm{T}}=\frac{I_0}{1+\dfrac{4R}{(1-R)^2}\sin^2\dfrac{\delta}{2}} \tag{3.60}$$

引入锐度系数：

$$F=\frac{4r^2}{(1-r^2)^2}=\frac{4R}{(1-R)^2} \tag{3.61}$$

则式(3.60)改写为：

$$I_{\mathrm{T}}=\frac{I_0}{1+F\sin^2\dfrac{\delta}{2}} \tag{3.62}$$

当 $\delta = 2k\pi,\ k = 0,\ \pm 1,\ \pm 2,\ \cdots$ 时，$I_T = I_{max} = I_0$

当 $\delta = (2k+1)\pi,\ k = 0 \pm 1,\ \pm 2,\ \cdots$ 时，$I_T = I_{min} = \dfrac{I_0}{1+F}$ (3.63)

图 3-42 画出不同振幅反射率 r 值时，透射光强 I_T 与相位差 δ 的关系曲线。

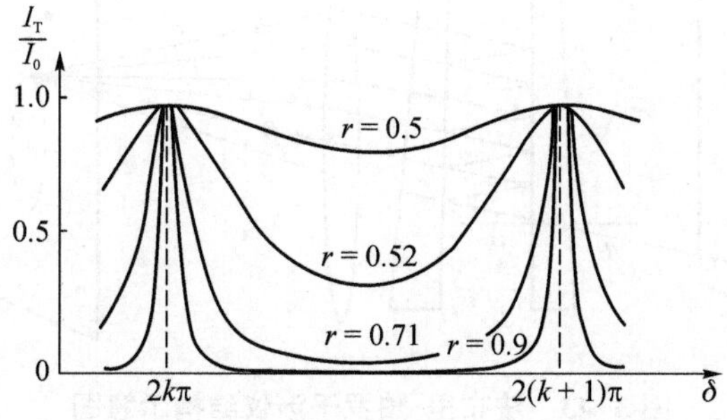

图 3-42 不同反射率的透射强度曲线

由式(3.60)和图 3-42 可以看出，振幅反射率 r 的数值不影响 I_T 极大的位置，但影响干涉条纹的锐度。当 r 很小时，光强变化曲线起伏平缓，接近于双光束干涉的正弦曲线变化。反之，当 r 接近 1，锐度系数 F 趋向无限大，则 $I_{T\text{-}min}$ 接近于零，透射光干涉极大的强度分布变得尖锐。反射率 r 的数值愈大，说明参与干涉的光束数目愈多，干涉条纹的锐度愈高，在上一小节讨论的分波阵面法得到的点光源多光束干涉中，同样得到类似的结论(图 3-39)，这一特征是多光束干涉的普遍规律。

在薄膜上下方折射率相等的条件下，光强守恒，因此反射光强 I_R 满足：

$$I_R + I_T = I_0 \tag{3.64}$$

由此可得反射光强表示式：

$$I_R = \frac{I_0 F \sin^2 \dfrac{\delta}{2}}{1 + F \sin^2 \dfrac{\delta}{2}} \tag{3.65}$$

反射光和透射光的干涉图样互补，即反射光加强的地方透射光减弱，而透射光加强的地方反射光减弱。将图 3-42 的纵坐标倒过来，从上而下看，就是反射光强 $I_R = I_0 - I_T$ 的变化曲线。

3.5.3 法布里-珀罗干涉仪

由法国物理学家法布里(C. Fabry)和珀罗(A. Perot)设计制作的法布里一珀罗干涉仪(简称 F-P 干涉仪)，是一种应用广泛的基于分振幅法的多光束干涉仪，它能够产生锐利的干涉条纹，是长度计量和研究光谱超精细结构的有效工具，还被用于构成激光谐振腔。

图 3-43 是 F-P 干涉仪的构造和光路示意图，S 是面光源，G_1，G_2 是两块具有很小楔角的平板玻璃，两者相对的平面 F_1，F_2 是精度很高的平行平面，并镀以高反射率膜，光在 F_1，

F_2 之间来回反射，强度缓慢递减，从 G_2 透射出来的光束在透镜 L 的后焦面上形成如图 3-44(a)所示的同心圆环状等倾干涉条纹，与迈克耳逊干涉仪产生的等倾干涉圆环［图 3-44(b)］比较，F-P 干涉仪产生的干涉条纹由多光束等倾干涉形成，亮纹要细锐得多。

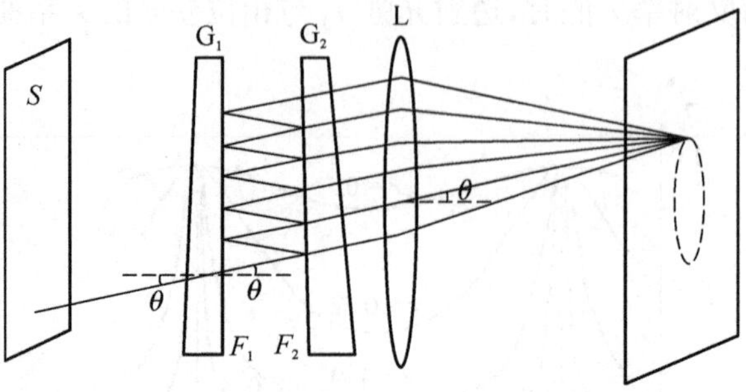

图 3-43 法布里-珀罗干涉仪结构示意图

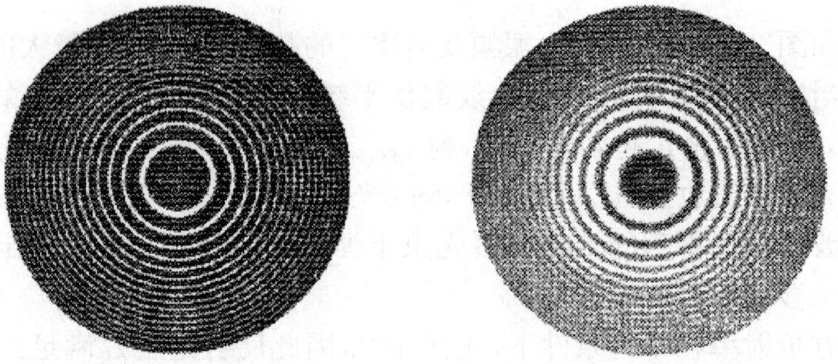

（a）法布里-珀罗干涉仪　　（b）迈克耳逊干涉仪

图 3-44 干涉条纹的比较

G_1，G_2 做成契形是为了消除 F_1，F_2 的背面反射光所形成的附加干涉效应。若 F_1，F_2 之间的间隔固定，这种装置又称 F-P 标准具，常用于分辨和测量波长非常相近的两条光谱的波长差，即光谱学中的超精细结构分析；若 F_1，F_2 之间空气隙距离 h 是可调的，一般称为 F-P 干涉仪，常用作扫描干涉仪的核心。在激光技术中，经常将两个具有高反射率的平面反射镜彼此相对平行放置，构成所谓的 F-P 谐振腔，激光器输出的纵模频率实际上是满足 F-P 干涉仪干涉亮纹条件的一系列频率。无论哪种应用，其核心部分都相同，即有一对相互平行的高反射率的平面反射镜，也都涉及干涉强度的半峰宽。本节重点讨论 F-P 干涉仪在光谱学中的应用。

1. 干涉条纹的半宽度

由式(3.58)和图 3-42 可以看出，透射光干涉极大(亮纹)两侧没有光强零点，因此没有明确的边界可以揭示条纹的宽窄。在实际应用中通常引入半峰宽度(半宽度)的概念。我们定义干涉极大的相对光强 I_T/I_o 峰值为 1，则 $I_T/I_o=1/2$ 时对应的宽度称为干涉条纹的半峰宽度，以此来描述干涉亮纹的细锐程度。显然，取不同的自变量，就有不同的半值宽度。图

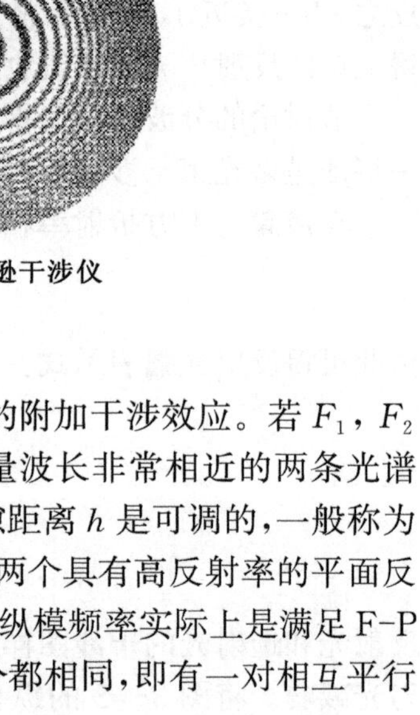

图 3-45 干涉条纹的半峰宽度

3-45中以相位差 δ 来衡量,即当 $\delta = 2k\pi \pm \frac{\Delta\delta}{2}$ 时,$I_T/I_o=1/2$,代入式(3.58)可得:

$$\Delta\delta = \frac{2(1-R)}{\sqrt{R}} \tag{3.66}$$

$\Delta\delta$ 称为相半宽度。

在以单色扩展光源入射时,用倾角 θ 来衡量半峰宽度,可以与可测量值对应,更直接地反映条纹的细锐程度。按图 3-43 及式(3.56),相邻两束透射光的相位差:

$$\delta = \frac{4\pi}{\lambda} nh\cos\theta$$

对固定的 n、h、λ,取 δ 因 θ 变化引起的微分,并取绝对值,有

$$\Delta\delta = \frac{4\pi}{\lambda} nh\sin\theta\Delta\theta \tag{3.67a}$$

将式(3.66)代入式(3.67a)可得

$$\Delta\theta = \frac{\lambda}{2\pi nh\sin\theta} \cdot \frac{1-R}{\sqrt{R}} \tag{3.67b}$$

$\Delta\theta$ 称为角半宽度,它表示同一干涉亮纹半峰宽度对应的角距离,$\Delta\theta$ 愈小,亮纹愈细锐。由式(3.67b)可知,条纹的细锐程度与几种因素相关:光强反射率 R 愈高,$\Delta\theta$ 愈小,条纹愈细锐;F_1,F_2 之间距离 h(腔长)愈大,条纹愈细锐,考虑到孔径等因素,F-P 干涉仪的腔长 h 一般在 1～10 cm;在其他因素确定时,倾角 θ 愈大,$\Delta\theta$ 愈小,故干涉场中越向外亮环越细。

2. F-P 干涉仪的分光特性

F-P 干涉仪能够产生细而亮的等倾干涉条纹,它的重要应用之一就是作为光谱仪来研究光谱线的超精细结构。下面分别介绍表征 F-P 干涉仪分光特性的三个主要的物理量。

(1) 色散本领

色散本领表示能够将不同波长的谱线在位置上分开的程度(能力),又称色散率。考虑 F-P 干涉仪中波长 λ 和 $\lambda' = \lambda + \delta\lambda$ 的同级(第 k 级)亮纹满足:

$$\Delta = 2nh\cos\theta = k\lambda$$
$$\Delta' = 2nh\cos\theta'_k = k(\lambda + \lambda')$$

由此可得波长相近的两谱线 k 级亮纹之间的角距离绝对值为

$$\delta\theta = \frac{k}{2nh\sin\theta_k}\delta\lambda \tag{3.68}$$

定义角色散本领

$$D_\theta = \frac{\delta\theta}{\delta\lambda} \tag{3.69}$$

表示同级亮纹中单位波长间隔的两谱线所分开的角距离，D_θ值愈大，表明光谱仪的色散本领愈强。设会聚透镜的焦距为 f，则相应的线色散本领为

$$D_l = \frac{\delta l}{\delta\lambda} = f\frac{\delta\theta}{\delta\lambda} \tag{3.70}$$

由式(3.68)得 F-P 干涉仪角色散本领

$$D_\theta = \frac{k}{2nh\sin\theta_k} \tag{3.71}$$

可见，D_θ随级数 k 的增高，即倾角 θ 的减小而增大。因此，对于给定波长差的两谱线，愈靠近干涉图样中心其分离量愈大，这说明在 F-P 干涉仪的干涉圆环中心附近光谱纯度最高。上述结论由图 3-46 表示。

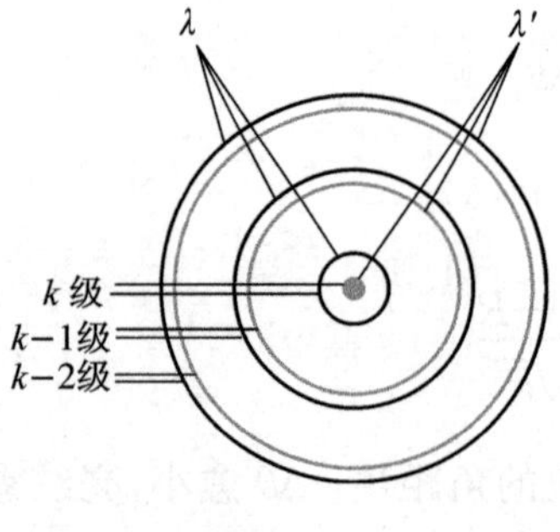

图 3-46 F-P 干涉仪的色散本领

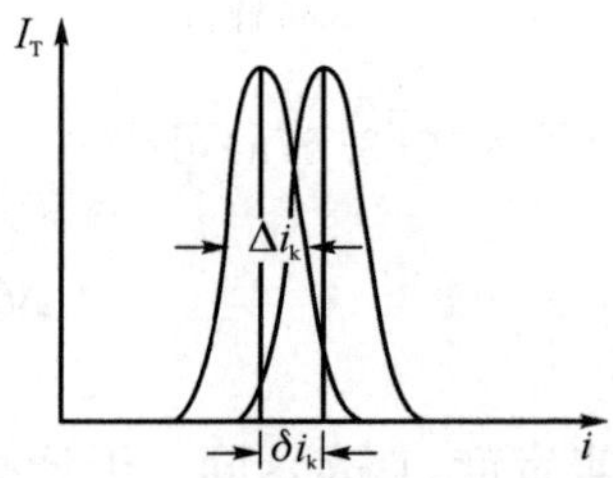

图 3-47 谱线分辨的极限-瑞利判据

(2) 色分辨本领

角色散只反映了波长相近的谱线(干涉极大)在位置上分开距离的大小，但是否能分辨还要取决于每个谱线自身的宽度。一般采用瑞利判据作为两条等强度谱线是否能被分辨的极限，即两条谱线(亮纹中心)分开的距离恰等于每条谱线的半峰宽度时，两条谱线刚能分辨。用角度 θ 表示，即为 $\Delta\theta = \delta\theta$，见图 3-47。比较式(3.67))和式(3.68)，可以得到

$$\delta\lambda = \frac{\lambda}{k\pi}\cdot\frac{1-R}{\sqrt{R}} \tag{3.72}$$

$\delta\lambda$ 为第 k 级谱线中能够分辨的两谱线的最小波长差，亦称分辨极限。

定义色分辨本领为 $\dfrac{\lambda}{\delta\lambda}$，它表示干涉仪对波长相近谱线的分辨能力，显然，$\delta\lambda$ 愈小，分辨本领愈大。由此可得 F-P 干涉仪的色分辨本领为

$$\frac{\lambda}{\delta\lambda} = k\pi\frac{\sqrt{R}}{1-R} \tag{3.73}$$

在 F-P 干涉仪中，两反射面的间距 h 可以很大，从而使干涉条纹的级次 k 很高，另外在反射面上镀银膜提高反射率 R，因而具有极高的分辨本领，可达 10^6 以上，这是一般的棱镜光谱仪和光栅光谱仪所难以达到的。

(3) 自由光谱范围

在干涉仪色散本领扩大的同时,也会带来另一个问题,即当入射光的光谱范围 $\Delta\lambda$ 较大时,会发生不同波长不同级条纹的重叠,使谱线变得模糊。故在实际应用中对光谱范围 $\Delta\lambda$ 要有一定限制。我们将各种波长的光干涉极大值不发生级次交叠的最大波长范围称为仪器的自由光谱范围,记为 $\Delta\lambda_F$。

根据 $\Delta\lambda_F$ 定义,以 $\lambda+\Delta\lambda_F$ 的 k 级谱线刚好与 λ 的第 $k+1$ 级谱线重叠作为极限,可以得出 $\Delta\lambda_F$。由干涉极大满足的条件 $\Delta = 2nh\cos\theta = k\lambda$ 可得

$$2nh\cos\theta = (k+1)\lambda = k(\lambda+\Delta\lambda_F) \tag{3.74}$$

$$\Delta\lambda_F = \frac{\lambda}{k} \tag{3.75}$$

在F-P干涉仪中考察的条纹通常在中心附近,即 $\cos\theta \approx 1$,且 $\Delta\lambda_F$ 很小,$\lambda(\lambda+\Delta\lambda_F)\approx\lambda^2$,代入式(3.74),(3.75),可得

$$\Delta\lambda_F = \frac{\lambda^2}{2nh} \tag{3.76}$$

由式(3.76)可见,h 或 k 增大,$\Delta\lambda_F$ 将减小,这与分辨本领 $\dfrac{\lambda}{\delta\lambda}$ 对 h 或 k 的依赖关系式(3.73)恰好相反。如果增大F-P干涉仪的 h 值,可以提高其分辨本领,但仪器可以工作的波长范围却减小了;减小 h 值则效果相反。在实际应用中,我们总是希望 $\Delta\lambda_F$ 尽可能大,而能够分辨的两谱线的最小波长差 $\delta\lambda$ 又尽可能小,因此要兼顾二者选取适当的 h。而提高镜面反射率 R 则可以提高分辨率而不影响自由光谱范围。

习 题

3-1 钠黄光波长为589.3 nm,试以一次发光延续时间 10^{-8} s计,计算一个波列中的波数。

3-2 在杨氏双孔实验中,孔距为0.1 mm,孔与屏幕的距离为3 m,对下列三条典型谱线求出干涉条纹的间距:

F蓝线(486.1 nm),D黄线(589.3 nm),C红线(656.3 nm)。

3-3 在杨氏双孔实验中,孔距为0.45 mm,孔与幕的距离1.2 m,测得10个亮纹之间的间距为1.5 cm,问光源的波长是多少?

3-4 汞弧灯发出的光通过一滤光片后照射双缝干涉装置。已知缝间距 $d=0.60$ mm,观察屏与双缝相距 $D=2.5$ m,并测得相邻明纹距离 $\Delta x=2.27$ mm。试计算入射光的波长,指出属于什么颜色。

3-5 一双缝实验中两缝间距为0.15 mm,在1.0 m远处测得第一级和第十级暗纹之间的距离为36 mm。求所用单色光的波长。

3-6 一束激光斜入射到间距为 d 的双缝上,入射角为 φ。

(1) 证明双缝后出现明纹的角度 θ 由下式给出:

$$d\sin\theta - d\sin\varphi = \pm k\lambda,\ k=0,1,2,\cdots$$

(2) 证明在 θ 很小的区域,相邻明纹的角距离 $\Delta\theta$ 与 φ 无关。

3-7 劳埃镜干涉装置如习题3-7图所示,光源波长 $\lambda=7.2\times10^{-7}$ m,试求镜的右边缘到第一条明纹

的距离。

3-8 一微波检测器安装在湖滨高出水面 0.5 m 处。当一颗发射 21 mm 波长单色微波的射电星体徐徐自地平线升起时，检测器指出一系列信号强度的极大和极小。当第一个极大出现时，射电星体相对地平线的仰角 θ 为多少？

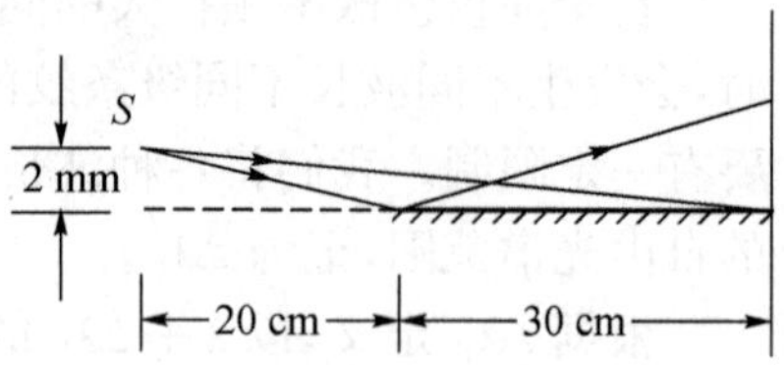

习题 3-7 图

3-9 如习题 3-9 图所示为利用激光做干涉实验。M_1 为一半度银平面镜，M_2 为一反射平面镜。入射激光束一部分透过 M_1，直接垂直射到屏 G 上，另一部分经过 M_1 和 M_2 反射与前一部分叠加。在叠加区域两束光的夹角为 45°，振幅之比为 $A_1 : A_2 = 2 : 1$，所用激光波长 632.8 nm 。求在屏上干涉条纹的间距和衬度比。

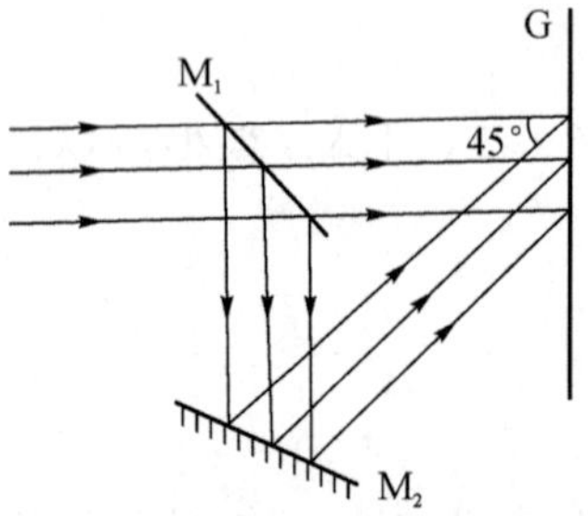

习题 3-9 图

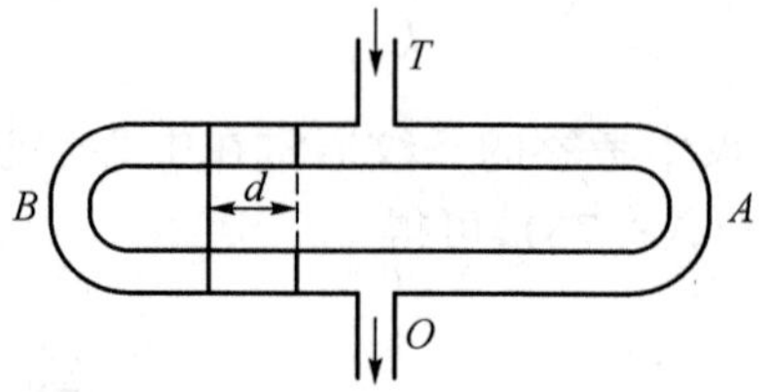

习题 3-10 图

3-10 习题 3-10 图所示装置是昆克(G. Quincke)用来测声波波长的。管口 T 置于单一声调的声源之前，声波分 A、B 两股传播到出口 O，其中一股 B 的长度像乐队中的长号那样，可以拉出拉进。当 A、B 两股等长时，声音近似保持原有的强度。当 B 逐渐拉开到 $d=16.0$ cm 时，在管口 O 处的声音第一次消失，求此声波波长。

3-11 太阳在地面上的视角为10^{-2} rad，太阳光的波长按 550 nm 计。在地面上利用太阳光作双缝干涉实验时，双缝的间距应不超过多大？这就是地面上太阳光的空间相干间隔。

3-12 用很薄的玻璃片盖在双缝干涉装置的一条缝上，这时屏上零级条纹移到原来第 7 级明纹的位置上。如果入射光的波长 $\lambda = 550$ nm，玻璃片的折射率 $n=1.58$，试求此玻璃片的厚度。

3-13 习题 3-13 图所示为一种利用干涉现象测定气体折射率的原理性结构，在 S_1 孔后面放置一长度为 l 的透明容器，当待测气体注入容器而将空气排出的过程中幕上的干涉条纹就会移动。由移过条纹的根数即可推知气体的折射率。

(1) 设待测气体的折射率大于空气折射率，干涉条纹如何移动？

(2) 设 $l=2.0$ cm，条纹移过 20 根，光波长为 589.3 nm，空气折射率为 1.000 276，求待测气体(氯气)的折射率。

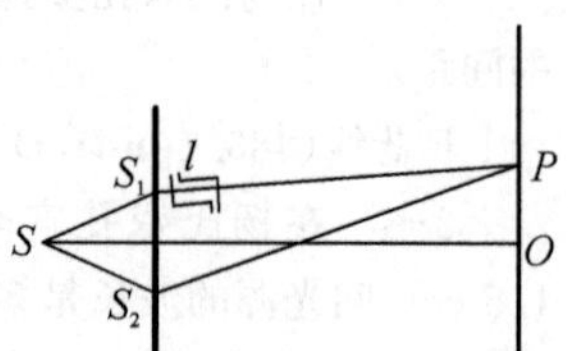

习题 3-13 图

3-14 瑞利(Rayleigh)干涉仪的结构和使用原理如下(参见习题 3-14 图)：以钠光灯作为光源置于透镜 L_1 的后焦面上观测干涉条纹的变动。在两个透镜之间安置一对完全相同的玻璃管 T_1 和 T_2。实验开始时，T_2 管充以空气，T_1 管抽成真空，此时开始观测干涉条纹。然后逐渐使空气进入 T_1 管，直到它与 T_2 管的气压相同为止。记下这一过程中条纹移动的数目。设光波长为 589.3 nm，管长 20 cm，条纹移动 98 根，求空气的折射率。

3-15 把直径为 D 的细丝夹在两块平玻璃砖的一边，形成尖劈形空气层(见习题 3-15 图)。在钠黄光($\lambda=589.3$ nm)的垂直照射下形成如图上方所示的干涉条纹，试问 D 为多少？

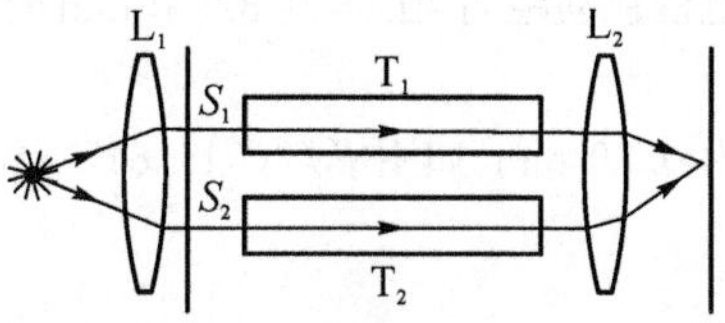

习题 3-14 图

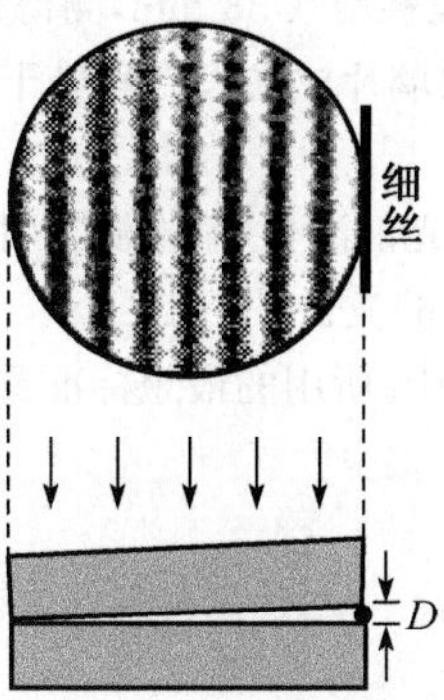

习题 3-15 图

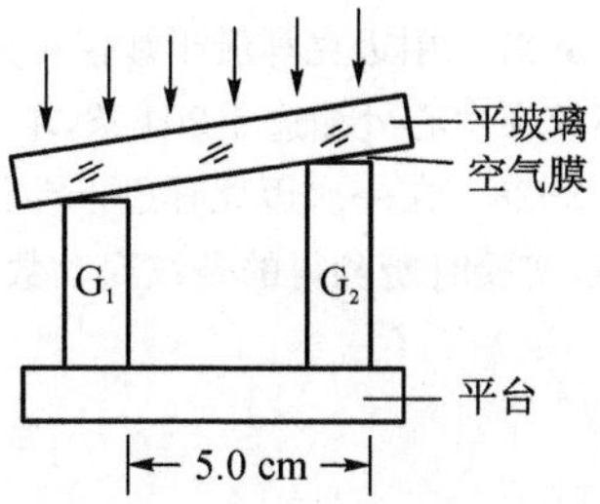

习题 3-16 图

3-16　块规是一种长度标准器。它是一块钢质长方体，两端面磨平抛光，很精确地相互平行，两端面间距离即长度标准。块规的校准装置如习题 3-16 图，其中 G_1 是一合格块规，G_2 是与 G_1 同规号待校准的块规。二者置于平台上，上面盖以平玻璃。平玻璃与块规端面间形成空气劈尖。用波长为 589.3 nm 的光垂直照射时，观察到两端面上方各有一组干涉条纹。

(1) 两组条纹的间距都是 $L=0.50$ mm，试求 G_1、G_2 的长度差。

(2) 如何判断 G_2 比 G_1 长还是短？

(3) 如两组条纹间距分别为 $L_1=0.50$ mm，$L_2=0.30$ mm，这表示 G_2 加工有什么不合格？如果 G_2 加工完全合格，应观察到什么现象？

3-17　测得牛顿环某环和其外第 10 环的半径分别为 0.70 mm 和 1.7 mm，求透镜的曲率半径。(设光波长为 630 nm)

3-18　一牛顿环干涉装置各部分折射率如习题 3-18 图所示。试大致画出反射光的干涉条纹的分布。

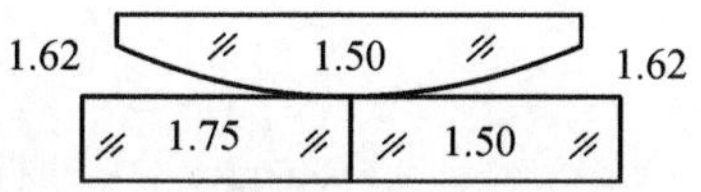

习题 3-18 图

3-19　一薄玻璃片，厚度为 0.4 μm，折射率为 1.50，用白光垂直照射，问在可见光范围内，哪些波长的光在反射中加强？哪些在透射中加强？

3-20　在制作珠宝时，为了使人造水晶($n=1.5$)具有强反射本领，就在其表面上镀一层一氧化硅($n=2.0$)。要使波长为 560 nm 的光强烈反射，这镀层至少应多厚？

3-21　一玻璃片($n=1.5$)表面附有一层油膜($n=1.32$)，今用一波长连续可调的单色光垂直照射油面。当波长为 485 nm 时，反射光干涉相消。当波长增为 679 nm 时，反射光再次干涉相消。求油膜的厚度。

3-22　白光照射到折射率 1.33 的肥皂膜上，若从 45°角方向观察薄膜呈现绿色(500 nm)，求薄膜最小厚度。若从垂直方向观察，肥皂膜正面呈现什么颜色？

3-23　在折射率 $n_1=1.52$ 的镜头表面涂有一层折射率 $n_2=1.38$ 的 MgF_2 增透膜，若此膜适用于 $\lambda=550$ nm 的光，膜的厚度应是多少？

3-24　在玻璃表面上涂一层折射率为 1.30 的透明薄膜，设玻璃折射率为 1.5。

(1) 对于波长为 550.0 nm 的入射光来说，膜厚应为多少才能使反射光干涉相消？这时强度反射率为多少？

(2) 对波长为 400.0 nm 的紫光和 700.0 nm 的红光来说，第(1)问所得的厚度在两束反射相干光之间产生多大的相位差？(不考虑色散)

3-25 在迈克耳逊干涉仪中，反射镜移动 0.33 mm，测得条纹变动 192 次，求光的波长。

3-26 折射率为 n，厚度为 d 的薄玻璃片放在迈克耳逊干涉仪的一臂上，问两光路光程差的改变量是多少？

3-27 用迈克耳逊干涉仪可以测量光的波长，某次测得可动反射镜移动距离 $\Delta L = 0.3220$ mm 时，等倾条纹在中心处缩进 1 204 条，求所用光的波长。

3-28 在一次迈克耳逊干涉仪实验中，所用的最短标准具长度为 0.39 mm，如用镉灯（643.847 nm）作光源，实验时所测得的条纹变动数目应是多少？

第4章

光的衍射

衍射是光在空间或物质中传播的一种基本方式，衍射和干涉是各种波动所具有的两大特性。它们在本质上都是光波相干叠加的结果。通常干涉是指有限束光波的相干叠加，或者说是来自不同的孔径上的光波之间的相互作用，从而在空间形成波的不同强度的分布；而衍射考虑的是每一束光波波前上无数个次级子波的相干叠加，或者说是来自同一孔径上的光波之间的相互作用，也会形成波强度的空间分布图样。我们在第2章研究的是纯干涉问题，其中隐含着每束光是几何光线这样一种假定，而事实上每一光束都存在着衍射，因此干涉和衍射两者的作用是同时存在的。计及衍射的作用，那么前述干涉条纹的分布将会受到某种影响。

本章首先介绍衍射的基本原理，说明其与干涉现象的联系和区别，随后分别讨论菲涅耳衍射和夫琅禾费衍射的分析方法、主要现象及基本应用。通过对衍射现象的研究，我们可以在光的干涉现象之外，从另一侧面再次深入具体地了解光的波动性，同时也可以为讨论现代光学的一些课题奠定理论基础。

4.1 衍射的基本原理

4.1.1 光的衍射现象

所谓光的衍射是指：光在传播过程中遇到障碍物时偏离几何光学路径的现象。具体表现为光可以绕过障碍物，传播到障碍物的几何阴影中，并且在观察屏上呈现出光强的不均匀分布（称为衍射图样），对光在某个方向上的空间限制越强，则该方向上的衍射效应越强。

衍射是波的基本特征，但是明显的衍射现象只有在衍射障碍物（或孔径）的线度 a 与所考察波动的波长 λ 相比拟时才表现出来，比值 λ/a 越大，衍射现象越明显，若比值 λ/a 趋于零，则衍射现象消失，光波动将按照几何光学的规律传播。由于日常生活中各类障碍物的空间尺寸（$\sim10^0$ m）远大于可见光波长（$\sim10^{-7}$ m），因此光的衍射现象并不明显，人们主要看到光的直线传播行为。如果障碍物的尺寸很小，比如让光通过很细的狭缝，或很小的圆孔，或在平直的挡板边缘，仔细观察的话，我们还是可以观察到衍射现象的。如在夜晚，通过手指间缝隙远眺前方的灯火，可以看到灯光沿垂直于缝隙的方向扩展。而在实验室条件下，常采用高亮度的激光或普通的强点光源，并保证屏幕的距离足够大，就可以清楚地演示出光的衍射现象。图4-1是光通过各种障碍物或缝（孔）隙的衍射图样的照片，这些现象是无法用光的直线传播定律解释的。

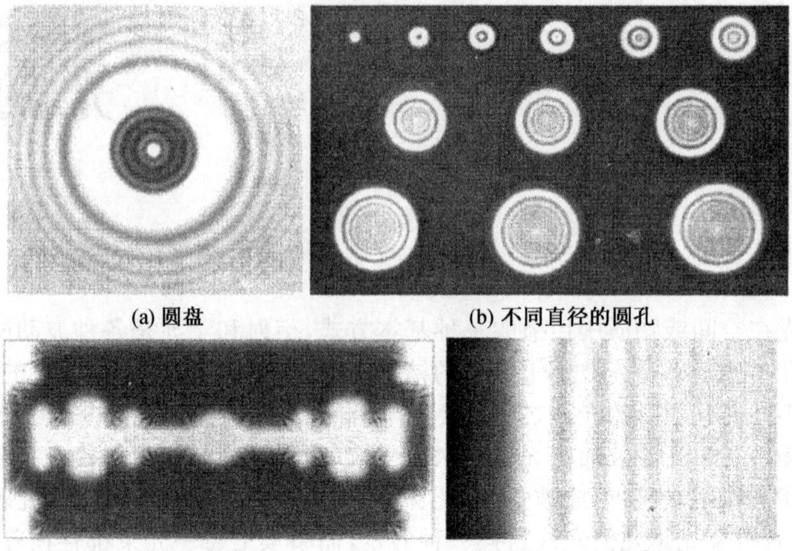

(a) 圆盘　(b) 不同直径的圆孔　(c) 刀片　(d) 直边

图 4-1　光的衍射图样

4.1.2　惠更斯-菲涅耳(Huygens-Fresnel)原理

惠更斯原理指出:任何时刻波前上的每一点都可看作为次波的波源,在各向同性介质中,它们各自发出球面次波;在以后的任一时刻,所有这些次波波面的包络面就是波在该时刻的新的波面(见图 4-2)。

按照惠更斯的观点,可以将光传播的过程看成是次波不断传播的过程,由此可以说明衍射现象的存在。如图 4-2 所示,平行光照射到一个通光狭缝上,狭缝处的平面,是光波场中的一个波前,该波前上有无数个次波中心,它们所发出的次波又衍生出新的次波中心,于是在狭缝边缘处新的波前发生弯曲,不断扩展,光波延伸到被障碍物遮挡的区域,即产生"衍射"现象。惠更斯原理可以解释衍射现象中光的传播方向,但不能说明衍射图样中的光强分布。

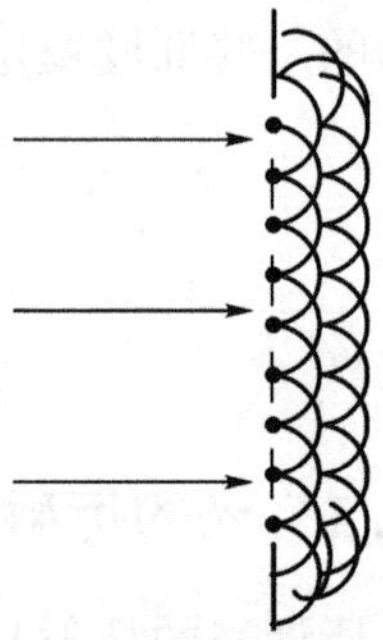

图 4-2　惠更斯原理解释衍射现象

菲涅耳吸取了惠更斯提出的"次波"概念,并基于光的干涉原理,引入了"次波相干叠加"的思想,从而将所有衍射问题统一到一个更加严格和完善、可以定量处理的原理中,这就是惠更斯-菲涅耳原理,其表述为:波前上的每一点都可看作为新的次波中心,它们发出次波,这些次波都是相干的,光场中某一点 P 的光振动是波前上所有点发出次波在该点的相干叠加。

下面我们用数学形式把这一原理表达出来。如图 4-3 所示,设 Σ 是三维空间中某一波阵面,Q 点面元 $\mathrm{d}\boldsymbol{\sigma}$ 看作一子波源,其在 P 点引起光振动的复振幅 $\mathrm{d}E(P)$与 Q 处子波源的振幅 $E(Q)$、面元 $\mathrm{d}\boldsymbol{\sigma}$ 成正比,而与 P、Q 之间距离 r 成反比,且相位落后 $kr=\dfrac{2\pi r}{\lambda}$,于是有

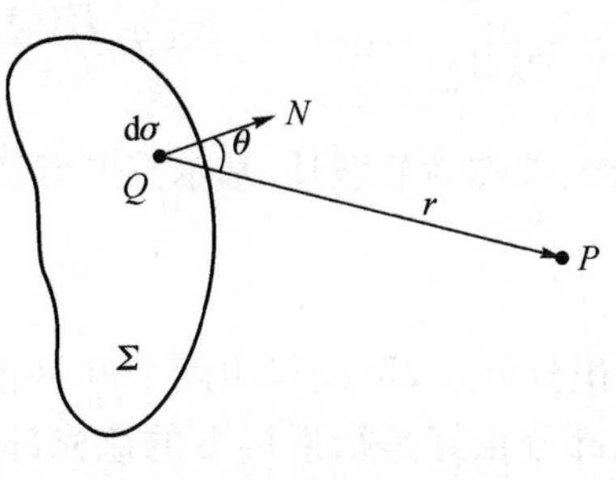

图4-3 波面Σ上面元dσ在P点产生的光振动

$$\mathrm{d}E(P) = K\frac{E(Q)}{r}F(\theta)\mathrm{e}^{ikr}\mathrm{d}\sigma \tag{4.1}$$

其中K是比例常数,Q为面元法线与QP夹角(又称衍射角),$F(\theta)$为倾斜因子,菲涅耳设想:$\theta=0$时$F(\theta)$最大(可取为1);随θ的增大,$F(\theta)$减小;$\theta\geqslant\frac{\pi}{2}$时,$F(\theta)\equiv 0$,即不存在后退的次波。$P$点的复振幅是波阵面$\Sigma$上所有面元发出的次波在$P$点产生复振幅的叠加:

$$E(P) = K\iint_{\Sigma}\frac{E(Q)}{r}F(\theta)\mathrm{e}^{ikr}\mathrm{d}\sigma \tag{4.2}$$

式(4.2)称为菲涅耳衍射积分公式。当波场中有障碍物(即衍射屏)时,自然将波面取在衍射屏位置,此时只有衍射屏开孔部分的波面发出的子波对P点有贡献,因此式(4.2)的积分区域Σ为衍射屏通光孔部分的波面。

菲涅耳衍射积分公式在一定程度上基于了物理上的直觉和假设,还缺乏严格的数学论证。基尔霍夫(Kirch-hoff)从微分波动方程出发,利用场论中的格林(Green)定理及一些边界条件,为惠更斯-菲涅耳原理建立了比较完善和严格的数学表达式,确定了常量K以及倾斜因子$F(\theta)$的具体形式。比例常数K的表达式为

$$K = \frac{1}{i\lambda} = \frac{-i}{\lambda} = \frac{\mathrm{e}^{-i\pi/2}}{\lambda} \tag{4.3}$$

而倾斜因子的形式为:

$$F(\theta) = \frac{1}{2}(\cos\theta_0 + \cos\theta) \tag{4.4}$$

θ_0是源点S相对次波面元$\mathrm{d}\sigma$的方位角。若波阵面Σ是以点波源S为中心的球面,或平行光垂直入射到Σ上,则$\theta_0=0$,此时

$$F(\theta) = \frac{1}{2}(1+\cos\theta) \tag{4.5}$$

可见,$\theta=\frac{\pi}{2}$时,$F(\theta)=1/2$而不是0,只有当$\theta=\pi$时,$F(\theta)=0$,这一结论表明菲涅耳的假设$F(\pi/2)=0$是不确切的。

将上述表达式(4.3)、(4.4)代入式(4.2),得到

$$E(P)=\frac{-i}{2\lambda}\iint_{\Sigma}(\cos\theta_0+\cos\theta)\frac{E(Q)}{r}e^{ikr}\,d\sigma \tag{4.6}$$

经基尔霍夫修正的上述积分公式被称为菲涅耳-基尔霍夫衍射积分公式。

4.1.3 巴比涅原理

从菲涅耳-基尔霍夫衍射积分公式，可以得出两个互补衍射屏衍射场之间的关系。如图 4-4 所示，衍射屏 a 的透光部分正好是衍射屏 b 的遮光部分，这样的一对衍射屏称为互补屏。

设 $E_a(P)$ 和 $E_b(P)$ 分别表示衍射屏 a 和 b 单独放置时屏幕上 P 点处的复振幅，$E_c(P)$ 表示无衍射屏时 P 点的光场复振幅。根据惠更斯-菲涅耳原理，$E_a(P)$ 和 $E_b(P)$ 可表示成对衍射屏 a 和 b 透光部分波面的积分，而两个互补屏透光部分加起来相当于没有衍射屏，因此，互补屏在 P 点产生的复振幅之和等于光波自由传播时在该点产生的光场复振幅，即

$$E_a(P)+E_b(P)=E_c(P) \tag{4.7}$$

这一结论称为巴比涅(A. Babinet)原理。

由于自由传播时的光波场是容易计算的，因此利用巴比涅原理可以方便地由一种衍射屏的衍射图样求出其互补屏产生的衍射图样，从而使问题简化。如利用巴比涅原理很容易由圆孔、狭缝的衍射图像得到圆屏、细丝的衍射图像。

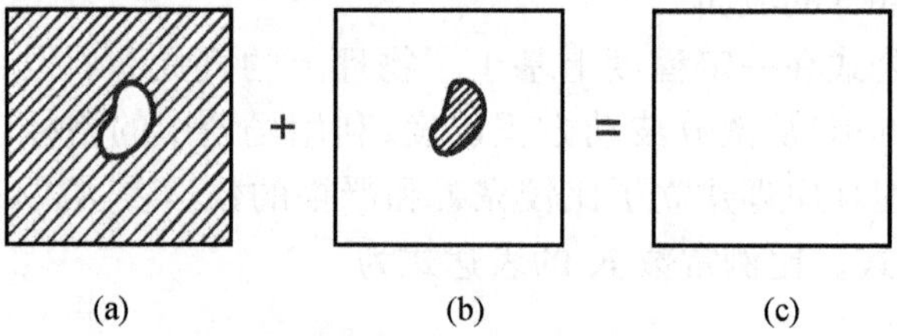

图 4-4 巴比涅原理

4.1.4 衍射的分类

衍射系统通常由光源、衍射屏和接收屏组成。根据光源和接收屏与衍射屏距离的大小，将衍射分为两类，在理论计算上作不同的近似。第一类是光源和接收屏距离衍射屏有限远[图 4-5(a)]，称为菲涅耳衍射，又称近场衍射；另一类是光源和接收屏都距离衍射屏无限远[图 4-5(b)]，称为夫琅禾费(J. Fraunhofer)衍射，又称远场衍射，在实验室中通常利用透镜系统实现夫琅禾费衍射[图 4-5(c)]。菲涅耳衍射是实际和普遍的，夫琅禾费衍射可以看成是它的一个特例。但是，由于夫琅禾费衍射计算简单并有其特殊的规律性，在光学系统成像理论和现代变换光学等理论中有着重要的意义，人们将其单独归成一类研究，夫琅禾费衍射也将是本章讨论的重点。

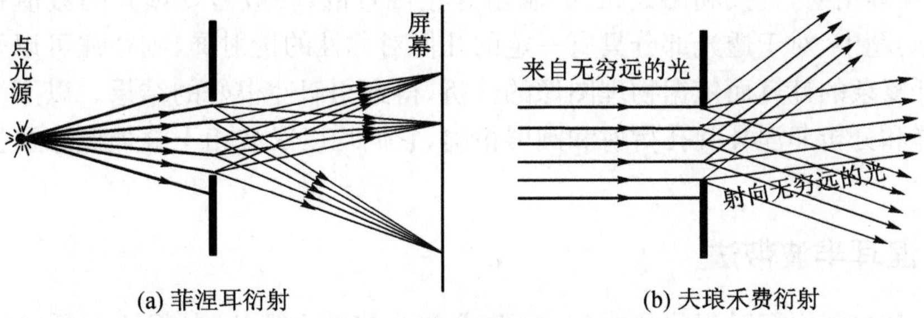

(a) 菲涅耳衍射　　(b) 夫琅禾费衍射

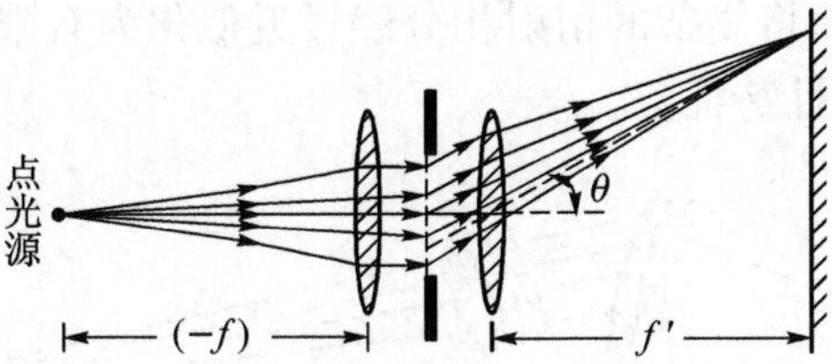

(c) 夫琅禾费衍射的实验装置

图 4-5　衍射的分类

4.2　菲涅耳圆孔衍射和圆屏衍射

4.2.1　实验现象

如图 4-6 所示，典型的菲涅耳圆孔或圆屏衍射，通常用点光源照明，接受屏在衍射屏的另一侧。对于圆孔衍射屏，通常取圆孔半径 ρ 为 mm 数量级，光源到圆孔距离 R 为 m 的数量级，而接受屏到圆孔的距离 b 在 3～5 m。在接受屏上可以看到以轴上场点 P_0为中心的明暗交替的同心圆环。当圆孔半径 ρ 改变时，圆环中心 P_0点明暗迅速交替变化；当孔径 ρ 保持不变，沿轴向移动接受屏时，P_0点的明暗随距离 b 的改变而缓慢交替变化。

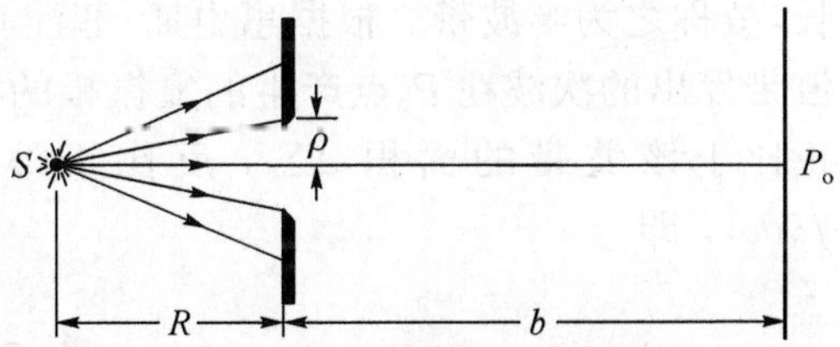

图 4-6　菲涅耳圆孔衍射示意图

若用圆屏代替上述实验中的圆孔，接受屏上呈现的衍射图样同样是明暗交替的同心圆环，但与圆孔衍射明显不同的是，无论改变 ρ 或 b，圆环中心 P_0点始终是亮点。在 1818 年菲涅耳阐述次波相干叠加理论，并用半波带法给出各种实验结果的积分计算后，持光的微粒说观点的法国数学家泊松(S. D. Poisson)仔细研究了菲涅耳理论，发现了这样的推论：即用圆盘衍射时，在接受屏几何阴影的中心(圆盘中心轴线上)应该是一个亮点，这似乎是个违背常识的结论，也使菲涅耳原理面临考验。但此后不久，阿拉果(D. F. Arago)用实验证实了这一现象，见图 4-1(a)，从而为光的波动说的确立及惠更斯-菲涅耳原理提供了有力的支持，后人将这种亮点称为泊松亮点。

对于菲涅耳衍射，直接利用式(4.6)求解是很困难的，一般需要烦冗的数值积分。但是在一些实际问题中，对于透光部分具有一定的几何对称性的衍射屏，则往往可以采用半定量的方法，避开复杂的计算而依据物理图像的分析，得到相似性很好的结果。以下介绍两种方法，用以解释和分析菲涅耳圆孔衍射和圆屏衍射，它们均以次波相干叠加概念及振幅矢量合成为基础。

4.2.2 菲涅耳半波带法

菲涅耳-基尔霍夫衍射积分公式(4.6)要求对波前做无限分割，但菲涅耳又提出一种巧妙的半波带法分割波前，从而将复杂的衍射积分经过近似化为有限项求和的形式，可以较方便地得出衍射图样的某些定性特征。

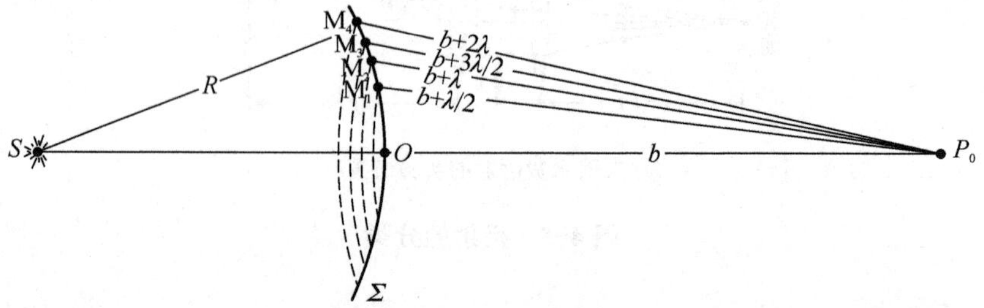

图 4-7 菲涅耳半波带划分

以下重点分析圆孔或圆屏衍射时轴上场点的情况。如图 4-7 所示，设衍射屏圆孔处的波前 Σ 为以点光源 S 为中心的球面(等相面)，其顶点 O 到场点 P_0 的距离为 b，以 P_0 为中心，分别以 $b+\lambda/2$、$b+\lambda$、$b+3\lambda/2$、$b+2\lambda$、…为半径作球面，将波前 Σ 分割为一系列同心圆环带，这些环形带的边缘点 M_1、M_2、M_3、M_4、…到场点 P_0 的光程差依次相差半个波长，故称之为半波带。根据惠更斯-菲涅耳原理，P_0 点的复振幅 $E(P_0)$ 就是波面 Σ 上所有波带发出的次波在 P_0 点产生的复振幅的叠加，并且各个半波带在 P_0 点产生的振幅 $A_k(P_0)$ 正比于该波带的面积 $\Delta\Sigma_k$，反比于波带到场点 P_0 的距离 r_k，并依赖于倾斜因子 $f(\theta_k)$，即

$$A_k \propto f(\theta_k)\frac{\Delta\Sigma_k}{r_k} \tag{4.8}$$

下面计算第 k 个半波带的面积。考虑图 4-8 所示球冠，其面积为

$$\Sigma = 2\pi R^2(1-\cos\alpha)$$

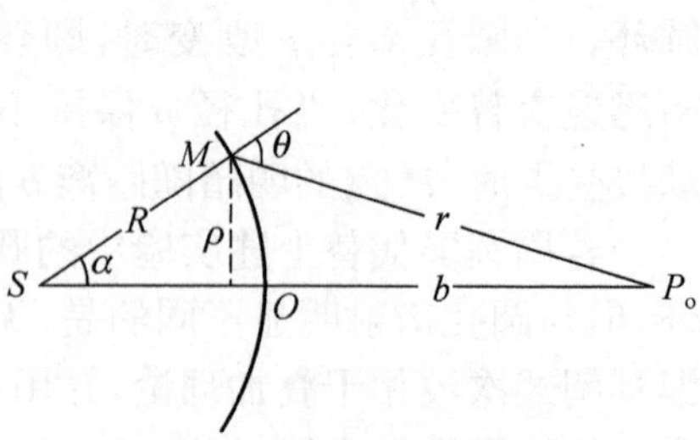

图 4-8 半波带面积计算

对于 $\triangle SMP_0$，由余弦公式可得

$$\cos\alpha = \frac{R^2+(R+b)^2-r^2}{2R(R+b)}$$

分别取以上两式的微分：

$$d\Sigma = 2\pi R^2(1-\cos\alpha)$$

$$\sin\alpha d\alpha = \frac{r dr}{R(R+b)}$$

由上述计算可得

$$\frac{d\Sigma}{r} = \frac{2\pi R dr}{R+b} \tag{4.9a}$$

按照半波带的定义，取 $dr=\lambda/2$ 时，$d\Sigma$ 可看作第 k 个半波带的面积 $\Delta\Sigma_k$，式(4.9a)可写为

$$\frac{\Delta\Sigma_k}{r_k} = \frac{\pi R\lambda}{R+b} \tag{4.9b}$$

可见，上述比值 $\frac{\Delta\Sigma_k}{r_k}$ 与 k 无关，即对于各个半波带是一样的。因此，影响振幅 A_k 大小的因素仅为倾斜因子 $f(\theta_k)$，而从一个半波带到下一个半波带，θ_k 值变化极小，因此 $f(\theta_k)$ 和 A_k 值随 k 的增加单调而缓慢地递减，当 $k\to\infty$，$A_k\to 0$。

我们知道，复振幅包括了振幅和空间相位因子。对于空间相位因子，考虑到自相邻半波带的相应点到 P_o 点的光程差为半个波长，它们发出的子波在 P_o 点产生振动的相位差为 π，振动方向相反。若取第一个半波带在 P_o 点的相位为零，则其余半波带在 P_o 点的相位就是 π，2π，3π，4π，…。故各半波带在 P_o 点产生的复振幅总和为

$$E(P_0) = A_1 - A_2 + A_3 - A_4 + \cdots + (-1)^{n+1}A_n \tag{4.10}$$

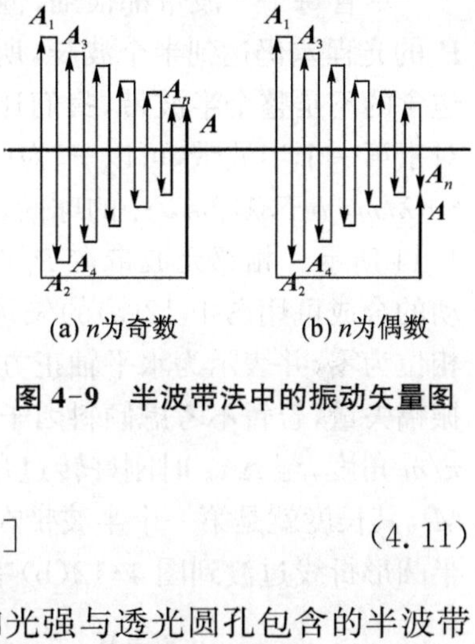

图4-9 半波带法中的振动矢量图

我们可用图4-9中上下交替的矢量来表示式(4.10)中各项的加减交替，由图可见，复振幅总和可表示为

$$E(P_o) = \frac{1}{2}[A_1 + (-1)^{n+1}A_n] \tag{4.11}$$

我们以此来分析圆孔衍射图像。轴上 P_o 点的复振幅和光强与透光圆孔包含的半波带数 n 有关，而圆孔中半波带数的多少则取决于圆孔的大小和场点 P_o 到圆孔的距离。当 n 为奇数时，$E(P_o)=\frac{1}{2}[A_1+A_n]$，$P_o$ 点光强较大，为亮点；n 为偶数时，$E(P_o)=\frac{1}{2}[A_1-A_n]$，$P_o$ 点光强较小，为暗点。因此，若圆孔半径 ρ 大小改变使 n 发生奇偶变化时，衍射图样中心点光强度将发生明暗交替变化；同样，当观察屏沿光轴平移，即改变距离 b，也会看到 P_o 点强度明暗变化。对于轴外点的光强原则上可以用同样的方法分析，再根据系统的轴对称性，可知菲涅耳圆孔衍射图样是一组以 P_o 为中心的亮暗交替的圆环。

若不存在圆孔衍射屏，即光波自由传播，这时整个波前裸露，相当于最后一个半波带 $k\to\infty$，$A_k\to 0$，于是有

$$E(P_o) = \frac{1}{2}A_1(P_o) \tag{4.12}$$

即自由传播时整个波前在 P_o 点产生的振幅是第一个半波带产生振幅的一半，光强则为第一个半波带产生光强的 1/4。当圆孔半径非常大时，即圆孔包含的半波带数目很大，也可以得到同样的结论，这时圆孔的大小不再影响中心 P_o 点的光强度。这一结论与几何光学的结论是一致的。因此，可以说几何光学是波动光学的一种极限情形。

再来分析菲涅耳圆屏衍射的情况。假设圆屏遮住了前 k 个半波带，圆屏以外透光部分的半波带可视为从 $k+1$ 至 n，此时 $n\to\infty$，$A_n\to 0$，则 P_o 点的复振幅总和为

$$E(P_o)=A_{k+1}-A_{k+2}+\cdots(-1)^{n+1}A_n=\frac{1}{2}[A_{k+1}+(-1)^{n+1}A_n]=\frac{1}{2}A_{k+1}\quad(4.13)$$

可见，无论 k 是奇数还是偶数，P_o 点光强始终不为零，即无论是改变圆屏半径还是移动观察屏，圆屏衍射图样中心点始终为亮点，如图 4-10 所示。应该注意的是，当圆屏较大时，从圆屏边缘开始的第一个半波带在 P_o 点产生的振幅 A_{k+1} 已经很小，P_o 点的光强度实际上接近于零，这时亮点已不明显。

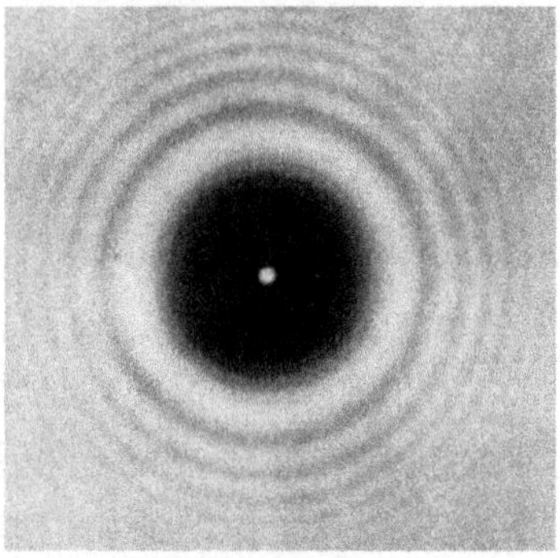

图 4-10　菲涅耳圆屏衍射图样

4.2.3　矢量图解法

尽管每个半波带都很细，但相邻半波带上相应点到场点 P_o 的光程差仍达到半个波长，所以，在有些情况下，如圆孔内包含的不是整个半波带，我们还需要将其进一步细分。例如对于第一个半波带，可以 P_o 为中心，做半径分别为 $b+\lambda/2m$，$b+\lambda/m$，$b+3\lambda/2m$，…的球面，将其分割为 m 个更窄的环带，这种环带又称为元波带，如图 4-11 所示。相邻元波带在 P_o 点的光程差为 $\lambda/2m$，相位差为 π/m，各元波带在 P_o 点产生振动的合成可用图 4-12(a)的矢量图来表示，其中取图 4-11 中 O 点次波源在 P_o 点产生振动的相位为零，并表示为水平轴正方向，小矢量 $\Delta\boldsymbol{A}_1$，$\Delta\boldsymbol{A}_2$，$\Delta\boldsymbol{A}_3$，… 分别代表各个元波带产生的振幅矢量，若暂不考虑倾斜因子的影响，它们长度相等，将它们依次首尾相接，方向逐次转过 π/m 角度，至 $\Delta\boldsymbol{A}_m$ 时刚好转过角度 π，达到第一个半波带的边缘 M_1，合成矢量 $\boldsymbol{A}_1$ 从 O 指向 M_1，其长度就是第一个半波带在 P_o 点产生的振幅。取 $m\to\infty$，$\Delta A_k\to 0$，则图 4-12(a)中的半圆形折线过渡到图 4-12(b)中的半圆。

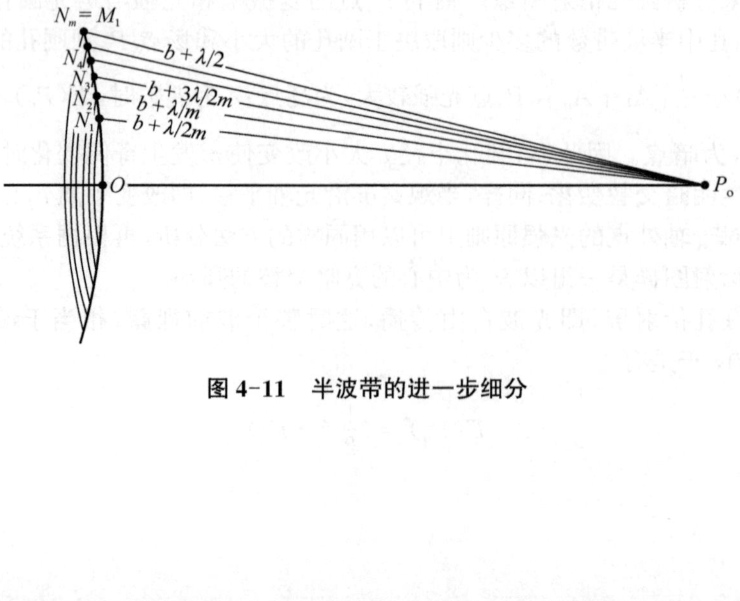

图 4-11　半波带的进一步细分

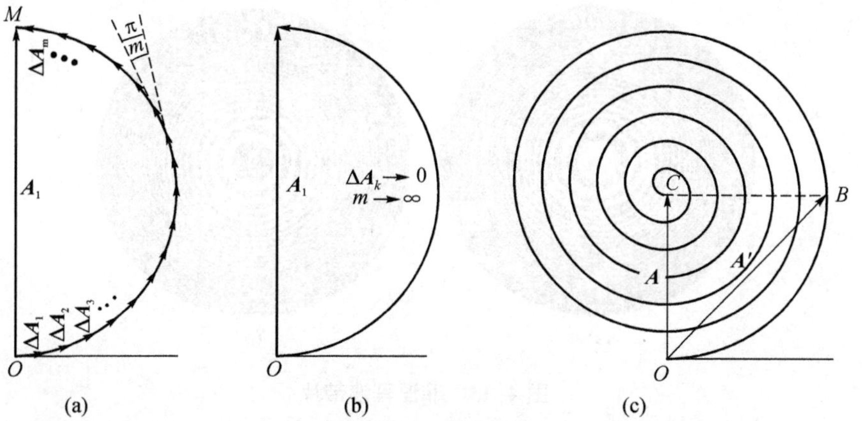

图 4-12　矢量合成图

按照上述方法，对其余半波带做同样处理，并考虑倾斜因子 $f(\theta)$ 的影响，各个元波带的振幅矢量将单调而缓慢地减小，因此波前上所有波带的矢量合成图是半径逐渐收缩的一个一个半圆，形成如图 4-12(c)所示的向中心点盘曲的螺线。对于自由传播的情形，螺线将绕至半径趋于零为止，即到达圆心 C，因此从 O 指向 C 的合成矢量 $\boldsymbol{A}$ 是整个波面（$k\to\infty$ 的所有波带）在 P_0 点产生的振幅矢量，由图 4-12(b)、(c)可见，$\boldsymbol{A}$ 的大小为 $A = A_1/2$，这就是 4.2.2节用半波带法所得到的结果。

例题 4.1　试求一圆孔衍射屏当圆孔包含 1/2 个半波带时，轴上的衍射强度。

解：设无衍射屏（自由传播）时轴上光强为 $I_0 = A^2$。放置衍射屏后，圆孔边缘和中心到轴上观察点的光程差为 $\lambda/4$，相位差为 $\pi/2$，则图 4-12(c)中元波带振幅矢量合成应取 O 指向 B 的矢量 $\boldsymbol{A'}$，且 $A' = \overline{OB} = \sqrt{2}A$，光强 $I' = A'^2 = 2A^2$，即光强为自由传播时的两倍。

4.2.4　菲涅耳波带片

从以上讨论可知，在菲涅耳圆孔衍射中，以轴上 P_0 点为中心对圆孔波面划分的半波带中，奇数半波带（或偶数半波带）在 P_0 点产生的复振幅是同相位的。因此，可以设想制作一种特殊的光阑，使得奇数半波带透光，偶数半波带遮光，或者偶数半波带透光而奇数半波带遮光，那么各透光的半波带在 P_0 点产生的复振幅将同相位叠加，P_0 点的振幅和光强会大大增强。我们将这种特殊的光阑称为菲涅耳波带片。图 4-13(a)和(b)分别是将偶数和奇数半波带遮光（涂黑）后的菲涅耳波带片。

例题 4.2　一块波带片的孔径内有 20 个半波带，其中 1，3，5，…，19 等奇数波带透光，而 2，4，6，…，20 等 10 个偶数波带被遮住，则轴上的光强度是自由传播时的多少倍？

解：设 A 是光波自由传播时轴上 P_0 点的振幅，则波带片在轴上场点产生的振幅为

$$E = A_1 + A_3 + \cdots + A_{19} \approx 10A_1 = 20A$$

光强为

$$I = (20A)^2 = 400A^2$$

即光强是自由传播时的 400 倍。

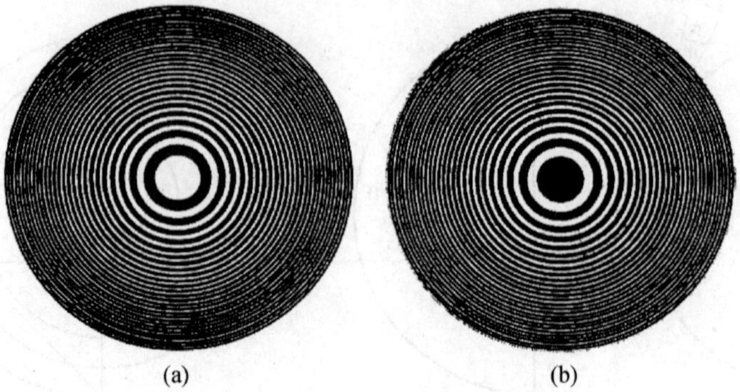

(a) (b)

图 4-13 菲涅耳波带片

从以上讨论可以看出,菲涅耳波带片在聚光方面类似于透镜,可以使入射光会聚起来,产生极大的光强,而且具有类似于普通透镜的成像性质。根据图 4-8,设波带片第 k 个半波带的外圆半径为 ρ_k,对应 $r=b+k\lambda/2$,在圆孔半径远小于 R 和 b,且忽略 λ^2 项的情况下,可以导出

$$\rho_k^2=\frac{kbR\lambda}{R+b} \tag{4.14}$$

令 ρ_1 为第一个半波带的半径,则

$$\rho_1^2=\frac{bR\lambda}{R+b} \tag{4.15}$$

而

$$\rho_k=\sqrt{k}\rho_1 \tag{4.16}$$

点光源 S 发出的光经过菲涅耳波带片后可在适当的位置 P_0 形成很强的亮点,这种过程有如普通透镜成像,这里 S 和 P_0 分别相当于物点和像点,则 R 和 b 分别对应于物距和像距,将式(4.14)改写为如下形式

$$\frac{1}{R}+\frac{1}{b}=\frac{k\lambda}{\rho_k^2}$$

令 $\dfrac{k\lambda}{\rho_k^2}=\dfrac{1}{f}$,可得

$$\frac{1}{R}+\frac{1}{b}=\frac{1}{f} \tag{4.17}$$

显然,式(4.17)与普通透镜成像公式的形式完全相同,f 即为波带片的焦距

$$f=\frac{\rho_k^2}{k\lambda}=\frac{\rho_1^2}{\lambda} \tag{4.18}$$

当用波长为 λ 的平行光垂直照射波带片时,将在对应 $b=f$ 的 P_0 点产生极大的光强,此时的 P_0 点就是波带片的焦点。由此,菲涅耳波带片又称为菲涅耳透镜。由式(4.14)和式(4.18)可见,波带片的焦距实际上与 k 无关,但与入射光波长 λ 成反比。

尽管波带片与普通透镜的功能有相似之处，但二者仍有一些原则的区别，主要有以下几点：

(1) 波带片的成像原理与普通透镜不同。对普通透镜，从物点到像点是等光程的，这种成像过程也可以看作是一种各光束光程相等的干涉相长过程。而波带片则不同，由物点经过不同透光波带到达像点的光程是各不相同的，但光程差均为波长的整数倍，所以也形成亮点，这是一种各光束光程不等的干涉相长过程。

(2) 波带片的焦距与波长成反比，与普通透镜的焦距色差相反，有时可以利用这种相反的色散关系将二者配合使用，以校正纵向色差。但波带片的色差比普通透镜大得多，这是波带片的重要缺点。

(3) 波带片不仅有上面给出的焦距 f 所对应的主焦点 P_o，还有一系列次焦点 P_1，P_2，P_3，…，它们距离波带片分别为 $f/3$，$f/5$，$f/7$，…(图 4-14)。当平行光入射时，在这些位置上会出现光强较小的亮点。波带片具有多个次焦点的事实，可以利用半波带法说明。此外，将波带片考虑为一个类似光栅的衍射屏，则波带片除了有上述实焦点外，还应有一系列与实焦点位置对称的虚焦点，见图 4-14 中的 P'_o，P'_1，P'_2，…。

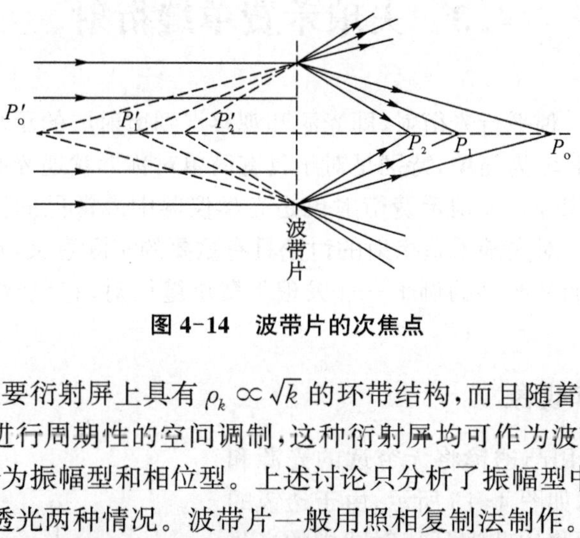

图 4-14　波带片的次焦点

最后需要说明，只要衍射屏上具有 $\rho_k \propto \sqrt{k}$ 的环带结构，而且随着环带序数的变化可对入射光的振幅或相位进行周期性的空间调制，这种衍射屏均可作为波带片。根据调制振幅还是相位，将波带片分为振幅型和相位型。上述讨论只分析了振幅型中最简单的一种，即各环带仅分为透光和不透光两种情况。波带片一般用照相复制法制作。与普通透镜相比，波带片具有面积大、轻便、可折叠等优点，特别适宜用于远程光通信、光测距和宇航技术中。波带片使用波段范围广，可在紫外到软 X 射线的波段内做透镜用，还可以制作成声波和微波波带片。

例题 4.3　$\lambda=632$ nm 的 He-Ne 激光通过直径 $d=2.76$ mm 的圆孔，在距圆孔 1 m 处屏上，正对圆孔中心的 P 点是明还是暗？若使 P 点变成相反情况，屏向前或向后需移动多少距离？

解：P 点亮暗取决于圆孔相对 P 点包含波带数是奇数或偶数。

平行光入射时　$$R\to\infty:\quad \rho_k^2=\frac{kbR\lambda}{R+b}\to=kb\lambda$$

圆孔内包含的波带数为　$$k=\frac{\rho^2}{b\lambda}=\frac{(2.76/2)^2}{632\times10^{-6}\times10^3}=3$$

故 P 点是亮点。

当 P 点向前移近圆孔时，圆孔包含的半波带数增加，k 从 3 增大到 4 时，P 点变为暗点，这时 P 点到圆孔的距离为

$$b' = \frac{\rho^2}{4\lambda} = 750\ \text{mm}$$

故 P 点移动距离 $\Delta b = 1\,000 - 750 = 250\ \text{mm}$

当 P 点向后离开圆孔时，圆孔包含的半波带数减少，k 从 3 减小到 2 时，P 点同样变为暗点，这时 P 点到圆孔的距离为

$$b' = \frac{\rho^2}{2\lambda} = 1\,500\ \text{mm}$$

则 P 点向后移动距离为 $\Delta b = 1\,500 - 1\,000 = 500\ \text{mm}$

4.3 夫琅禾费单缝衍射

夫琅禾费衍射是一种平行光衍射，即光源和观察点到衍射屏的距离都是无穷远，其衍射图样中光强分布的计算较为简单，特别是对于具有简单对称形状通光孔的衍射屏，通常能够以解析形式求出衍射积分。夫琅禾费衍射也是光学仪器中最常见的衍射现象，在现代光学中有许多重要的应用。对夫琅禾费衍射的讨论具有重要的实际意义，也是本章内容的重点。本节首先分析最简单而又典型的例子——夫琅禾费单缝衍射，它包含了衍射现象的许多主要特征。

4.3.1 实验装置和现象

实验室中通常利用凸透镜将无穷远的光源和观察屏移至有限距离，如图 4-15 所示，由于透镜的会聚作用，其衍射光强将比菲涅耳衍射图样的光强增加许多。对单缝来说，衍射发生在垂直于缝长的方向，与光轴成同一角度（衍射角）的平行光会聚于透镜 L 的焦平面 H 上同一点。图 4-15 画出了衍射角为 θ 的衍射光束的行进路径。若光源 S 为点光源，衍射图样是在单缝宽度方向上扩展的几个亮斑，中央亮斑光强最大，两侧对称分布的亮斑光强依次减小，见图 4-16(a)。在单缝衍射实验中，常常用取向与单缝平行的线光源代替点光源，这时在观察屏上得到的衍射图样是一些与单缝平行的明暗相间的直线条纹，它们是线光源上各个不相干点光源产生的衍射图样的总和，中央亮纹光强最大，两侧亮纹强度较小，并且两侧亮纹等宽，而中央亮纹的宽度是两侧其他亮纹的两倍，如图 4-16(b)。

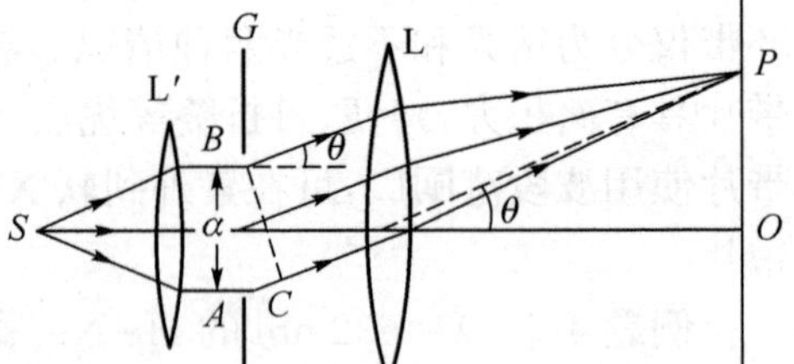

图 4-15 夫琅禾费单缝衍射光路图

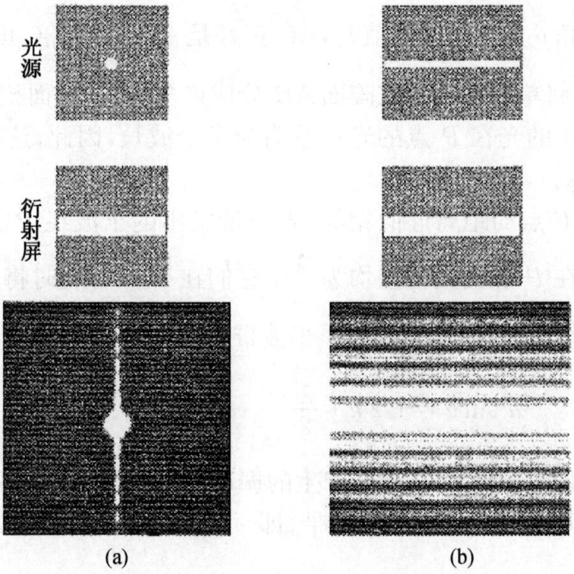

图 4-16　夫琅禾费单缝衍射图样

4.3.2　单缝衍射的光强分布

分析夫琅禾费单缝衍射强度分布，可通过求解衍射积分公式，得到屏上复振幅分布和光强分布；也可以利用矢量图解法得到单缝衍射光强公式；还可以利用半波带法近似地获得观察屏上衍射条纹的分布特点，后两种方法简单直观，适用于处理较为简单的衍射屏。下面分别介绍。

1. 半波带法

设单色平行光垂直照射到缝宽为 a 的单缝上，然后以不同衍射角 θ 前进，经透镜会聚于屏上各点。

根据惠更斯-菲涅耳原理，屏上任一点 P 的光振动是单缝处波阵面上所有子波波源发出的子波传到 P 点产生振动的相干叠加。如图 4-17 所示，过 B 作一平面 BC 与衍射角为 θ 的一束平行光垂直。由透镜的等光程性知，波面 AB 上各点到 P 点的光程差就等于波面 AB 到波面 BC 之间的光程差。单缝两边缘处衍射子波之间的光程差 AC 为最大，由图可见

$$\Delta = AC = a\sin\theta$$

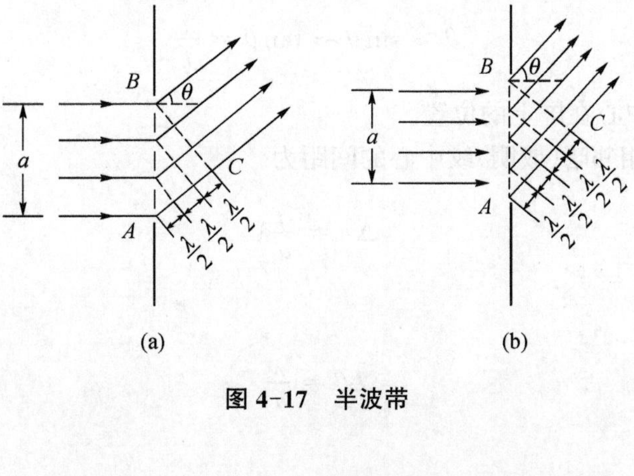

图 4-17　半波带

我们设想在衍射角 θ 为某些特定值时，AC 正好是 $\frac{\lambda}{2}$ 的整数倍，可以作许多彼此相距 $\frac{\lambda}{2}$ 且平行于 BC 的平面，将单缝 a 处的波阵面 AB 分成许多等宽度、面积相等的纵长条带，则相邻两带上的对应点发出的光在 P 点的光程差均为半个波长，因此，这样的条带同样称为“半波带”，如图 4-17 所示。

由于各半波带到 P 点的距离近似相等，各个带发出的子波在 P 点的振幅也近似相等。而相邻两带对应光线在 P 点的光程差均为 $\frac{\lambda}{2}$，它们在 P 点合成时将相互抵消。这样，若对应某一衍射角 θ，单缝处波阵面分为偶数个半波带，即

$$a\sin\theta = \pm 2k \cdot \frac{\lambda}{2} \qquad k=1, 2, 3, \cdots$$

则一对对相邻的半波带发出的光在 P 点产生的振动相互抵消，合振幅为 0，P 点应是暗条纹的中心。若单缝处波阵面分为奇数个半波带，即

$$a\sin\theta = \pm (2k+1)\frac{\lambda}{2} \qquad k=1, 2, 3, \cdots$$

则相邻半波带发出的光在 P 点的振动相互抵消后，还剩有一个半波带未被抵消而到达 P 点，这时 P 点近似为衍射亮纹中心。而且，θ 角越大，半波带面积越小，亮纹光强就越弱。当 $\theta=0$ 时，衍射光沿入射光方向，经透镜会聚到屏上 O 点，此时各衍射光光程差为 0，因此该处光强最大，这就是中央主极大(或 0 级衍射亮纹)中心的位置。对于其他任意衍射角 θ，AB 一般不能恰好分成整数个半波带，这时会聚点的光强将介于明暗之间，连续而缓慢地变化。

综上所述，当平行光垂直单缝平面入射时，单缝衍射形成衍射亮暗纹的位置以衍射角 θ 表示如下：

$$\begin{aligned} &\theta = 0，\text{中央主极大中心} \\ &\left.\begin{aligned} &a\sin\theta = \pm k\lambda，\text{暗纹中心} \\ &a\sin\theta = \pm (2k+1)\frac{\lambda}{2}，\text{次级明纹中心} \end{aligned}\right\} \quad k=1, 2, 3, \cdots \end{aligned} \tag{4.19}$$

图 4-18 画出了以 $\sin\theta$ 为横坐标的单缝衍射光强变化曲线及屏上光强明暗分布。考虑到 θ 一般较小，于是有

$$\theta \approx \sin\theta \approx \tan\theta = \frac{x}{f} \tag{4.20}$$

x 是各级衍射条纹中心在屏上的位置。

由式(4.19)得相邻暗(或明)纹中心的间距为

$$\Delta x = \frac{f}{a}\lambda \tag{4.21}$$

角宽度为

$$\Delta\theta = \frac{\lambda}{a} \tag{4.22}$$

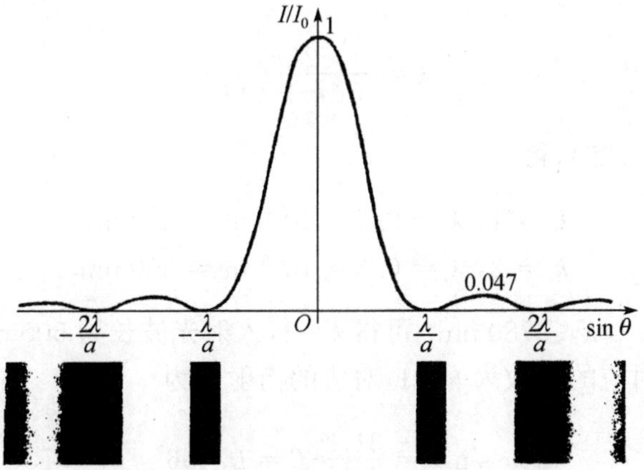

图 4-18 单缝衍射图样和光强分布

中央主极大的线宽度应是两侧第一级暗纹（$k=\pm 1$）中心的间距，即

$$\Delta x = x_1 - x_{-1} = 2\frac{f}{a}\lambda \tag{4.23}$$

角宽度为

$$\Delta\theta = \frac{2\lambda}{a} \tag{4.24}$$

可见中央主极大的宽度最大，约为其他次级衍射亮纹宽度的两倍。

式(4.24)表明，中央衍射主极大的宽度正比于波长 λ，反比于缝宽 a。这一关系又称为衍射反比律。缝越窄，衍射越显著；缝越宽，衍射越不明显。当缝宽 $a \gg \lambda$ 时，各级衍射亮纹将向中央靠拢，以至密集得无法分辨，只显示出单一的明条纹。这明条纹实际上就是线光源 S 通过透镜所成的几何光学的像，相当于从单缝射出的光是直线传播的平行光束。由此可见，光的直线传播现象，是光的波长较透光孔或缝（或障碍物）的线度小很多时，衍射现象不显著的情形。几何光学是以光的直线传播为基础的理论，所以几何光学实际上是波动光学在 $\frac{\lambda}{a} \to 0$ 时的极限情形。

例题 4.4 用一单色可见光进行单缝夫琅禾费衍射实验，缝宽 $a=0.5$ mm，缝后放置的透镜焦距 $f=100$ mm，在焦平面处的屏幕上形成衍射条纹，若屏上离中央明条纹中心距离为 1.5 mm 处的 P 点为一亮纹。试求：

(1) 入射光的波长；

(2) P 点条纹的级数和对应的衍射角；

(3) 狭缝处波面可分为几个半波带；

(4) 中央明条纹的宽度。

解：(1) 由式(4.19)、式(4.20)得明纹的位置公式

$$x = \frac{2k+1}{2} \cdot \frac{f\lambda}{a}$$

于是有

$$\lambda = \frac{2ax}{(2k+1)f} \tag{4.25}$$

k 取不同的值代入式(4.25),得

$$k=1,\ \lambda = 0.5\times10^{-6}\ \text{m} = 500\ \text{nm}$$
$$k=2,\ \lambda = 0.3\times10^{-6}\ \text{m} = 300\ \text{nm}$$

由可见光范围 390 nm $\leqslant \lambda \leqslant$ 780 nm，可得 $k=1$，入射光波长为 500 nm。

(2) P 点明条纹对应的级数为 $k=1$,对应的衍射角为

$$\sin\theta = \frac{3\lambda}{2a} \rightarrow \theta = 0.086^\circ$$

(3) 狭缝处波面所分的波带数与明纹对应级数的关系为

$$波带数 = 2k+1$$

因为 $k=1$,所以波面可分为 3 个半波带。

(4) 由式(4.23)得中央明纹的宽度为

$$\Delta x = \frac{2f\lambda}{a} = 2\times10^{-3}\ \text{m}$$

2. 矢量图解法

半波带法只是用于分析波面可以分割成整数个半波带的情况,更精细的讨论则应利用矢量图解法。这时把单缝波面分割成许多宽度相等且极窄的条形元波带,如图 4-19 所示,各元波带在衍射角 θ 对应的场点 P_θ 处产生的振幅相等,所以各元波带相应的元矢量长度相等,但辐角渐次增大。如图 4-20 所示,由 A 点作一系列等长的小矢量首尾相连,逐个转过一相同的小角度,最后到达 B 点,总共转过角度为

$$\delta = \frac{2\pi}{\lambda}a\sin\theta \tag{4.26}$$

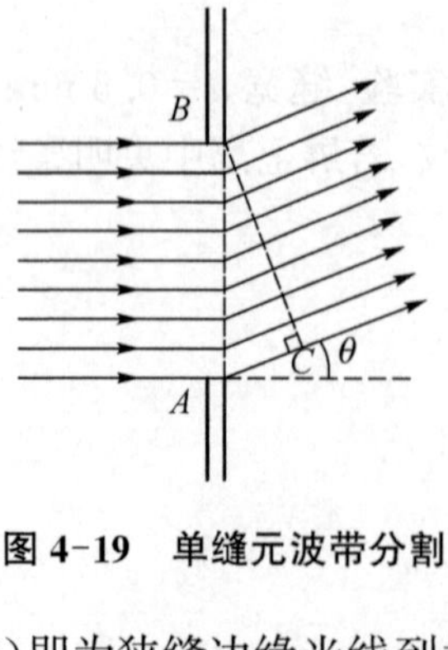

图 4-19　单缝元波带分割

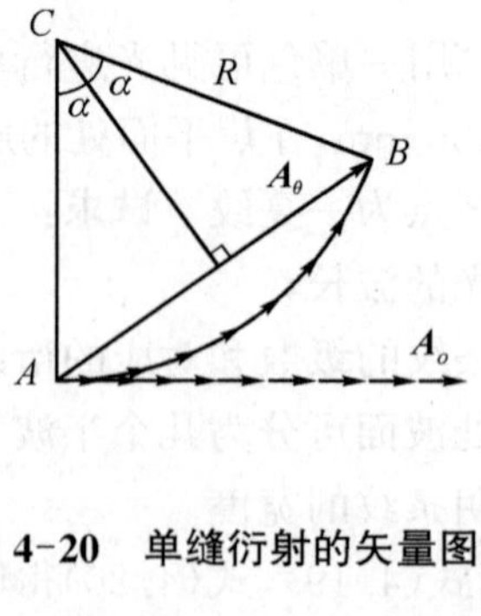

图 4-20　单缝衍射的矢量图解

式(4.26)即为狭缝边缘光线到场点 P_θ 的相位差。这里每一个小矢量代表单缝波前上一个元波带 ΔS 对 P_θ 处振动的贡献。取 $\Delta S\rightarrow 0$ 的极限后,由小矢量连成的折线变成圆弧,

设其圆心在 C 点，半径为 R，圆心角为 2α，且 $\delta = 2\alpha$。整个单缝波前在 P_θ 点产生的合振幅 A_θ 大小等于弦长 $\overline{AB}$。由图 4-20 可见

$$A_\theta = \overline{AB} = 2R\sin\alpha = \widehat{AB}\,\frac{\sin\alpha}{\alpha}$$

在 θ 较小时(傍轴条件下)，可忽略倾斜因子 $f(\theta)$ 的影响，即认为每一个元矢量的长度不随 θ 而变化，则将弧长 $\widehat{AB}$ 拉成直线，其长度就代表 $\theta = 0$ 时(即在观察屏中心点 P_o)的合振幅 A_o。于是可得

$$A_\theta = A_o\,\frac{\sin\alpha}{\alpha} \tag{4.27a}$$

其中

$$\alpha = \frac{\delta}{2} = \frac{\pi a}{\lambda}\sin\theta \tag{4.27b}$$

取式(4.27a)的平方，可得衍射角 θ 处的光强为

$$I_\theta = I_o\left(\frac{\sin\alpha}{\alpha}\right)^2 \tag{4.28}$$

这就是单缝夫琅禾费衍射的强度分布公式，对其取极值，可以得到式(4.19)所给出的结论。

3. 积分计算法

下面由菲涅耳-基尔霍夫衍射积分公式(4.6)，计算单缝衍射的光强分布。如图 4-21 所示，在傍轴条件下，可取 $F(\theta) = 1$。设单缝 AB 缝长为 b，则 $d\sigma = b\,dx$，设 r_0 为狭缝波前中心点 O 到屏上考察点 P_θ 的光程，波前上坐标为 x 的点 Q 到 P_θ 的光程为 r，则有

$$r = r_0 - x\sin\theta$$

其中 $\Delta = r - r_0$ 为光程差。由于狭缝很小，在傍轴条件下，可以不考虑球面波的振幅随距离的衰减，即认为 $\frac{E(\theta)}{r}$ 为常量。现将所有与 x 无关的因子归并于一个常数 C 中，于是根据式(4.6)，可得到 θ 方向衍射波振幅为

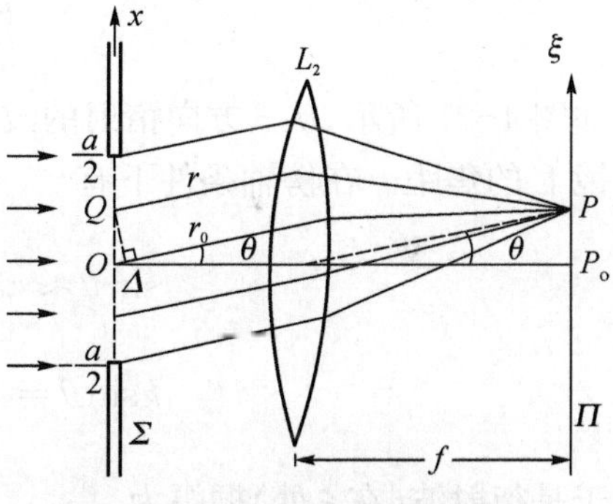

图 4-21 夫琅禾费单缝衍射积分计算示意图

$$\begin{aligned}E(\theta) &= \frac{-i}{2\lambda}\iint_{\Sigma}\frac{E(Q)}{r}e^{ikr}\,d\sigma \\ &= \frac{-i}{2\lambda}\int_{-\frac{a}{2}}^{\frac{a}{2}}\frac{E(Q)}{r}e^{ik(r_0 - x\sin\theta)}\,b\,dx \\ &= C\int_{-\frac{a}{2}}^{\frac{a}{2}}e^{-ikx\sin\theta}\,dx\end{aligned}$$

积分结果为

$$E(\theta)=\frac{2C}{k\sin\theta}\sin\left(\frac{ka\sin\theta}{2}\right)$$

其中 $k=\frac{2\pi n}{\lambda}=\frac{2\pi}{\lambda}$（对于空气 $n=1$）。取 $\alpha=\frac{\pi a}{\lambda}\sin\theta$ 与式(4.27)定义相同，于是有

$$E(\theta)=aC\,\frac{\sin\alpha}{\alpha} \tag{4.29a}$$

当 $\theta=0$ 时，$\alpha=0$，$\frac{\sin\alpha}{\alpha}=1$，则 $E(0)=aC$，式(4.29a)可写为

$$E(\theta)=E(0)\,\frac{\sin\alpha}{\alpha} \tag{4.29b}$$

式(4.29b)取绝对值平方，其中 $I_o=E^2(0)$ 为屏幕中心几何像点光强，于是可得单缝衍射光强公式为

$$I(\theta)=I_o\left(\frac{\sin\alpha}{\alpha}\right)^2 \tag{4.30}$$

式(4.30)正是用矢量图解法得到的结果式(4.28)。

***4. 夫琅禾费衍射与傅里叶变换**

我们再来分析衍射波

$$E(\theta)=C\int_{-\frac{a}{2}}^{\frac{a}{2}}\mathrm{e}^{-ikx\sin\theta}\,\mathrm{d}x$$

如图 4-21 所示，从 θ 方向衍射的波将聚焦在透镜 L 的焦平面 Π 上离中心 P_o 为 ξ 处，f 为透镜 L 的焦距。在傍轴条件下有

$$\begin{aligned}&\sin\theta\approx\tan\theta=\frac{\xi}{f}\\&k\sin\theta=\frac{2\pi}{\lambda}\frac{\xi}{f}\equiv2\pi P,\quad 且\left(P\equiv\frac{\xi}{\lambda f}\right)\end{aligned} \tag{4.31}$$

于是衍射波(在 ξ 处)振幅为

$$E(P)=C\int_{-\frac{a}{2}}^{\frac{a}{2}}\mathrm{e}^{-i2\pi Px}\,\mathrm{d}x \tag{4.32}$$

式(4.32)的积分范围是遍于狭缝的透光部分。我们可以用一个函数来表示狭缝的振幅透射率，称为狭缝透射函数或光孔函数：

$$f(x)=\begin{cases}1, & |x|\leqslant\frac{a}{2}\\0, & 其他\end{cases} \tag{4.33}$$

利用光孔函数 $f(x)$ 可以将式(4.32)写成

$$E(P)=C\int_{-\infty}^{\infty}f(x)\,\mathrm{e}^{-i2\pi Px}\,\mathrm{d}x \tag{4.34}$$

式(4.34)的积分实际上可以看成 $f(x)$ 的傅里叶积分。x 是空间坐标，而 P 的量纲是长度倒数，可以理解为空间频率(比较 ωt 与 Px)。可以证明，如将狭缝放在透镜的前焦面上，观察屏放在后焦面上，则式(4.34)积分中常数 $C=1$，这样式(4.34)就成为标准的傅里叶变换式

$$E(P)=\int_{-\infty}^{\infty} f(x)\mathrm{e}^{-i2\pi Px}\,\mathrm{d}x \tag{4.35}$$

这里 $f(x)$并不限于狭缝函数式(4.33)，它可以是代表任何形状的二维通光孔的孔函数，甚至可以是代表具有不同透射率的明暗图片的函数，此时式(4.35)将写成二维积分的形式。这样，在透镜后焦面上的夫琅禾费衍射场可以准确地实现衍射孔函数的傅里叶变换。利用式(4.35)，可以由观察屏上光的振幅分布函数 $E(P)$通过傅里叶逆变换求出衍射孔函数$f(x)$：

$$f(x)=\int_{-\infty}^{\infty} E(P)\mathrm{e}^{i2\pi Px}\,\mathrm{d}P \tag{4.36}$$

可见，数学上抽象的傅里叶运算变成了实实在在的物理过程，由此开拓出一个新的技术领域——相干光学计算技术；而从物理上看，为分析夫琅禾费衍射找到了一种有效的数学手段，有关傅里叶变换的许多数学定理可直接移植过来，作为分析夫琅禾费衍射场以及光学信息处理的理论指导，这就是傅里叶光学的出发点。

4.3.3 单缝衍射因子的讨论

由式(4.30)，单缝衍射的相对光强 $\dfrac{I}{I_0}=\left(\dfrac{\sin\alpha}{\alpha}\right)^2$，$\left(\dfrac{\sin\alpha}{\alpha}\right)^2$ 称为单缝衍射因子，它的变化曲线已由图 4-18 所示。

在 $\alpha=0$ 时(对应于 $\theta=0$ 的 P_0点)有主极大 $\dfrac{I}{I_0}=1$，称为零级衍射条纹，其中心点 P_0是所有光束等光程干涉相长的位置，也即几何光学像点。

当 $\alpha=\pm k\pi$ ($k=1, 2, 3, \cdots$)时，$\sin\alpha=0$，$I=0$，光强最小。由 $\alpha=\dfrac{\pi a}{\lambda}\sin\theta$ 可得光强极小值满足条件为

$$a\sin\theta=\pm k\lambda \qquad k=1, 2, 3, \cdots \tag{4.37}$$

这与上述半波带法获得的结论一致。

在相邻两光强极小值之间有光强次极大，又称为高级衍射条纹，其中心位置由以下极值条件决定：

$$\frac{\mathrm{d}}{\mathrm{d}\alpha}\left(\frac{\sin\alpha}{\alpha}\right)^2=0$$

即

$$\tan\alpha=\alpha \tag{4.38}$$

为求解 α 可以采用数值计算，也可以采用作图法。如图 4-22 所示，作曲线 $y=\tan\alpha$ 和直线 $y=\alpha$，二者交点对应的横坐标 α 即为式(4.38)的解。即

$$\alpha \approx \pm 1.43\pi, \pm 2.46\pi, \pm 3.47\pi, \cdots$$

或者

$$a\sin\theta \approx \pm 1.43\lambda, \pm 2.46\lambda, \pm 3.47\lambda, \cdots$$

这与半波法获得的结论基本一致。将其代入式(4.30),可求出响应次极大的相对强度为

$$\frac{I}{I_0} = 0.047, 0.017, 0.008, \cdots$$

可见各光强次极大的中心大致位于相邻暗点的中间,而且次极大的强度远小于中央亮纹的强度,即使第一级次极大的强度也不到中央主极大的5%,故经衍射后,绝大部分光能集中在零级衍射条纹内。

中央主极大(零级主极大)和次级衍射极大的角宽度以及衍射反比关系等已在半波带法讨论中给出,见式(4.21)~式(4.24)。

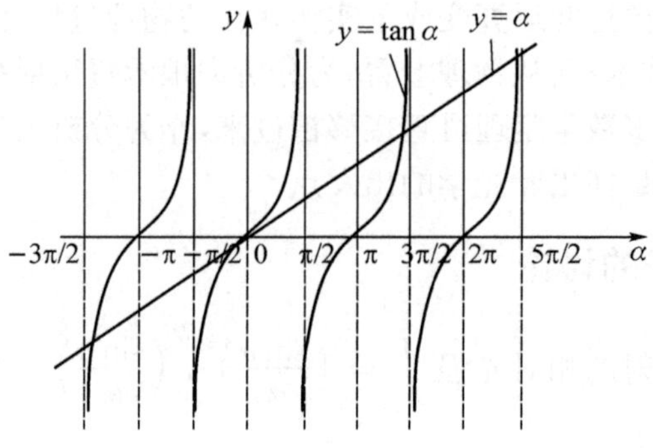

图 4-22 图解法求次极大位置

4.4 夫琅禾费圆孔衍射 光学仪器的像分辨本领

4.4.1 夫琅禾费圆孔衍射

大多数光学仪器的光瞳是圆形的,讨论夫琅禾费圆孔衍射对于分析光学仪器的衍射现象和成像质量具有重要意义。观察圆孔夫琅禾费衍射,仍使用图 4-15 所示装置,衍射屏换成带圆孔的光屏。圆孔衍射图样如图 4-23 所示,它由中央亮斑和一些亮暗相间的同心环组成。

图 4-23 夫琅禾费圆孔衍射图样

对于圆孔衍射复振幅和强度的计算,仍根据菲涅耳-基尔霍夫衍射积分公式(4.6),且上节单缝衍射的推论仍然成立,只是在求 $E(\theta)$ 时将积分区域 Σ 改成圆孔透光区域,并且基于圆孔衍射的轴对称性,采用极坐标形式进行积分计算。设圆孔半径为 R,圆孔中心位于光轴上,定义圆孔函数为

$$f(r,\ \varphi)=\begin{cases}1 & r\leqslant R\\ 0 & r>R\end{cases} \tag{4.38}$$

按照上节的分析方法，θ方向衍射波振幅为

$$E(P,\ q)=k_0\int_{-\infty}^{\infty}f(x,\ y)\mathrm{e}^{-2\pi i(xP+yq)}\,\mathrm{d}x\mathrm{d}y \tag{4.39}$$

其中

$$P=\frac{\xi}{\lambda f},\quad q=\frac{\eta}{\lambda f}$$

ξ, η是观察屏Π上的直角坐标，λ是波长，f是透镜的焦距。而$f(x,y)$是屏Σ上的孔函数。观察屏Π上也应采用极坐标形式，则有

$$r=\sqrt{x^2+y^2},\ \varphi=\tan^{-1}\frac{y}{x},x=r\cos\varphi,\ y=r\sin\varphi$$

$$\rho=\sqrt{\xi^2+\eta^2},\ \psi=\tan^{-1}\frac{\eta}{\xi},\xi=\rho\cos\psi,\ \eta=\rho\sin\psi$$

$$\mathrm{d}x\mathrm{d}y=r\mathrm{d}r\mathrm{d}\varphi$$

$$P=\frac{\xi}{\lambda f}=\frac{\rho}{\lambda f}\cos\psi,\ q=\frac{\eta}{\lambda f}=\frac{\rho}{\lambda f}\sin\psi$$

可得到屏上以极坐标ρ, ψ表示的振幅为

$$\begin{aligned}E(\rho,\ \psi)&=\int_0^{\infty}\int_0^{2\pi}f(r,\ \varphi)\mathrm{e}^{-i\frac{2\pi}{\lambda f}(r\rho\cos\varphi\cos\psi+r\rho\sin\varphi\sin\psi)}r\mathrm{d}r\mathrm{d}\varphi\\&=\int_0^{\infty}\int_0^{2\pi}f(r\varphi)\mathrm{e}^{-i\frac{k}{f}r\rho\cos(\varphi-\psi)}r\mathrm{d}r\mathrm{d}\varphi\\&=\int_0^{R}\int_0^{2\pi}\mathrm{e}^{-ik\frac{r\rho}{f}\cos(\varphi-\psi)}r\mathrm{d}r\mathrm{d}\varphi\end{aligned} \tag{4.40}$$

利用零阶贝塞耳函数的积分表示

$$J_0(x)=\frac{1}{2\pi}\int_0^{2\pi}\mathrm{e}^{ix\cos\varphi}\mathrm{d}\varphi$$

$$J_0(-x)=J_0(x)$$

$$E(\rho,\ \psi)=\int_0^{R}r\mathrm{d}r\int_0^{2\pi}\mathrm{e}^{-i\frac{k\rho r}{f}\cos(\varphi-\psi)}\mathrm{d}\varphi=2\pi\int_0^{R}J_0\left(\frac{k\rho r}{f}\right)r\mathrm{d}r$$

又利用贝塞耳函数的递推关系：

$$\frac{\mathrm{d}}{\mathrm{d}x}\{xJ_1(x)\}=xJ_0(x)$$

$$\int xJ_0(x)\mathrm{d}x=xJ_1(x)$$

得

$$E(\rho,\psi)=2\pi\left(\frac{k\rho}{f}\right)^{-2}\int_0^{R}J_0\left(\frac{k\rho r}{f}\right)\left(\frac{k\rho r}{f}\right)\mathrm{d}\left(\frac{k\rho r}{f}\right)$$

$$= \frac{2\pi f^2}{k^2\rho^2}\left[\left(\frac{k\rho r}{f}\right)J_1\left(\frac{k\rho r}{f}\right)\right]_0^R$$

$$= \frac{2\pi f^2}{k^2\rho^2}\left(\frac{k\rho R}{f}\right)J_1\left(\frac{k\rho R}{f}\right)$$

$$E(\rho,\ \psi) = \pi R^2\ \frac{2J_1\left(\frac{k\rho R}{f}\right)}{\frac{k\rho R}{f}} \tag{4.41}$$

考虑到对衍射角 θ，有 $\sin\theta = \frac{\rho}{f}$，则式(4.41)可写为

$$E(\rho,\psi) = \pi R^2\ \frac{2J_1(kR\sin\theta)}{kR\sin\theta} \tag{4.42}$$

因此，圆孔衍射的光强分布为

$$I(\rho,\psi) = I_o\left[\frac{2J_1(\alpha)}{\alpha}\right]^2,\qquad \alpha = kR\sin\theta \tag{4.43}$$

式中，I_o是衍射图样中心(对应 $\alpha = 0$ 或 $\theta = 0$ 的 P_o点)的光强。

图 4-24 为圆孔衍射光强分布，衍射图样则由图 4-23 所示。中心亮斑为零级主极大，此圆斑又称为"艾里斑"，艾里斑外围有一些明暗相间的圆环，随着半径的增大各亮环的强度急剧下降。式(4.43)中一阶贝塞耳函数 $J_1(\alpha)$ 的数值可查有关数学手册，在中心亮斑(艾里斑)附近光强极小和光强次极大的位置及对应的相对强度分布如下

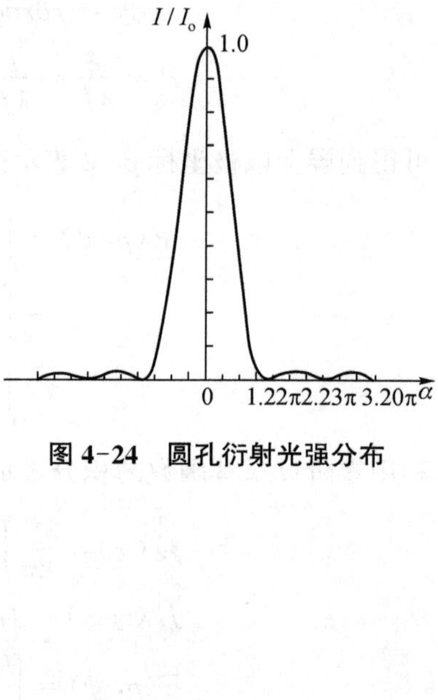

图 4-24 圆孔衍射光强分布

光强极值位置：$\alpha = 0,\ 1.22\pi,\ 1.63\pi,\ 2.23\pi,\ 2.68\pi,\ 3.24\pi,\ \cdots$

相对强度：$I_\theta/I_o = 1$(主极大)，

$=0$(第一极小)，

$=0.017\ 5$(第一次极大)，

$=0$(第二极小)，

$=0.004\ 2$(第二次极大)，

$=0$(第三极小)，

……

可见总能量的 84 %集中在中央零级衍射斑(艾里斑)中，其中心就是几何光学的像点。艾里斑的大小可用第一暗环(第一极小)的角半径 $\Delta\theta$ 来衡量。由一阶贝塞耳函数的第一个零点：$\alpha = kR\sin\theta = 1.22\pi$，可得到艾里斑的角半径为

$$\Delta\theta \approx \sin\theta = \frac{1.22\pi}{kR} = \frac{1.22\pi}{\frac{2\pi}{\lambda}R} = 0.61\,\frac{\lambda}{R} = 1.22\,\frac{\lambda}{D} \tag{4.44}$$

线半径为

$$\rho = \Delta\theta \cdot f = 1.22\frac{\lambda f}{D} \tag{4.45}$$

其中 $D = 2R$ 是衍射圆孔的直径。式(4.45)表明,圆孔衍射效应与圆孔直径成反比。当 $D \gg \lambda$ 时,$\rho \to 0$,此时可以忽略衍射效应,这正是几何光学适用的条件。

4.4.2 光学成像仪器的分辨本领

光学成像系统的分辨本领是指系统能分辨开两个靠近物点的能力,它是光学成像系统的重要指标。从几何光学的观点看,如果不考虑像差等因素,则点物可以通过成像系统形成点像,因此系统对可以分辨的两物点的最小间距是没有限制的,即像分辨本领是无限的。而实际上,由于衍射的存在,每个物点在像面上形成的是有一定大小的衍射斑,当两物点相距很近时,相应的衍射斑因部分交叠而变得模糊甚至不可分辨。所以,即使是理想的成像系统,由于光的波动性,它的分辨本领也要受到衍射的限制。

在大多数光学仪器中,光阑、透镜等光学元件都会形成有限大小的圆形透光孔,相当于圆形衍射孔,因此在无像差的理想光学系统中,其分辨本领由圆孔夫琅禾费衍射所形成的衍射图样所决定,实际上就是由艾里斑的大小所决定。为简化问题,我们假定要分辨的两物点的亮度相同,且两物点发出的光是非相干的,它们在像平面的光强分布是各自所形成像斑的光强度的叠加。

1. 瑞利判据

两个靠近的点状物或一个物体上的两点发出的光通过透镜或衍射圆孔成像时,会形成两个衍射斑(艾里斑),它们的像就是这两个衍射斑的非相干叠加。如果两个艾里斑之间的距离过近,斑点过大,则两个物点的像就不能分辨,像也就不清晰了,如图 4-25(a)所示;如果两个艾里斑相距不很近,则可以明确地判断是两个物点所成的像,如图 4-25(c)所示。那么两个物点相距多近才算能分辨呢?瑞利(J. W. Rayleigh)提出了一个分辨的标准,称为"瑞

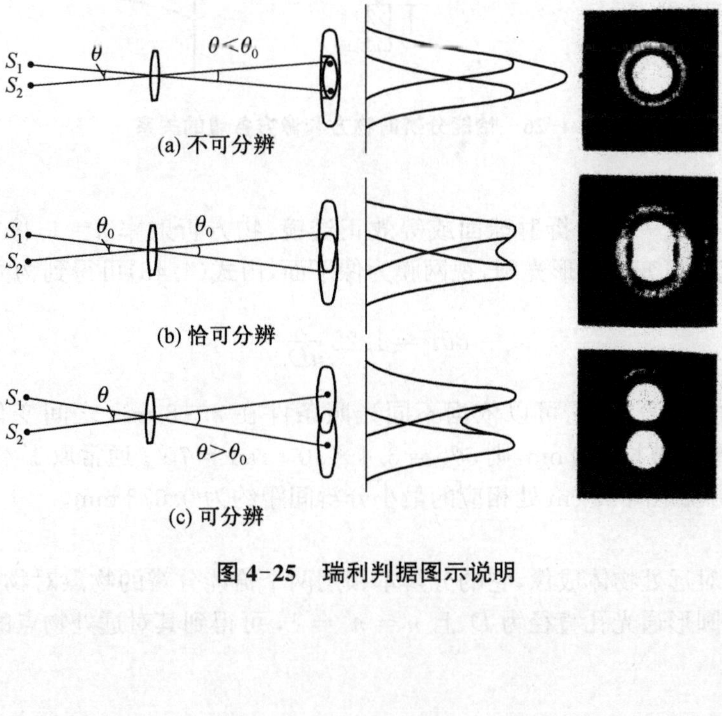

图 4-25 瑞利判据图示说明

利判据”，认为：对于两个强度相等的不相干的光点（物点），一个光点的衍射斑的主极大中心刚好和另一个光点衍射斑的第一个极小位置相重合时，两个衍射斑的合成光强的明、暗比约为 0.8，这时两个像斑或相应光点（物点）恰为光学仪器或人眼睛所能分辨的极限，如图 4-25(b)所示。

2. 成像仪器的分辨本领

以透镜为例，在刚好满足瑞利判据时物方和像方各量的关系如图 4-26 所示。两物点 S_1 和 S_2 以及对应像斑中心 P_1 和 P_2，在此临界情况下对透镜中心的张角分别为 $\delta\theta$ 和 $\delta\theta'$，将 $\delta\theta$ 和 $\delta\theta'$ 分别称为物方和像方的最小分辨角，又称分辨极限。根据瑞利判据，此时每一艾里斑的半角宽 $\Delta\theta$ 恰等于两像斑中心角距离 $\delta\theta'$，利用式(4.44)可得

$$\delta\theta' = 1.22\frac{\lambda'}{D} = 1.22\frac{\lambda}{n'D} \tag{4.46}$$

式中，λ 为真空中波长，n' 为像方折射率。设物方折射率为 n，利用折射定律的傍轴近似形式

$$n\delta\theta = n'\delta\theta' \tag{4.47}$$

可得到物方最小分辨角为

$$\delta\theta = 1.22\frac{\lambda}{nD} \tag{4.48}$$

不同类型的光学成像系统，其分辨本领有不同的表示方式。下面分别讨论几种常见的光学仪器的分辨极限。

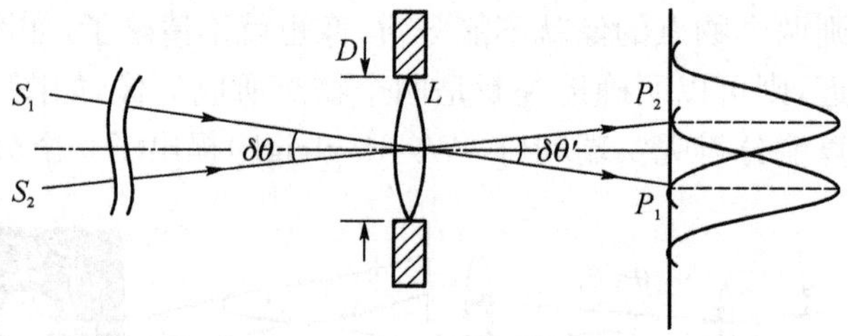

图 4-26 恰能分辨时物方和像方各量的关系

1）眼睛

人的眼睛可看成一等效折射球面或等效正透镜，物方折射率 $n=1$，像方折射率 $n'=1.336$，瞳孔为直径可变的圆形光阑，视网膜为像平面，由式(4.48)可得到物方最小分辨角为

$$\delta\theta_e = 1.22\frac{\lambda}{nD_e} \tag{4.49}$$

式中，D_e 为瞳孔直径，它可以依据不同光照条件在 2～8 mm 之间变化。若取 $D_e = 2$ mm、λ 为白光平均波长 550 nm，则 $\delta\theta_e = 3.4\times10^{-4}$ rad $= 70''$。通常取 $1'$ 作为人眼睛的最小分辨角，它在明视距离 25 cm 处相应的最小分辨间距约为 0.073 mm。

2）望远镜

望远镜用于对远处物体成像，它的分辨本领用两个恰能分辨的物点对物镜的张角表示。设望远镜物镜的圆形通光孔直径为 D，且 $n=n'=1$，可得到其对远处物点的最小分辨角为

$$\delta\theta = \delta\theta' = 1.22\frac{\lambda}{D} \tag{4.50}$$

式(4.50)表明，望远镜物镜的直径 D 越大，最小分辨角越小，分辨本领越高。目前大型天文望远镜的直径可达 16 m 以上。由于式中 $\delta\theta$ 很小，人眼不能直接分辨，需利用目镜将其放大到人眼可分辨的视角 $\delta\theta_e$，以达到最佳效果。满足这一要求的角放大率(又称正常放大率或有效角放大率)为

$$M = \frac{\delta\theta_e}{\delta\theta} = \frac{D}{D_e} \tag{4.51}$$

若实际的 M 值小于式(4.51)，则物镜的高分辨能力不能充分利用。通常 M 的设计应稍大于式(4.51)之值。

由此可见，望远镜分辨本领的提高本质上依赖于物镜的大口径，而目镜的作用则是将根据瑞利判据已经分离开的两像斑放大到人眼可以观察的程度。结构合理的望远镜设计时应使它的放大率和分辨本领相适应。

3) 照相物镜

照相机一般用于对较远的物体成像，并且所成的像由感光底片记录，底片位置与照相物镜的焦面大致重合。设照相物镜的孔径为 D，焦距为 f，$n = n' = 1$，则它能分辨的像方(感光底片上)两直线的最小距离为

$$\delta y' = f\delta\theta' = 1.22\frac{\lambda f}{D} \tag{4.52}$$

照相物镜的分辨本领通常用像面上每毫米能分辨的直线数 N 来表示，显然有

$$N = \frac{1}{\delta y'} = \frac{1}{1.22\lambda}\cdot\frac{D}{f} \tag{4.53}$$

式中，$\dfrac{D}{f}$ 称为物镜的相对孔径。照相物镜的相对孔径越大，其分辨本领越高。

由于摄影系统的分辨率还受到感光底片分辨率的限制，其效应往往大于衍射效应。为了充分利用照相物镜的分辨能力，所使用感光底片的分辨本领应该大于或等于物镜的分辨本领。

4) 显微镜

显微镜用于观察近处微小物体，其分辨本领用物方最小分辨距离表示。

如图 4-27 所示，对显微物镜其物方孔径角 u 通常较大，不满足傍轴近似；而像方孔径角 u' 较小，满足傍轴近似。故可根据式(4.46)首先得到像方最小分辨距离为

$$\delta y' = l\delta\theta' = 1.22\frac{\lambda l}{n'D} \tag{4.54a}$$

将式(4.54a)代入物镜所满足的正弦条件

$$n\delta y\sin u = n'\delta y'\sin u'$$

式中，u 和 u' 分别为物点和艾里斑中心对物镜的张角，并利用傍轴近似时图 4-27 所示几何

关系 $\sin u' \approx \dfrac{D/2}{l}$，可得到物方最小分辨距离为

$$\delta y = \frac{0.61\lambda}{n\sin u} \tag{4.54b}$$

式中，$\sin u$ 称为显微镜物镜的数值孔径，通常记为 N. A。式(4.54b)给出了显微镜能够分辨的两个物点的最小间距。

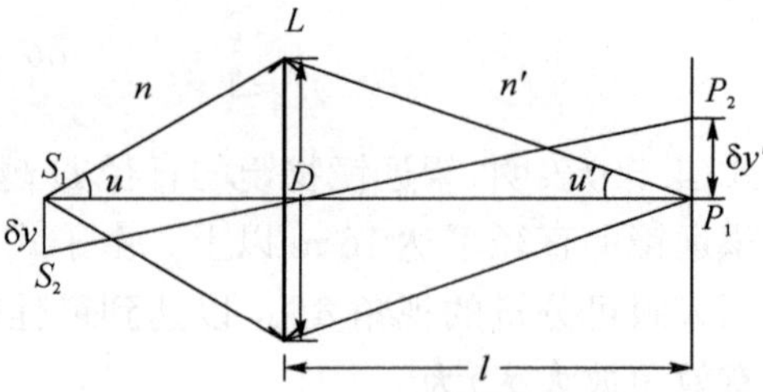

图 4-27 显微物镜的分辨极限

可见，为提高显微镜分辨本领，一方面可以增大数值孔径，如减小物镜焦距或在物空间浸以高折射率的液体油，后者称为油浸物镜，但这种方法对增大 N. A 的作用有限；另一方面可采用短波长光束，如电子显微镜，利用电子的波动性，当加速电压为几十万伏时，电子波长数量级为 $\lambda \sim 10^{-3}$ nm，比可见光波长小 10^{-4} 倍，其分辨本领可比普通显微镜提高约 10^4 倍。

例题 4.5 在通常亮度下，人眼瞳孔直径约为 3 mm，问人眼的最小分辨角是多大？远处两根细丝之间的距离为 2.0 mm，问细丝离开多远时人眼恰能分辨？

解：视觉最敏感的黄绿光波长 $\lambda = 550$ nm，由式(4.49)得人眼的最小分辨角为

$$\delta\theta = 1.22\frac{\lambda}{D} = 1.22 \times \frac{550 \times 10^{-9}}{3 \times 10^{-3}} = 2.24 \times 10^{-4}(\text{rad}) \approx 1'$$

设细丝间距为 Δs，人与细丝相距 L，则两丝对人眼的张角 θ 为

$$\theta = \frac{\Delta s}{L}$$

恰能分辨时应有 $\theta = \delta\theta$，于是有

$$L = \frac{\Delta s}{\delta\theta} = \frac{2.0 \times 10^{-3}}{2.24 \times 10^{-4}} = 8.9(\text{m})$$

超过上述距离 L，则人眼不能分辨。

4.5 多缝夫琅禾费衍射

4.5.1 实验装置和衍射图样

本节在夫琅禾费单缝衍射的基础上来讨论夫琅禾费多缝衍射问题，这是研究衍射光栅的基础。在图 4-15 所示的单缝夫琅禾费衍射装置中，将单缝衍射屏换成有多个平行等宽等间距狭缝的衍射屏，并使狭缝的取向与线光源平行，使之成为一个研究多缝夫琅禾费衍射的装置，其平面图如图 4-28 所示。假设多缝衍射屏的总缝数为 N，每条通光狭缝的宽度仍为 a，缝间不透明部分的宽度为 b，则相邻狭缝中心的间距 $d = a + b$。图 4-29 给出了在平行线光源照射下，具有不同狭缝数目 N 的衍射屏形成的衍射图样。由图可见，与单缝衍射相比，多缝衍射图样中出现了一系列新的强度极大和极小，其中较强的亮线称为主极大，较弱的亮

线称为次极大；随着多缝数目 N 的增大，这些亮线变得愈加明亮和狭窄；多缝衍射强度较大的亮线集中在单缝衍射图样的中央亮纹范围内，即保留了单缝衍射的痕迹。

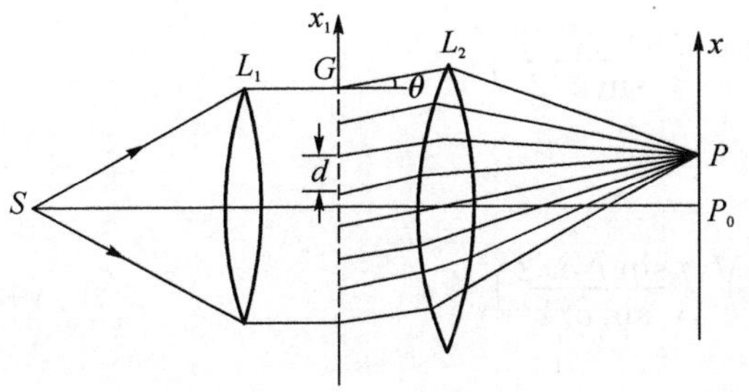

图 4-28 多缝夫琅禾费衍射装置

图 4-29 多缝夫琅禾费衍射图样

4.5.2 强度分布公式

对于多缝衍射图样的光强分布，可以直接利用衍射积分公式进行计算；也可以将多缝衍射图样的形成看作是多个狭缝各自的衍射和这些衍射光之间的干涉的共同效应，即利用已经得到的单缝衍射的结果，再考虑多束衍射光的干涉进行计算。后一种方法计算简化，且物理图像十分清晰。下面我们将用这种方法来计算和讨论多缝夫琅禾费衍射的强度分布。

由 4.3.2 节的分析可知，单缝衍射在 θ 方向的衍射光振幅和强度分布分别为

$$A_\theta = A_\circ \frac{\sin\alpha}{\alpha}, \quad I_\theta = I_\circ \left(\frac{\sin\alpha}{\alpha}\right)^2 \tag{4.55}$$

其中

$$\alpha = \frac{\delta}{2} = \frac{\pi a}{\lambda}\sin\theta \tag{4.56}$$

可以证明，衍射屏上的单缝上下平移时，观察屏上的单缝衍射图样不会改变。因此，若将图 4-28装置中 N 条通光狭缝轮流开放，观察屏上将获得完全相同的单缝衍射图样。而当 N 条通光狭缝同时开放时，由于各个狭缝光源之间是相干的，屏上实际呈现的并非各个单缝衍射光强的叠加，而是多缝之间的干涉叠加，强度将发生重新分布，在 θ 方向上，对应透镜后焦面的 P 点的总振幅应是各条狭缝在 P 点产生复振幅的叠加。由图 4-28 可知，相邻狭缝在 P 点产生的光程差和相应的相位差分别为

$$\Delta = d\sin\theta, \quad \delta = \frac{2\pi}{\lambda}\Delta = \frac{2\pi}{\lambda}d\sin\theta$$

多缝在 P 点产生的振动是 N 个振幅均为 A_θ、且相邻光束相位差均为 δ 的多光束干涉的结果。根据第三章 3.5.1 节的计算，等光强多光束干涉在 P 点处的强度由式(3.52)给出，即

$$I_P = |A_P|^2 = a^2 \frac{\sin^2 \frac{N\delta}{2}}{\sin^2 \frac{\delta}{2}} \tag{4.57}$$

将式(4.57)中 a 用每个狭缝在 P 点处的单缝衍射光振幅 A_θ 的表示式(4.55)代入，可得

$$I_P = I_o \left(\frac{\sin\alpha}{\alpha}\right)^2 \left(\frac{\sin N\delta/2}{\sin\delta/2}\right)^2$$

我们仍将 P 点位置用衍射角 θ 表示，即

$$I_\theta = I_o \left(\frac{\sin\alpha}{\alpha}\right)^2 \left(\frac{\sin N\delta/2}{\sin\delta/2}\right)^2 \tag{4.58}$$

其中

$$\alpha = \frac{\pi}{\lambda} a \sin\theta, \quad \delta = \frac{2\pi}{\lambda} d \sin\theta \tag{4.59}$$

式(4.59)便是 N 缝衍射的强度分布公式，它包含了两个随衍射角 θ 变化的因子，其中 $\left(\frac{\sin\alpha}{\alpha}\right)^2$ 来源于单缝衍射，称为单缝衍射因子；而 $\left(\frac{\sin N\delta/2}{\sin\delta/2}\right)^2$ 来源于各个狭缝衍射光束间的干涉，称为缝间干涉因子。单缝衍射因子与单缝本身的性质有关，而缝间干涉因子则来源于狭缝的周期性排列，与单缝本身的性质无关。式(4.59)表明多缝衍射是衍射和干涉两种效应共同作用的结果。

4.5.3 缝间干涉因子的特点

图 4-30 画出了不同缝数 N 对应的缝间干涉因子的强度变化曲线。为便于比较，将纵坐标依次缩小 N^2 倍。结合第 3 章 3.5.1 节的讨论，可以得到以下特点：

(1) 当 $\delta = 2k\pi$ ($k = 0, \pm1, \pm2, \cdots$) 时，缝间干涉因子为极大，此时衍射角 θ 满足

$$d\sin\theta = k\lambda \ (k = 0, \pm1, \pm2, \cdots) \tag{4.60}$$

即在该 θ 角方向上出现主极大，其强度是每一条单缝在该方向衍射强度的 N^2 倍。式(4.60)还表明，主极大位置与缝数 N 无关。此外，由于 $|\sin\theta| < 1$，主极大的级数是有限制的，式(4.60)表明，主极大的最大级数为 $|k_m| < d/\lambda$。例如，若 $\lambda = 0.4d$，则只可能有 $k = 0, \pm1, \pm2$ 级主极大。

(2) 当 $\delta = 2\left(k + \frac{k'}{N}\right)\pi (k' = 1, 2, \cdots, N-1)$ 时，缝间干涉因子为零，即衍射角 θ 满足

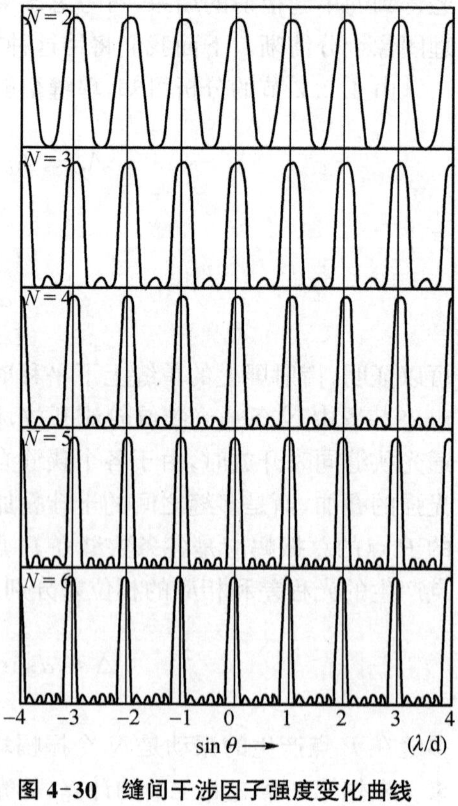

图 4-30 缝间干涉因子强度变化曲线

$$d \sin\theta = (k + \frac{k'}{N})\lambda \quad (k' = 1, 2, \cdots, N-1) \tag{4.61}$$

光强为极小。不难看出，在相邻两主极大之间有 $N-1$ 个极小（暗线），相邻暗线之间则有 $N-2$ 个次极大。这些次极大的精确位置和强度可通过缝间干涉因子求极值点及相应的极值运算而得出，它们的强度比主极大要小得多，而且随级次增加很快衰减，因此在实际问题中可忽略。多缝干涉的结果使得各条亮纹变得细且明亮，在亮纹之间则是一段几乎黑暗的背景。

(3) 对于主极大（亮线）的宽度，可以用其两侧的暗线中心之间的间距表示，即主极大中心到其一侧零点之间的角距离定义为主极大（亮线）的半角宽度 $\Delta\theta$。由

$$\sin\theta_k = k\frac{\lambda}{d},\ \sin(\theta_k + \Delta\theta) = \left(k + \frac{1}{N}\right)\frac{\lambda}{d}$$

因 $\Delta\theta$ 很小，可以有微分式

$$\cos\theta_k \Delta\theta \approx \sin(\theta_k + \Delta\theta) - \sin\theta_k$$

联立以上两式，可以得到第 k 级主极大的半角宽为

$$\Delta\theta = \frac{\lambda}{Nd\cos\theta_k} \tag{4.62}$$

式中，θ_k 为 k 级主极大相应的衍射角。由式(4.62)可见，主极大的半角宽 $\Delta\theta$ 与缝数 N 成反比，缝数越多，亮纹越细，锐度越大。

4.5.4 单缝衍射因子的作用

以上我们只讨论了缝间干涉因子的特征，实际的强度分布还要乘以单缝衍射因子。图4-31(a)为单缝衍射因子曲线，图4-31(b)为 $N=5$ 的多缝干涉因子曲线。两因子相乘得到的曲线就是实际的5缝衍射的强度分布曲线，如图4-31(c)所示。由图4-31(c)可见，各级主极大的强度不等，零级主极大强度最大，其余各级主极大的强度要受到单缝衍射因子的调制。单缝衍射因子为缓变项，其决定了强度分布包络线的形状；而缝间干涉因子为迅变项，其决定了包络线的幅度（N^2 倍）、主极大的位置和半角宽度等。

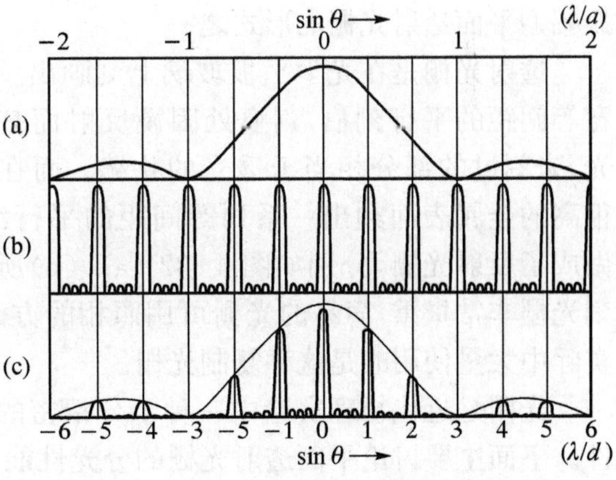

图4-31 5缝衍射的强度分布曲线

由于多缝衍射是缝间干涉因子与单缝衍射因子的乘积，因此在衍射图样中会出现主极大的缺级现象，即当某一 θ 角方向的干涉主极大正好对应单缝衍射极小，那么该方向多缝衍射强度也为零，该级主极大消失。由上节分析可知，缝间干涉主极大的位置满足 $d\sin\theta = k\lambda$，而从4.3.2节可知，单缝衍射极小的位置由 $a\sin\theta = m\lambda$ 决定，因此可得缺级条件为

$$k = \frac{d}{a} m \quad (m = \pm 1, \pm 2, \cdots) \tag{4.63}$$

这时第 k 级主极大位置正好位于单缝衍射第 m 个零点的位置，这些级次的主极大缺级。图 4-31(c)绘出的是 $d=3a$ 的情形，故 ±3，±6，… 各级为缺级。

此外，由于单缝衍射因子的调制作用，显然只有包含在单缝衍射中央极大范围内的各级主极大才有比较大的强度，而落在单缝衍射其他极大范围内的主极大的强度很小，并迅速衰减。因此，对于多缝衍射一般只考虑单缝衍射中央极大范围内的亮线。

总之，多缝夫琅禾费衍射，由狭缝间距 d 给出了各主极大的位置；单缝衍射因子影响光强在各主极大之间的分配。当缝数 N 增大时，光能量向主极大位置集中，亮纹变得愈加细而尖锐。

4.6 衍 射 光 栅

衍射光栅通常是指由大量(数千乃至数万)个等宽和等间距的平行狭缝排列而成的光学元件，基于夫琅禾费多缝衍射效应进行工作。然而近代光栅的种类已经很多，有些光栅的衍射单元也不再是通常意义下的狭缝。因此，对光栅的一般定义应该是：能对入射光的振幅和相位或二者之一进行空间周期性调制的光学元件。

衍射光栅的种类很多，依据其工作方式，可以分为透射光栅和反射光栅；根据其对光波的调制方式，可以分为振幅型光栅和相位型光栅；根据光栅工作表面的形状，可分为平面光栅和凹面光栅；按其对入射波调制的空间，又可分为二维平面光栅和三维立体光栅；按制作方式的不同，还可分为机刻光栅、复制光栅和全息光栅等。上节所讨论的多缝衍射屏，就是振幅型平面透射光栅的形式之一。

透射光栅是在光学平板玻璃上刻画出一系列等宽等间距的平行刻痕，刻痕处因漫反射而基本不透光，未刻过的部分相当于透光的狭缝。而在光洁度很高的金属表面刻出一系列等间距的平行细槽，则做成了反射光栅，分别如图 4-32 (a)、(b)所示。原刻光栅非常贵重，简易的光栅可用照相的方法制造，实际中大量使用的是这种复制光栅。

光栅是近代物理实验中一种十分精密的分光元件。下面主要讨论平面透射光栅的分光性能。

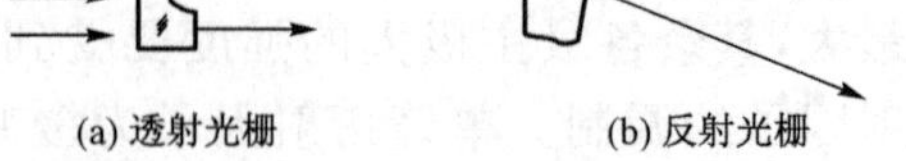

图 4-32 光栅(断面)

4.6.1 光栅的分光性能

1. 光栅方程

在多缝夫琅禾费衍射的分析中已经得到，平行光正入射时干涉主极大的位置公式为

$$d \sin\theta = k\lambda \quad (k = 0, \pm 1, \pm 2, \cdots) \tag{4.60}$$

在光栅衍射中，式(4.60)称为光栅方程，狭缝间距 d 称为光栅常数，第 k 级主极大称为

光栅的第 k 级谱线。容易证明，平行光正入射时光栅的各级谱线以轴上点为中心在两侧对称分布。光栅方程是设计和使用光栅的基本方程。但式(4.60)只适用于入射光垂直照射光栅的情况，对于更加普遍的斜入射情形，光栅方程的形式有所不同。当平行光斜入射时，对于图 4-33(a)，(b)所示的情况，相邻狭缝间光程差分别为

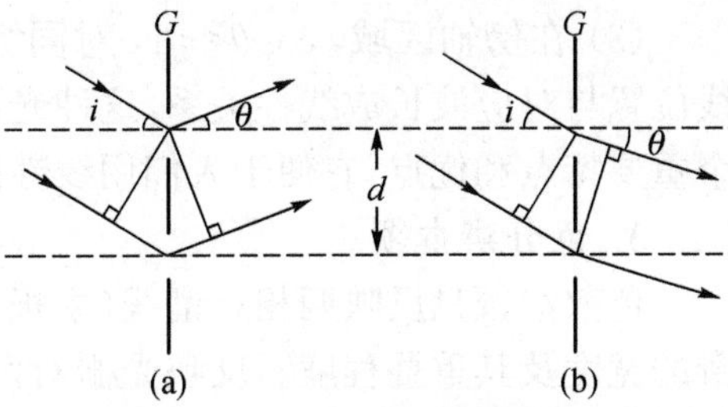

图 4-33 平行光斜入射时缝间光程差的计算

$$\Delta = d(\sin i \pm \sin\theta)$$

方程(4.60)应改写为

$$d(\sin i \pm \sin\theta) = k\lambda \quad (k = 0, \pm 1, \pm 2, \cdots) \tag{4.64}$$

其中 i 为入射角，θ 为衍射角。若衍射光与入射光在光栅面法线的同侧，式(4.64)取正号；若衍射光与入射光在光栅面法线的两侧，式(4.64)取负号。

光栅方程表明：对于给定光栅常数 d 的光栅，主极大的位置 θ 与波长 λ 有关。当用复色光照射时，除零级外，不同波长的同级主极大出现在不同位置上，即发生色散现象，这就是光栅的分光原理。各种波长同级谱线的集合构成光源的一套光谱。而光栅光谱与棱镜光谱的一个重要区别就是，光栅光谱一般有许多级，而棱镜光谱只有一套。

2. 色散本领

色散本领表示不同波长的两个主极大(亮线)分开的程度。衡量光栅的色散本领可以用角色散本领 D_θ 和线色散本领 D_l 两个参量来表示，其定义为

$$D_\theta = \frac{\delta\theta}{\delta\lambda} \tag{4.65}$$

$$D_l = \frac{\delta l}{\delta\lambda} \tag{4.66}$$

D_θ 和 D_l 在数值上分别等于单位波长间隔的同级谱线中心所分开的角距离和屏上的线距离，常用单位分别为 rad/nm 和 mm/nm。设光栅后面聚焦透镜的焦距为 f，在傍轴近似下有 $\delta l = f\delta\theta$，因此有

$$D_l = fD_\theta \tag{4.67}$$

由光栅方程(4.64)，固定入射角 i 两边取微分，可以得到 $d\cos\theta\delta\theta = k\delta\lambda$，因此有

$$D_\theta = \frac{\delta\theta}{\delta\lambda} = \frac{k}{d\cos\theta_k} \tag{4.68}$$

$$D_l = fD_\theta = \frac{fk}{d\cos\theta_k} \tag{4.69}$$

式中，θ_k 表示第 k 级谱线的角位置。以上结果表明：

(1) $k=0$ 时，$D_\theta = 0$，即零级谱线无色散；

(2) D_θ 和 D_l 与光栅总缝数 N 无关，而与光栅常数 d 成反比，与级数 k 成正比。线色散本领 D_l 还与透镜焦距 f 成正比；

(3) 在傍轴区域，$\cos\theta\approx 1$，对同级光谱 D_θ 和 D_l 近似为常数，$\delta\theta$ 和 δl 正比于 $\delta\lambda$，即谱线位置与对应波长成线性关系，这种光谱称为匀排光谱，这是光栅光谱区别于棱镜光谱的一个重要特点和优点，它便于人们用线性内插法来确定 λ。

3. 色分辨本领

色散本领只反映两相近谱线（主极大）的中心在位置上分开的程度，它不能说明谱线自身的宽度及其重叠程度。反映光栅对两条相近谱线的分辨能力的参量是色分辨本领，其定义仍为

$$R\equiv\frac{\lambda}{\delta\lambda} \tag{4.70}$$

式中，$\delta\lambda$ 为波长 λ 附近恰能分辨的两条谱线的波长差。根据瑞利判据，恰能分辨时两谱线中心的角距离 $\delta\theta$ 应等于谱线的半角宽，如图 4-34 所示。对于一定的光栅，谱线自身的半角宽度 $\Delta\theta$ 是一定的，它由式(4.62)决定，即

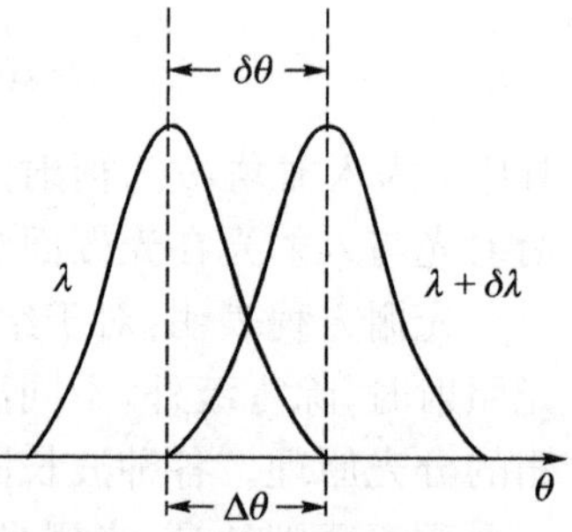

图 4-34 恰能分辨时两谱线的位置关系

$$\Delta\theta=\frac{\lambda}{Nd\cos\theta_k}$$

而根据式(4.68)可知

$$\delta\theta=D_\theta\,\delta\lambda=\frac{k\delta\lambda}{d\cos\theta_k}$$

由 $\delta\theta=\Delta\theta$ 可得 $\dfrac{\lambda}{\delta\lambda}=kN$，所以，光栅的色分辨本领公式为

$$R=\frac{\lambda}{\delta\lambda}=kN \tag{4.71}$$

式(4.71)表明，欲提高光栅的色分辨本领，需尽量利用高级次光谱并增加光栅总缝数 N。

4. 自由光谱范围

如图 4-35 所示是光源在可见光区的光栅光谱，除零级谱线外，各级光谱都按紫光在内，红光在外排列。由图可见，从第 2 级光谱开始，发生了邻级光谱之间的重叠现象，这种情形在应用光栅进行光谱分析时是不允许的。因此，有必要定义光栅的自由光谱范围，即指谱线不发生级次重叠的最大波长范围，记为 $\Delta\lambda$。与 F-P 干涉仪中的分析类似，$\Delta\lambda$ 由下述临界情况确定：$\lambda+\Delta\lambda$ 的 k 级谱线恰好与 λ 的 $(k+1)$ 级谱线位置重合，这时有

$$(k+1)\lambda=k(\lambda+\Delta\lambda)$$

由此可得光栅第 k 级光谱的自由光谱范围为

$$\Delta\lambda=\frac{\lambda}{k} \tag{4.72}$$

一般光栅使用的光谱级次 k 很小，因此与 F-P 标准相比，光栅的自由光谱范围 $\Delta\lambda$ 比较大。

实际应用中所允许的波长范围常取为 $\Delta\lambda<\dfrac{\lambda}{k}$。此外，光栅常数 d 也为工作波长设置了一个上限。以正入射为例，根据光栅方程(4.60)，主极大位于 $d\sin\theta=k\lambda$，其中可取 k 值最

小为 1，θ 最大为 $\pi/2$，故最大待测波长不能超过光栅常数 d，即 $\lambda_{max} < d$。

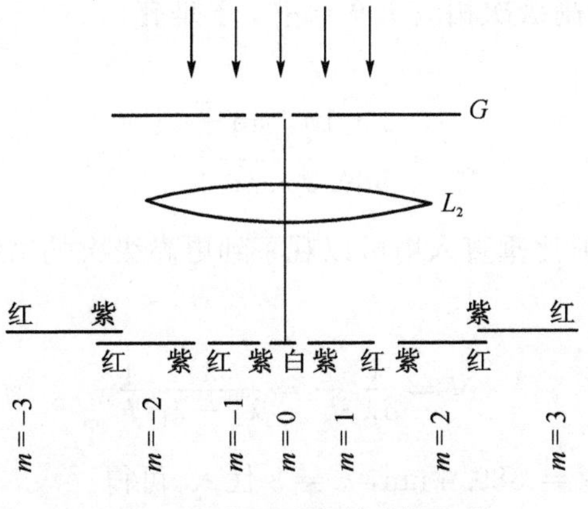

图 4-35　可见光区的光栅光谱

最后，我们给出常用的普通平面光栅各参量的一些数量级概念。通常光栅刻痕可以有 $10^2 \sim 10^3$ 条/mm，光栅常数 d 为 $10^{-2} \sim 10^{-3}$ mm，相应的线色散本领 D_θ 为 $1 \sim 10'$/nm，透镜焦距 f 为米数量级，故线色散本领 D_l 为 1～10 mm/nm；光栅宽度一般为厘米数量级，缝数 N 可达数万，对可见光在一级光谱中可分辨的最小波长差 $\delta\lambda$ 约为 10^{-2} nm 数量级；因普通光栅级次不很大，其自由光谱范围可达 10^2 nm 以上。

例题 4.6　用每毫米内有 500 条缝的光栅，观察钠光谱线。

(1) 如图 4-36 所示，光线以 $i = 30°$ 角斜入射光栅时，谱线的最高级次是多少？并与垂直入射时比较。

(2) 若在第三级谱线处恰能分辨出钠双线，光栅必须有多少条缝？(钠黄光的波长一般取 589.3 nm，它实际上由 589.0 nm 和 589.6 nm 两个波长的光组成，称为钠双线。)

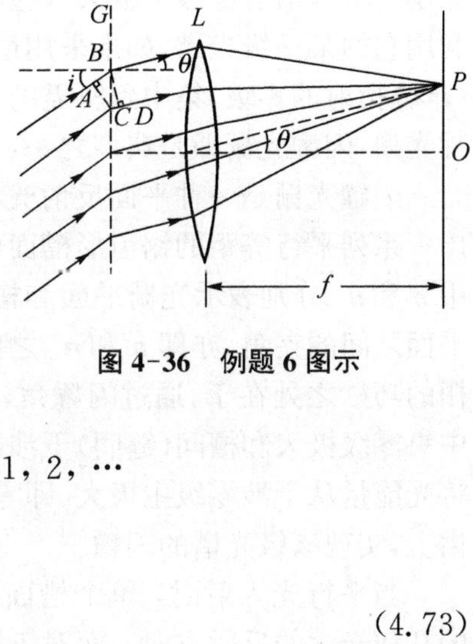

图 4-36　例题 6 图示

解：(1) 斜入射时，相邻两缝的入射光在入射前有光程差 AB，衍射后有光程差 DC，如图所示。总光程差为 $DC - AB = d(\sin\theta - \sin i)$，因此斜入射的光栅方程为

$$d(\sin\theta - \sin i) = \pm k\lambda, \quad k = 0, 1, 2, \cdots$$

谱线级次为

$$k = \pm \frac{d(\sin\theta - \sin i)}{\lambda} \tag{4.73}$$

式(4.73)表明，斜入射时零级谱线不在屏中心，而移到 $\theta = i$ 的角位置处。可能的最高级次相应于 $\theta = -\frac{\pi}{2}$。由于 $d = \frac{1}{500}\text{mm} = 2 \times 10^{-6}\text{m}$，代入式(4.73)得

$$k_{max} = -\frac{2 \times 10^{-6}\left[\sin\left(-\frac{\pi}{2}\right) - \sin 30°\right]}{589.3 \times 10^{-9}} = 5.1$$

级次取较小的整数，所以最高级次为 5。

垂直入射时，$i=0$，最高级次相应于 $\theta=\frac{\pi}{2}$，于是有

$$k_{\max}=\frac{2\times 10^{-6}\sin\frac{\pi}{2}}{589.3\times 10^{-9}}=3.4$$

最高级次为 3。可见斜入射比垂直入射可以观察到更高级次的谱线。

(2) 利用式(4.71)

$$N=\frac{\lambda}{\delta\lambda}\frac{1}{k}=\frac{\lambda}{\lambda_2-\lambda_1}\frac{1}{k}$$

将 $\lambda_1=589.0\ \text{nm}$，$\lambda_2=589.6\ \text{nm}$，$k=3$ 代入，可得

$$N=\frac{589.31}{589.6-589.0}\times\frac{1}{3}=327$$

4.6.2 闪耀光栅

由上述分析可知，光栅光谱的级次越高，其色散本领和色分辨本领越大。但是光强分布上却是级次越低强度越大。普通光栅很大一部分能量集中在零级，而零级是无色散的，这对以分光为目的的光谱仪来说无疑是一种能量的浪费。造成这种现象的原因是由于普通透射光栅的单缝衍射零级主极大与缝间干涉的零级主极大完全重合。实际中应用光栅分光时只利用它的某一级光谱，如果采用适当的方法将上述重叠在空间上分开，就可以将大部分光强(单缝衍射的零级)集中到所需的那一级光谱上(缝间干涉的非零级)。为此目的已发展起多种光栅，闪耀光栅即是典型之一。

闪耀光栅是一种平面反射光栅。它是在磨光的金属板上刻画出一系列平行等距的锯齿形槽面而制成，其截面如图 4-37 所示，其中 $\boldsymbol{n}$ 和 $\boldsymbol{n}'$ 分别表示光栅平面和槽面的法线方向，槽面与光栅宏观平面之间的夹角，亦即 $\boldsymbol{n}$ 和 $\boldsymbol{n}'$ 之间的夹角 θ_b 称为闪耀角。闪耀光栅的巧妙之处在于，通过闪耀角，使单个槽面(相当于单缝)衍射的中央零级极大和槽间(缝间)干涉的零级主极大在空间上分离开来，将光能量从干涉零级主极大(即零级光谱)，转移并集中到某一级光谱上，实现该级光谱的闪耀。

当平行光入射时，单个槽面衍射的零级主极大方向就是槽面的几何光学的反射方向。而对于槽间干涉，可以证明反射光栅方程仍与式(4.64)相同，即

$$d(\sin i+\sin\theta)=k\lambda$$

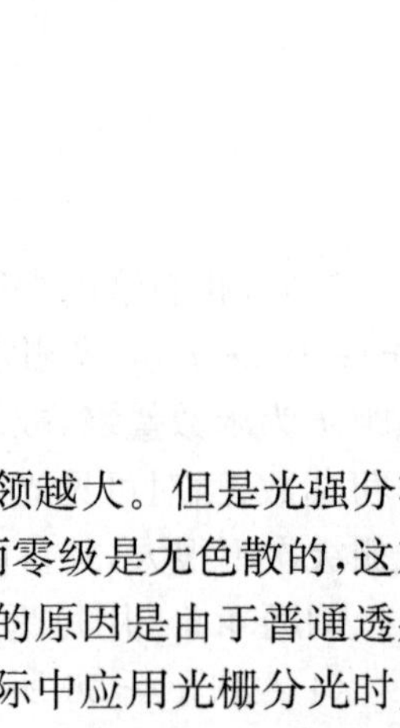

图 4-37 闪耀光栅示意图

式中，i 和 θ 分别为入射光和衍射光与光栅面法线 $\boldsymbol{n}$ 的夹角，当它们位于 $\boldsymbol{n}$ 的同侧时符号相同，异侧时符号相反。若令 $k=0$，则得到 $\theta=-i$，即槽间干涉的零级主极大方向是入射光关于光栅平面的几何光学的反射方向。槽面与光栅平面之间有一夹角 θ_b，以上两个零级

方向当然在空间分离开来。

现考虑闪耀光栅常见的工作方式之一，平行光沿槽面法线 **n** 方向入射，这时单个槽面衍射的零级极大对应于几何光学的反射方向，即入射光的反方向。而对于光栅平面来说，入射光以角度 $i=\theta_b$ 入射，在入射光的反方向上（$\theta=\theta_b$）相邻槽间干涉的光程差为

$$\Delta = d(\sin i+\sin\theta) = 2d\sin\theta_b$$

光栅方程为

$$2d\sin\theta_b = k\lambda_{kb} \tag{4.74}$$

满足式(4.74a)的 λ_{kb} 称为第 k 级闪耀波长。式(4.74)表明单槽衍射的零级主极大正好与槽间干涉的 k 级主极大重合，使 k 级谱线获得闪耀。而且由于闪耀光栅的槽面宽度 $a\approx d$，波长 λ_{kb} 的其他级次谱线大致处于单槽衍射的极小位置而形成缺级，从而使大部分光能量（>80%）集中到闪耀级上。对于给定的 λ，可通过适当选取 θ_b 使得某特定 k 级光谱发生闪耀。以 $k=1$ 为例，满足 $2d\sin\theta_b=\lambda_{1b}$ 的波长 λ_{1b} 称为一级闪耀波长，其闪耀级形成原理如图 4-38 所示。

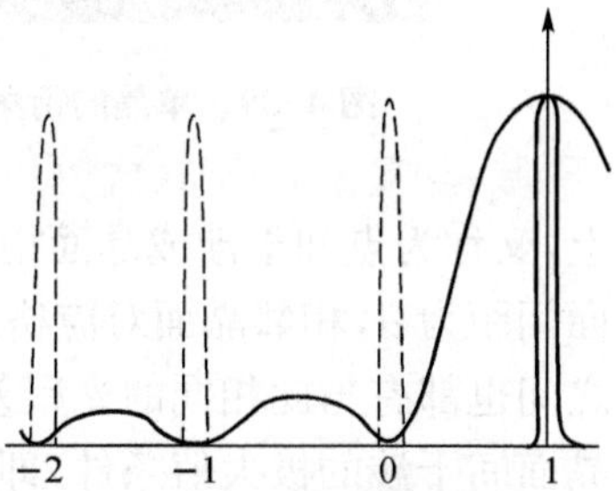

图 4-38　1 级光谱闪耀

上述分析表明，闪耀光栅在同一级光谱中只对闪耀波长产生光强增强，但由于单槽衍射的中央极大有一定的宽度，所以在闪耀波长附近一定波长范围的谱线也会有相当大的光强，因而闪耀光栅可用于一定的波长范围。在现代光谱仪中已很少利用透射光栅作为分光元件，大量使用的是反射光栅，尤其是闪耀光栅。而且随着现代光栅制造工艺的进步，它们已能运用于很宽的光谱范围。

4.7　X 射线衍射简介

X 射线由伦琴（W. K. Röntgen）于 1895 年发现，称伦琴射线。这是一种在速度很大的电子流冲击固体时，从固体上发射的新的射线，它具有很强的穿透能力，人眼看不见，却能透过许多对可见光不透明的物质。这种射线在当时是前所未知的，又称为 X 射线。我们现在知道 X 射线是一种波长极短的电磁波，λ 在 0.01～10 nm 之间。因其波长太短，用普通光栅根本观察不到 X 射线的衍射现象，而且也无法用机械方法制造出适用于 X 射线衍射的光栅。因此在当初对 X 射线性质的假设无法得到实验的验证。

直到 1912 年，德国物理学家劳厄（M. V. Laue）设想用粒子规则排列的自然晶体作为适合于 X 射线衍射的三维衍射光栅，他进行了这一实验并获得了成功，晶体点阵经 X 射线透射后，直接在屏上观察到衍射图样（图 4-39），从而证实了 X 射线具有波动性，同时也说明其波长和晶体点阵间的距离的数量级（～10^{-8}cm）相同。

X 射线衍射最大值的方向还可用其他更简单的方法得出。英国的布拉格父子（William Henry Bragg; William Lawrence Bragg）提出，可将劳厄的 X 射线衍射花样的每一亮点看作是 X 射线对晶体每一点阵平面组的相干性反射所导致的结果。晶体中的每一个格点，都看作是相干次波的中心，一个晶面上不同点之间衍射极大值出现在反射角等于入射角的方向

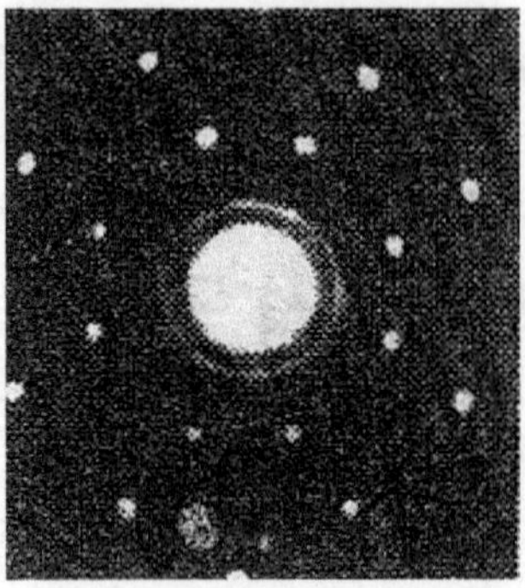

图 4-39 单晶的衍射斑

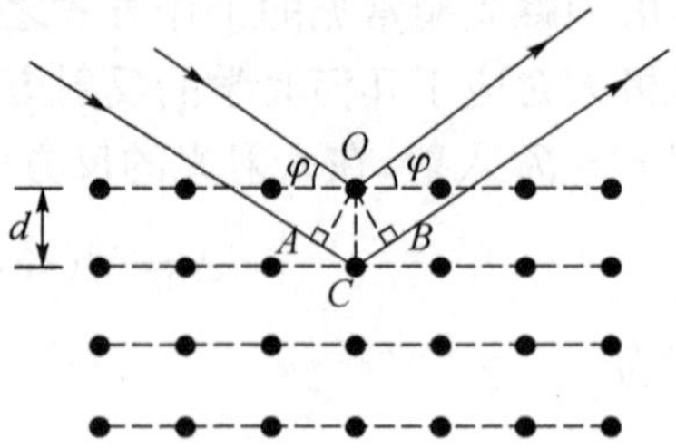

图 4-40 不同晶面上散射 X 射线的叠加

上,又称为点间干涉或晶面衍射。如图 4-40 所示,晶体由一系列平行平面(晶面)构成,各晶面间距为 d,相邻晶面对应格点间的光程差为 $2d\sin\varphi$,而其他任何相邻的两晶面反射光束之间也都有与此相同的光程差,当该光程差等于波长整数倍时,相干叠加后有极大值。因此晶面间干涉的极大值条件,即晶体衍射条件为

$$2d\sin\varphi = k\lambda \quad (k=1,\ 2,\ 3,\ \cdots) \tag{4.75}$$

式(4.75)称为布拉格方程或布拉格条件,是 X 射线衍射的基本规律。由于叠加光束的数目很多,所以衍射图样明亮而细锐。

对同一晶体,从不同方向看,有不同的晶面和不同的面间距。由已知波长的 X 射线照射某种晶体,分析其衍射图样,可以计算面间距 d,了解晶体空间结构,进而研究材料性能;反之,若已知标准晶体晶面间距 d,由 X 射线衍射图样,根据衍射角 φ,可以计算入射 X 射线波长,研究 X 射线谱,进而研究原子结构。晶体 X 射线衍射是确定材料空间结构的重要手段,生物 DNA 分子的双螺旋结构,就是根据其 X 射线衍射的结果确定的。

晶体 X 射线衍射在实验方法上主要有两种。一种是劳厄照相法。采用连续谱 X 射线照在晶体上,X 射线从各个满足布拉格公式的方向射出,用照相底版或其他探测器测量并记录衍射光的强度和方位,衍射图样称为劳厄相,根据衍射光相对于入射光偏转的角度,可以确定发生衍射的晶面族的取向以及晶面间距。另一种方法是德拜粉末法。由于实际中大量存在的是非晶体和多晶体。多晶体是由很多个细小的各种取向的单晶颗粒组成,将多晶体压制成粉末,使多晶粒的晶面可取向更加均匀,采用单色 X 射线照射,大量取向的晶粒为 X 射线提供了满足布拉格条件的充分可能性。由此获得的衍射图样照片称为德拜相,通过计算发生衍射的掠入射角,可以确定晶格常数。

4.8 全息照相简介

普通照相是将景物表面反射、散射的光或景物自身发出的光,通过照相机镜头成实像在感光胶片上。在感光胶片上记录的只是景物的光强度变化,所以,得到的是景物的平面像,景物的三维特征丢失了。因此,从不同角度观察一张照片,并不能看到像的不同侧面,我们

也不能将照片中像的任何未聚焦的部分重新聚焦。

全息照相则是应用光的干涉原理，能在感光胶片上同时记录下物体的全部信息，即物光的振幅和相位。正是这一缘故，由全息方法产生的像具有真正的三维形式。因此，人们在改变自己的观察方向时，就像观察一个真实的物体一样，能够看到像的不同侧面，而且能在不同距离聚焦。

4.8.1 全息记录

图 4-41 是一种拍摄全息照相装置的示意图。从激光器 S 发生的一束激光，经过倒装望远镜系统 L 扩束和准直后，投射在分束板 SP 上，一束经反射镜 M_1 反射后，照射在物体 O 上，被物体 O 反射的光束直接投射在照相底片 H 上，这一束光叫作物光。另一束经反射镜 M_2 反射后，也照射在照相底片上，这一束光叫作参考光。由于物光和参考光都是从同一束激光分离出来的，所以它们是相干的。在照相底片上，两束光发生干涉，在空间的不同位置发生干涉相长或干涉相消，底片 H 上就把这样的干涉花样记录下来，经过显影和定影处理以后，即成为一张全息照片。照片上干涉花样的形状反映了物光和参考光束间的相位关系，而其明暗对比程度(可见度)反映了光束的强度关系，因此物体反射光中的全部信息，都以不同明暗程度和不同疏密分布的干涉条纹记录下来。

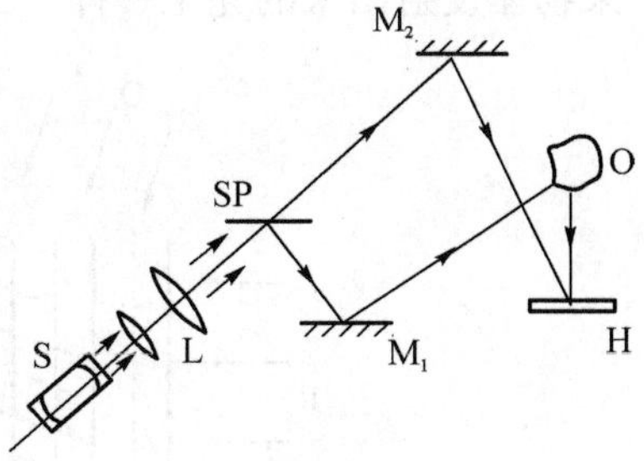

图 4-41　全息记录

4.8.2 全息再现

若用激光照射全息照片，当照射的激光对底片的相对位置和拍摄时的参考光相同时，我们从底片的另一侧观察可以看到原物的虚像。全息照片就相当于一个窗口，当人们移动眼睛从不同角度观察时，就好像对原物观察一样，可以看到它的不同侧面，这就是全息照相的再现。激光通过后，同时还成一个实像。可以用屏观察实像，如图 4-42 所示。

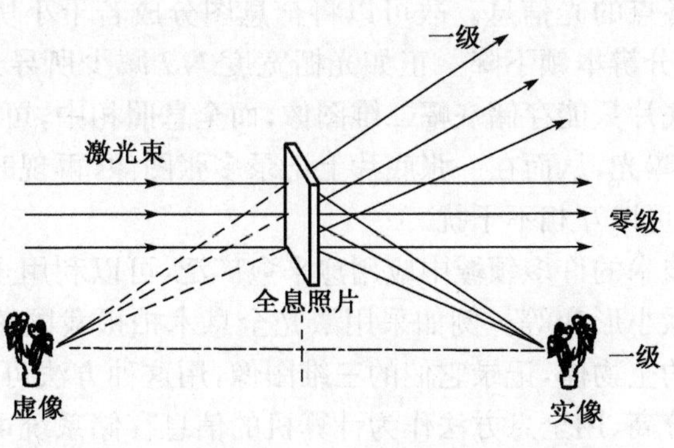

图 4-42　全息再现

全息照相再现的过程，可以用光栅衍射原理来定性地说明。一种最简单的情况是物光和参考光均为平面波，这两束光相遇时产生一组均匀、平行的直条纹，如图 4-43 (a)所示。

这一组条纹记录下来就和光栅一样，再现时也用一束平行光 R 照射底片 H，这和照射到光栅相仿。经过光栅的衍射后，如图 4-43(b)所示，上下各有一衍射光波，其中一束 o 光就和原来物光传播的方向一样，并和物光没有区别，即再现了原来物体的光波。另一束光 o′和 o 对称，在另一个方向传播。实际上，全息照相记录的物光波是十分复杂的，不可能是平面波，参考光也不一定是平面波，底片上记录的干涉花样也是十分复杂的。但再现的基本原理却是一致的，在这种情况下，不是简单的直线光栅，而是许多不规则形状的曲线光栅。当然，在这样的光栅上衍射光波波面也是复杂的，但是它恰好重现了原来记录下来的物光波波面，与原来物体发射出来的完全一样。

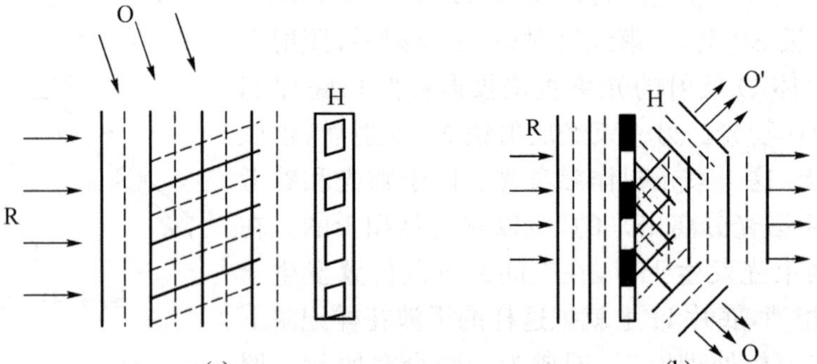

图 4-43　光栅原理说明全息再现

4.8.3　全息照相的特点

与传统照相术相比，全息照相有以下特点：首先，全息照相时，必须采用相干光照明。再现时可观察到物体的三维立体像，而且移动眼睛时，可以观察到不同侧面的像。无论全息图是正片还是负片，都能再现原物的像。因为正负片产生的波场只是相对相位改变了 π，人眼是无法区分这种差别的；其次，在普通照相中，物像之间是点点对应，而全息照相的物体与全息图之间是点面对应，即每一个物点发出的光都充满了整个底片，换句话说，全息图的每一局部都包含着物体上各点的光信息。故可以将全息图分成若干小块，每一小块仍能再现原来物体的像，只是像的分辨本领下降。正如光栅宽度 Nd 减少所导致光栅的分辨本领下降相仿；再次，普通照相底片只能存储一幅二维图像，而全息照相中，可以采用对不同景物以不同角度的照明光，多次曝光，从而在一张底片上记录多张图像，再现时，各图像相应的衍射波出现在不同的方向上，可以互相不干扰。

全息照相在科学技术的许多领域中应用愈来愈广泛，可以利用全息照相研究振动、物体的微小位移或材料的微小形变等。例如采用激光全息术拍摄我国鱼洗、编钟振型。全息显微镜可以直接拍摄活的生物体，记录它们的三维图像，用这种方法可以研究活的生物体。全息照相的信息容量十分高，用全息方法作为计算机的信息存储系统可以达到很高的密度，这对新的一代计算机来说是十分吸引人的。另外在光学信息处理中全息照相的应用也处于十分重要的地位。

全息照相所利用的是波的干涉原理，因此凡是波动，像微波、超声波等都可以利用这个原理做成微波全息、超声波全息，只是它们应用的技术手段不同罢了。

4.9 傅里叶光学概述

自 20 世纪 60 年代激光出现以后，光学的重要发展之一，是将数学中的傅里叶变换和通信中的线性系统理论引入光学，形成了一个新的光学分支——傅里叶光学。

我们知道，一个通信系统所接收或传递的信息(例如一个受调制的电压波形)，通常具有随时间而变的性质。而用来成像的光学系统，处理的对象是物平面和像平面上的光强分布。如果借用通信理论的观念，我们完全可以把物平面的光强分布视作输入信息，把像平面的光强视作输出信息。这样，光学系统所扮演的角色相当于把输入信息转变为输出信息，只不过光学系统所传递和处理的信息是随空间变化的函数。从数学的角度看，随空间变化的函数与随时间变化的函数，其数学变化规律并无实质性的差别。也就是说，傅里叶变换应该可以帮助我们从更高的角度来研究光学中若干新的理论与实际问题。

傅里叶光学所讨论的物理内容，尽管仍然是光的传播、干涉、衍射和成像所遵循的规律，但由于傅里叶分析方法的引入，使我们有可能对于早已熟悉的许多光学现象的内在联系，从理论上及数学方法上获得更系统的理解，进行更深入的探讨。尤其重要的是，由此引入的空间频率和频谱的概念，已成为目前迅速发展的光学信息处理、像质评价、成像理论等的基础，这些课题的前景是特别引人注目的。

习 题

4-1 在菲涅耳圆孔衍射实验中，圆孔半径 2.0 mm，光源离圆孔 2.0 m，波长 0.5 μm，当接收屏幕由很远的地方向网孔靠近时，求

(1) 前三次出现中心亮斑(强度极大)的位置；

(2) 前三次出现中心暗斑(强度极小)的位置。

4-2 在菲涅耳圆孔衍射实验中，光源距离圆孔 1.5 m，波长 0.63 μm，接收屏幕与圆孔距离 6.0 m，圆孔半径从 0.5 mm 开始逐渐扩大，求

(1) 最先的两次出现中心亮斑时圆孔的半径；

(2) 最先的两次出现中心暗斑时圆孔的半径。

4-3 若一个菲涅耳波带片只将前五个偶数半波带遮挡，其余地方都开放，求衍射场中心强度与自由传播时之比。

4-4 菲涅耳波带片第一个半波带的半径 $\rho_1 = 5.0$ mm，

(1) 用波长 $\lambda = 1.06$ μm 的单色平行光照明，求主焦距；

(2) 若要求主焦距为 25 cm，需将此波带片缩小多少？

4-5 一菲涅耳波带片对 900.0 nm 的红外光主焦距为 30 cm，改用 632.8 nm 的氦氖激光照明，主焦距变为多少？

4-6 用波长 $\lambda = 632.8$ nm 的激光垂直照射单缝时，其夫琅禾费衍射图样的第 1 极小与单缝法线的夹角为 5°，求该缝的缝宽。

4-7 一单色平行光垂直入射一单缝，其衍射第三级明纹位置恰与波长为 600 nm 的单色光垂直入射该缝时的第二级明纹位置重合，求该单色光波长。

4-8 抽制细丝时可用激光监控其粗细，如习题 4-8 图所示。激光束越过细丝时所产生的衍射条纹和

它通过遮光板上同样宽度的单缝时所产生的一样。设所用激光器为 He-Ne 激光器，波长为 632.8 nm，衍射图样承接在 2.65 m 远的屏上。如果细丝直径要求 1.37 mm，则屏上两侧的两个第 10 级极小之间的距离应是多大？

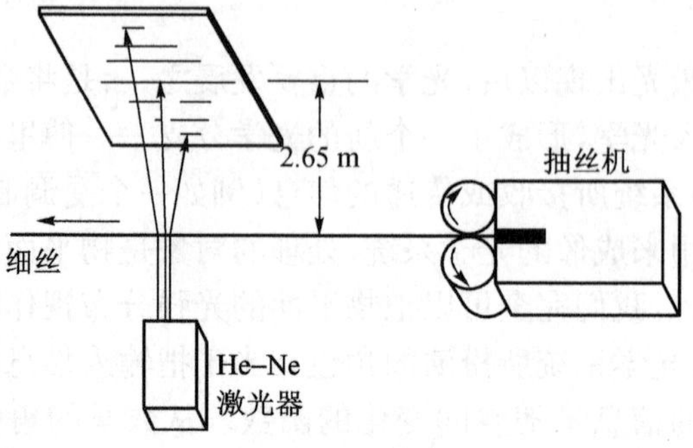

习题 4-8 图

4-9　有一种利用太阳能的设想是在 3.5×10^4 km 高空放置一块大的太阳能电池板，把它收集到的太阳能用微波形式传回地球。设所用微波波长为 10 cm，而发射微波的抛物天线的直径为 1.5 km。此天线发射的微波的中央波束的角宽度是多少？在地球表面它所覆盖的面积的直径多大？

4-10　在迎面驶来的汽车上，两盏前灯相距 120 cm。问汽车离人多远的地方，眼睛恰能分辨这两盏前灯？设夜间人眼瞳直径为 5.0 mm，入射光波长为 550 nm，这里仅考虑人眼瞳孔的衍射效应。

4-11　用一架照相机在离地面 200 km 的高空拍摄地面上的物体，如果要求它能分辨地面上相距 1 m 的两点，照相机的镜头至少要多大？设镜头的几何像差已很好地消除，感光波长为 400.0 nm。

4-12　已知地月距离约为 3.8×10^5 km，用口径为 1 m 的天文望远镜能分辨月球表面两点的最小距离是多少？（设工作波长为 550 nm）

4-13　已知日地距离约为 1.5×10^8 km，要求分辨太阳表面相距 20 km 的两点，望远镜的口径至少需有多大？（设工作波长为 550 nm）

4-14　美国波多黎各阿里西玻谷地的无线电天文望远镜（见习题 4-14 图）的“物镜”镜面孔径为 300 m，曲率半径也是 300 m。它工作的最短波长是 4 cm。这台望远镜的角分辨率是多少？

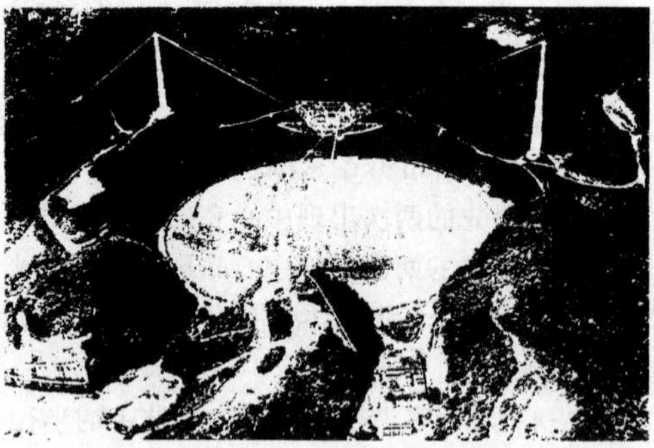

习题 4-14 图

4-15　7×50 双筒望远镜的放大倍数为 7，物镜直径为 50 mm。

(1) 根据瑞利判据，这种望远镜的最小分辨角多大？设入射光波长为 550 nm。

(2) 眼睛瞳孔的最大直径为 7.0 mm。求出眼睛对上述入射光的角分辨率，除以 7，和望远镜的角分辨率对比，然后判断用这种望远镜时实际起分辨作用的是眼睛还是望远镜。

4-16　已知天空中两颗星相对于一望远镜的角距离为 4.84×10^{-6} rad，它们发出的光波长为 550 nm。问望远镜物镜的口径至少要多大，才能分辨出这两颗星？

4-17　一双缝缝间距 $d=0.10$ mm，缝宽 $a=0.02$ mm，用波长 $\lambda=480$ nm 的平行单色光垂直入射该双缝，双缝后放一焦距为 50 cm 的透镜，求：

(1) 透镜焦平面处屏上干涉条纹的间距；

(2) 单缝衍射中央亮纹的宽度；

(3) 单缝衍射的中央包络线内有多少条干涉主极大。

4-18　习题4-18图是各多缝衍射的强度分布曲线，试根据图线回答：

(1) 图线是几缝衍射？说明理由。

(2) 哪条图线相应的缝宽 a 最大？（设入射光的波长相同）

(3) 各图对应的 d/a 等于多少？有无缺级？

(4) 标出各图横坐标以 λ/d 和 λ/a 标度的分度值。

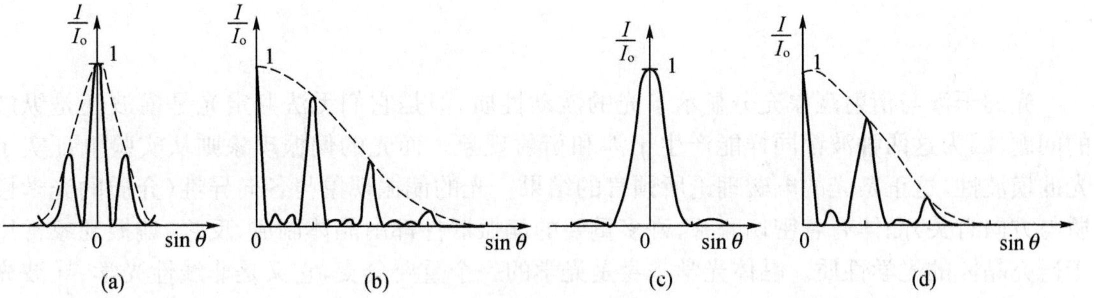

习题4-18图

4-19　一光栅宽2.0 cm，共有6 000条缝。今用钠黄光垂直入射，问在哪些角位置出现主极大？

4-20　某单色光垂直入射到每厘米有6 000条刻痕的光栅上，其第一级谱线的角位置为20°，试求该单色光波长。它的第二级谱线在何处？

4-21　白光垂直入射于每厘米有4 000条缝的光栅，问利用这个光栅可以产生多少级完整的光谱？

4-22　波长为600 nm的单色光垂直照射在一光栅上，第2、3级明条纹分别出现在 $\sin\theta = 0.20$，$\sin\theta = 0.30$ 处，第4级缺级，试求：

(1) 光栅常量；

(2) 光栅上狭缝宽度；

(3) 屏上实际呈现的全部级数。

4-23　一光源发射的红双线在波长 $\lambda = 656.3$ nm处，两条谱线的波长差 $\Delta\lambda = 0.18$ nm。今有一光栅可以在第1级中把这两条谱线分辨出来，求该光栅所需的最小刻线总数。

4-24　导出斜入射时主极大位置公式，第 k 级主极大的半角宽度公式及缺级情况，并注意与正入射情况作比较。

4-25　波长为650.0 nm的红光谱线，经观测发现它是双线，如果在 9×10^5 条刻线光栅的第3级光谱中刚好能分辨此双线，求其波长差。

4-26　绿光500.0 nm正入射在光栅常数为 2.5×10^{-4} cm，宽度为3 cm的光栅上，聚光镜的焦距为50 cm，

(1) 求第1级光谱的线色散；

(2) 求第1级光谱中能分辨的最小波长差；

(3) 该光栅最多能看到第几级光谱？

4-27　一束白光正入射在600条/mm的光栅上，第1级可见光谱末端与第2级光谱始端之间的角间隔有多少？

第 5 章

光的偏振　晶体光学基础

光的干涉与衍射现象充分显示了光的波动性质,但是它们无法鉴定光是横波还是纵波的问题,因为这两种波都同样能产生干涉和衍射现象。而光的偏振现象则从实验上证实了光的横波性,这正是光的电磁理论所预言的结果。光的偏振现象与各向异性(介质的光学性质与方向有关)晶体有着密切联系,许多重要的偏振器件都由晶体制成,反之,偏振现象常用于研究晶体的光学性质。晶体光学本身是光学的一个重要分支,它又是非线性光学、导波光学、半导体光学等前沿学科的必要基础,由晶体制作的光学器件在激光技术和光电子学中被广泛应用。因此,本章将用相当的篇幅讨论晶体的光学性质及晶体偏振器件。

如同光的干涉和衍射现象一样,光的偏振特性在激光技术、光信息处理、光通信等科学技术领域有着广泛的应用。

5.1 光的偏振态

麦克斯韦的电磁场理论,阐明了光波是一种横波,光矢量 $\boldsymbol{E}$ 的振动方向始终和光的传播方向垂直。在垂直于光的传播方向的平面内,光矢量 $\boldsymbol{E}$ 可能有不同的振动状态,其具体的振动状态(振幅与相位随方位的分布)称为光的偏振态。光的偏振态可以分为三类,即完全偏振光(线偏振光、圆偏振光、椭圆偏振光)、非偏振光即自然光,以及部分偏振光。

5.1.1 完全偏振光(线偏振光、圆偏振光、椭圆偏振光)

设光的传播方向为 z 轴正方向,$\boldsymbol{E}$ 位于 xy 平面,则根据正交分解法,任何形式的光振动总可以分解为 x、y 方向的两个分振动 E_x 和 E_y。如果这两个分振动有完全确定的相位关系,则相应的光称为完全偏振光,简称偏振光。完全偏振光有线偏振光、圆偏振光、椭圆偏振光三种基本态。

1. 线偏振光

光波在自由空间传播时,光矢量 $\boldsymbol{E}$ 的振动方向保持不变,只是大小随相位改变,它的矢端轨迹是一条直线,这种光称为线偏振光。线偏振光中振动方向(光矢量)与传播方向(传播矢量)构成的平面称为振动面,如图 5-1 所示。由于线偏振光中沿传播方向各处的光矢量维持在一个平面(振动面)内,又称平面偏振光。

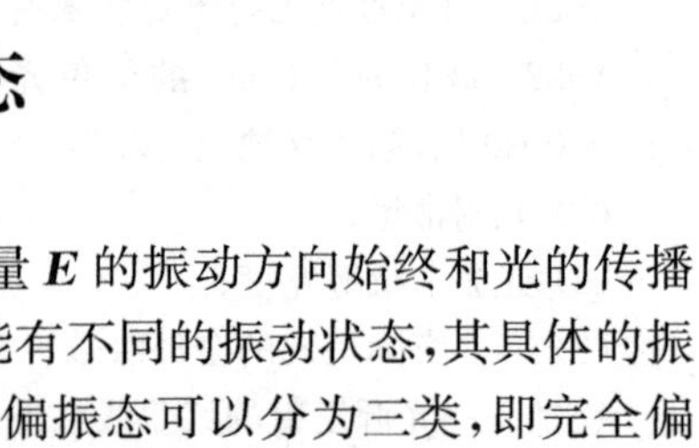

图 5-1　线偏振光及其振动面

通常用图 5-2 所示的符号表示线偏振光,其中图 5-2

(a)波线上的点表示电矢量 $\boldsymbol{E}$ 垂直于纸面的线偏振光，它的振动面垂直于纸面；图 5-2(b)波线上的双向短箭头线则表示光矢量 $\boldsymbol{E}$ 在纸面内的线偏振光。

图 5-2　线偏振光表示符号

2. 圆偏振光和椭圆偏振光

在垂直于光传播方向的平面内，光矢量的大小恒定，但方向以 ω(光波圆频率)绕着传播方向匀速旋转，光矢量端点的轨迹为一圆，这种光称为圆偏振光。若光矢量在旋转的同时，其大小也发生周期性变化，端点的轨迹为一椭圆，这种光叫椭圆偏振光。迎着光的传播方向看，如果光矢量顺时针方向旋转，称之为右旋圆(椭圆)偏振光；若逆时针方向旋转，则称之为左旋圆(椭圆)偏振光。

3. 垂直振动的合成

根据振动合成理论，上述三种光的偏振态，都可以看做是两个频率相同、振动方向相互垂直且相位差固定的简谐振动 E_x 和 E_y 的合成，其合振动的方式取决于两个分振动的振幅比 E_{y0}/E_{x0} 和相位差 δ。

假设光波沿 z 轴方向传播，为简单起见，考虑 $z=0$ 处的振动，在光波的波面中取直角坐标，将光矢量 $\boldsymbol{E}$ 分解为两个分量 E_x 和 E_y，E_y 相对于 E_x 的相位差为 δ，它们的振动表达式写成

$$\begin{aligned} E_x &= E_{x0}\cos\omega t \\ E_y &= E_{y0}\cos(\omega t+\delta) \end{aligned} \tag{5.1}$$

这两个光振动叠加的结果，其合振动矢量的大小和方向均随时间变化。下面讨论不同情况下的合成振动，相位差 δ 的取值范围为$\lfloor -\pi,\ \pi \rfloor$。

(1) $\delta = 0$ 或 π

由式(5.1)可得合矢量端点的轨迹方程为

$$E_y = \pm\frac{E_{y0}}{E_{x0}}E_x \tag{5.2}$$

这是一个直线方程，即合振动仍然是线偏振光。由于 E_x 和 E_y 的变化范围限制在 $\pm E_{x0}$ 和 $\pm E_{y0}$ 之间，合矢量 $\boldsymbol{E}$ 端点的轨迹是以 $x=\pm E_{x0}$ 和 $y=\pm E_{y0}$ 为界的矩形的对角线。$\delta=0$ 时取正号，合矢量 $\boldsymbol{E}$ 在一、三象限(如图 5-3(a)所示)；$\delta=\pi$ 时取负号，合矢量 $\boldsymbol{E}$ 在二、四象限[如图 5-3(b)所示]。合振动矢量 $\boldsymbol{E}$ 的振幅为

$$E = \sqrt{E_{x0}^2 + E_{y0}^2} \tag{5.3}$$

振动方向为

$$\tan\theta = \pm\frac{E_{y0}}{E_{x0}} \tag{5.4}$$

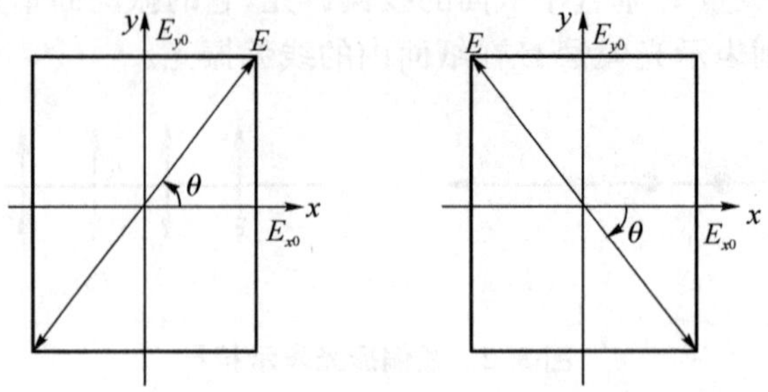

(a) $\delta = 0$ (b) $\delta = \pi$

图 5-3 垂直振动合成之一——线偏振光

(2) $\delta = \pm\dfrac{\pi}{2}$

将 $\delta = \pm\dfrac{\pi}{2}$ 代入式(5.1)

$$E_x = E_{x0}\cos\omega t$$
$$E_y = \mp E_{y0}\sin\omega t$$

可以得到如下轨迹方程

$$\frac{E_x^2}{E_{x0}^2} + \frac{E_y^2}{E_{y0}^2} = 1 \tag{5.5}$$

此方程就是合矢量 $\boldsymbol{E}$ 的端点随时间变化在 xy 平面上扫出的轨迹。显然，这是一个标准的正椭圆方程，其主轴分别沿 x、y 方向，与上述 $x = \pm E_{x0}$ 和 $y = \pm E_{y0}$ 为界的矩形内切，见图 5-4，这样两种垂直谐振动的合成为椭圆偏振光。当 $E_{x0} = E_{y0} = E_0$ 时，矩形变为正方形，椭圆化为与正方形内切的圆，这时合振动为圆偏振光。

虽然 $\delta = \pm\dfrac{\pi}{2}$ 时合矢量 $\boldsymbol{E}$ 端点的轨迹相同，但其旋转的方向相反。如图 5-4 所示，$t=0$ 时刻，合矢量 $\boldsymbol{E}$ 的端点位于 P 点位置，即 $E_x = E_{x0}$，$E_y = 0$。我们考察此后经过一小段时间 Δt 的情况，这时若 $\delta = +\dfrac{\pi}{2}$，则 $E_y = -E_{y0}\sin\omega t < 0$，$\boldsymbol{E}$ 的端点将自 P 点向下移动，即 $\boldsymbol{E}$ 沿顺时针方向旋转，此为右旋椭圆偏振光，见图 5-4(a)；若 $\delta = -\dfrac{\pi}{2}$，则 $E_y = +E_{y0}\sin\omega t > 0$，$\boldsymbol{E}$ 的端点将自 P 点向上移动，即 $\boldsymbol{E}$ 沿逆时针方向旋转，此为左旋椭圆偏振光，见图 5-4(b)。对圆偏振光的分析同理。

在量子物理中规定光矢量旋转方向和光的传播方向符合右手螺旋定则的称为右旋光，反之为左旋光。但在光学中按习惯规定，左旋右旋的称呼恰好相反。

(3) 一般情况

直接由式(5.1)消去 t，可得到相位差 δ 为任意值时合振动矢量 $\boldsymbol{E}$ 端点的轨迹方程为

$$\frac{E_x^2}{E_{x0}^2} + \frac{E_y^2}{E_{y0}^2} - 2\frac{E_xE_y}{E_{x0}E_{y0}}\cos\delta = \sin^2\delta \tag{5.6}$$

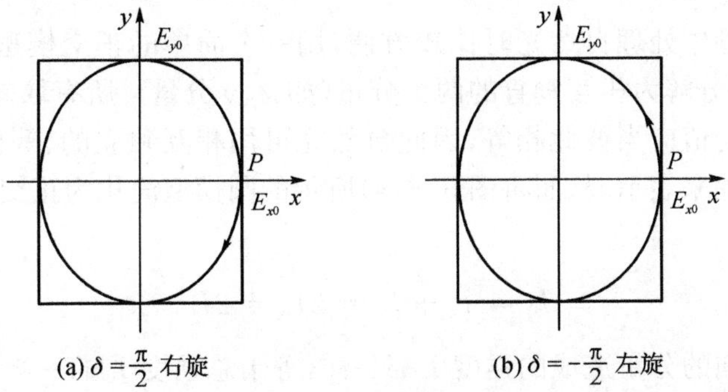

图 5-4　垂直振动合成之二——正椭圆偏振光

这是一个一般的椭圆方程，它也是与 $x=\pm E_{x0}$ 和 $y=\pm E_{y0}$ 为界的矩形内切，不过其主轴可以是倾斜的，一般来说是一个"斜椭圆"，主轴的取向以及 $\boldsymbol{E}$ 的旋转方向由相位差 δ 决定。利用与上述相同的分析方法，仍从 $t=0$ 时刻开始，考察此后经过一小段时间 Δt，$\boldsymbol{E}$ 的端点位置的变化情况。结果表明，在 $0<\delta<\pi$（δ 在一、二象限）时椭圆是右旋的；在 $-\pi<\delta<0$（δ 在三、四象限）时椭圆是左旋的。图 5-5 列出 δ 从 $-\pi$ 到 π 整个区间内，合振动矢量 $\boldsymbol{E}$ 随时间变化的轨迹以及旋转方向。当 $\delta=0$、π 时退化为直线；当 $\delta=\pm\frac{\pi}{2}$ 时转化为正椭圆，且当 $E_{x0}=E_{y0}=E_0$ 时，正椭圆退化为圆。

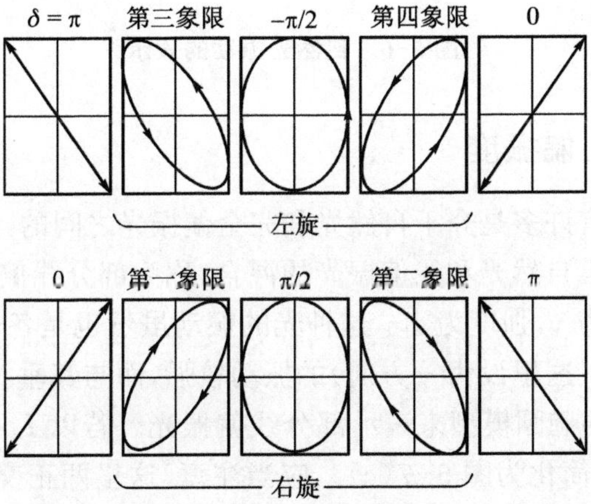

图 5-5　垂直振动合成之三——各种相位差时的椭圆偏振光

5.1.2　非偏振光——自然光

理想单色波应该是完全偏振的。但是普通光源中大量原子各自独立、互不相干地自发发光，每个原子每次发射的是具有一定振动方向的偏振光波，但持续时间极短（约 10^{-8} 秒），而各个原子所发射的光波的偏振状态各不相同，振动方向和初相位彼此互不关联，迅速而随机地变化。因此，从统计平均的意义上看，普通光源发射的光波包括了所有方向的振动，每一方向的振动幅度都相等，相位彼此独立无关，它们相对于光的传播方向是对称的，即在垂直于传播方向的 xy 平面内呈各向同性分布，如图 5-6(a)所示。这样的光不呈现偏振性质，称为自然光。

为了在实际问题中处理自然光时比较方便，用一个简单的正交模型代替。对任一振动方向的光矢量，均可分解为相互垂直的两个分量（如 x、y 分量），所有取向的光矢量分解为这两个方向的时间平均值应当彼此相等，因此自然光可用相互独立的、等振幅、相位无关的两个互相垂直的分振动来表示，从而将图 5-6(a)所示的圆模型简化为正交模型，见图 5-6(b)。光强可以表示为

$$I_0 = I_x + I_y = 2I_x = 2I_y$$

即自然光沿任何方向的分量造成的强度 I 都一样，等于总强度 I_0 的一半。通常以图 5-6(c)所示的符号来表示自然光。

应当注意，自然光正交模型中，两个垂直振动的分量之间没有固定的相位关系，任意两个取向的振动都是不相关的，不能将它们合成。

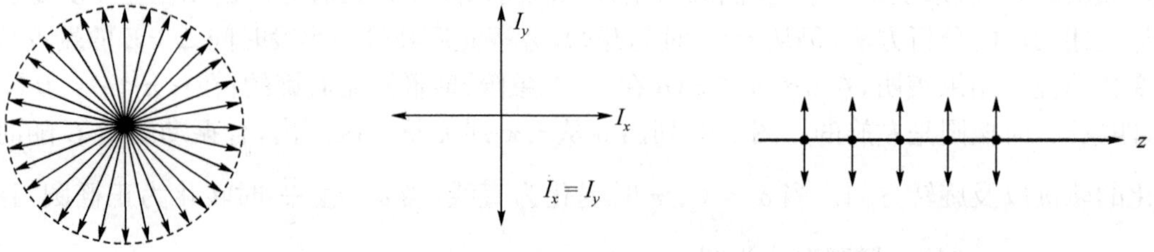

(a) 圆模型　　(b) 正交模型　　(c) 表示符号

图 5-6　自然光振动的表示

5.1.3　部分偏振光　偏振度

实际中遇到的光波有许多是介于自然光和完全偏振光之间的，是两者的混合，这种光称为部分偏振光。常见的是自然光和线偏振光的混合，称为部分线偏振光，如图 5-7(a)所示，将线偏振光振动方向设为 y，强度为 I_L。这种光的振动虽然也是各个方向都有，但不同方向振幅大小不同，某一方向（这里设为 y 方向）的振动较强，而与其垂直的方向（x 方向）振动较弱，可用图 5-7(b)所示的椭圆模型来表示部分线偏振光。若以 I_x 和 I_y 分别表示两正交振动的强度，则椭圆模型可简化为图 5-7(c)。应当注意，这里两正交振动的相位是独立无关的。部分偏振光可用如图 5-8(a)和(b)的符号表示，图 5-8(a)表示光矢量在纸面内振动较强的部分偏振光，图 5-8(b)则表示光矢量在垂直于纸面方向振动较强的部分偏振光。

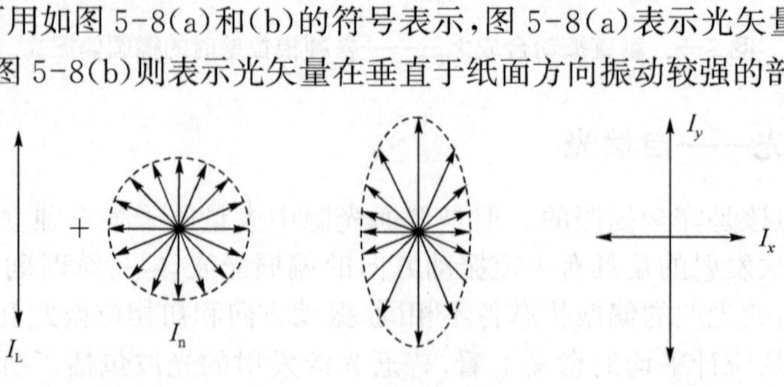

(a) 线圆模型　　(b) 椭圆模型　　(c) 正交模型

图 5-7　部分线偏振光

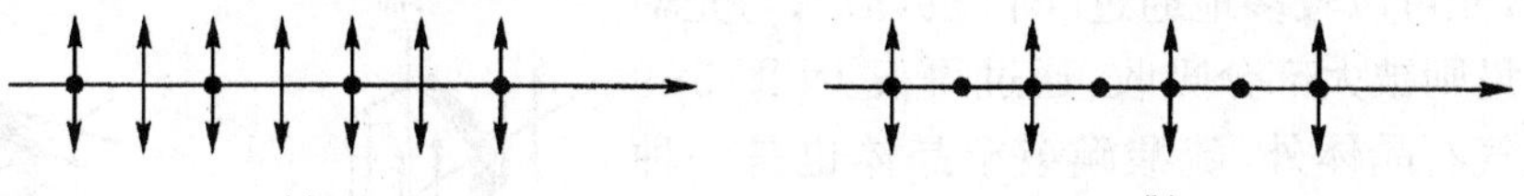

图 5-8　部分偏振光表示符号

通常用偏振度 P 来表示部分偏振光的偏振程度，它定义为

$$P=\frac{I_y-I_x}{I_y+I_x} \tag{5.7}$$

这里 I_x+I_y 就是部分线偏振光的总光强，而 I_y-I_x 就是其中所含线偏振光的强度。由图 5-7 可见，部分线偏振光的总光强可表示为

$$I=I_{\mathrm{n}}+I_{\mathrm{L}}=I_x+I_y$$

其中

$$I_x=\frac{1}{2}I_{\mathrm{n}}$$

$$I_y=\frac{1}{2}I_{\mathrm{n}}+I_{\mathrm{L}}$$

故偏振度又可以表示为

$$P=\frac{I_{\mathrm{L}}}{I_{\mathrm{n}}+I_{\mathrm{L}}} \tag{5.8}$$

由此可见，自然光和线偏振光均可看做是部分线偏振光的极端情况。对线偏振光而言，相当于 $I_x=0$ 或 $I_n=0$，$P=1$，所以，线偏振光是偏振度最大的光，也称为全偏振光；而自然光的 $I_x=I_y$ 或 $I_{\mathrm{L}}=0$，$P=0$，故自然光是偏振度为 0 的光，也称非偏振光。

此外还有部分椭圆偏振光和部分圆偏振光，它们分别是椭圆偏振光和圆偏振光与自然光的混合。由于部分线偏振光较为常见，以后如没有特殊说明，部分偏振光皆指部分线偏振光。

5.2　偏振片的起偏与检偏

由于普通光源发出的光是非偏振光，要得到偏振光往往需要通过光与物质的相互作用而使入射光的偏振状态产生某种改变。我们将能够使自然光变为某种偏振光的光学器件称为起偏器。根据输出光的偏振形态可以将起偏器分为线起偏器、圆起偏器等；我们将检验偏振光叫做检偏，产生偏振光的器件都可以用来检验偏振光，此时称之为检偏器。

5.2.1　偏振片的作用机制

常用的线起偏器是偏振片，主要基于某些晶体的二向色性，即对不同方向的电磁振动具有不同吸收的性质，可以由自然光得到线偏振光。例如天然的电气石晶体是六角形片状，长对角线的方向称为它的光轴，当光线射在这种晶体的表面上时，与光轴平行振动的光矢量被

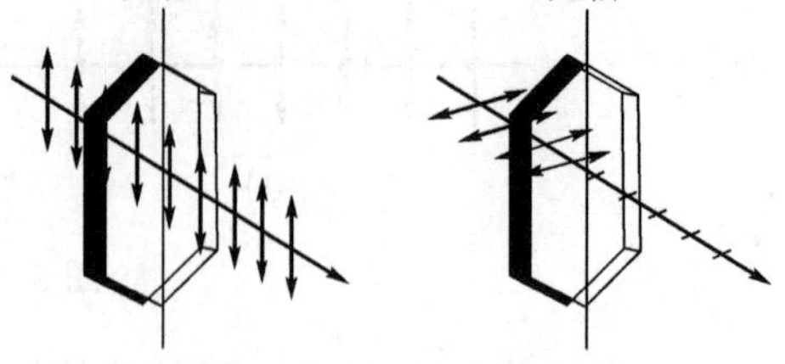

图 5-9 电气石的二向色性

吸收得较少,光可以较多地通过[图 5-9(a)];与光轴垂直的光矢量则被大部分吸收,通过得很少[图 5-9(b)]。除电气石晶体外,硫酸碘奎宁晶体也是一种典型的二向色性晶体。

目前广泛使用的人造偏振片是将聚乙烯醇薄膜在碘溶液中浸泡后,在较高温度下拉伸 3～4 倍,再烘干制成。这样碘-聚乙烯醇分子沿着拉伸方向规则地排列起来,形成一条条导电的长链。碘中具有的传导电子能够沿着长链方向运动,入射光波的电场沿长链方向的分量将作用于电子,对电子做功,因而被强烈吸收;而在垂直于长链的方向上,电子无法自由运动,故该方向的电场分量不对电子做功,能够透过。通过偏振片的透射光就成为线偏振光。我们将偏振片(或其他偏振器件)允许透过电矢量的方向称为它的透振方向。

人造偏振片的制备工艺简单,造价低廉,可以做成很大面积,通光孔径接近 180°,且厚度薄、重量轻,性能稳定。因此,尽管透射率较低且随波长而改变,但还是在实验室中获得广泛应用。

5.2.2 偏振片对不同偏振态的光强响应

以下讨论各种偏振结构的光波通过理想偏振片时的光强变化。

1. 自然光

任何状态的光波通过偏振片后剩下的只是振动沿其透振方向的分量,透射光的强度等于该分量的平方。由于自然光可以分解为两个任意正交方位的等强度的独立振动,相对偏振片来说,自然可以将两个正交方位取为透振方向及其垂直方向,透振方向的光振动完全通过,垂直方向的光振动完全被吸收。因此若入射自然光强度为 I_0,则透射线偏振光的强度为

$$I = \frac{1}{2}I_0 \tag{5.9}$$

当偏振片在垂直于光传播方向的平面内旋转时,透射光强度始终不变。

2. 线偏振光——马吕斯定律

现在考察线偏振光通过偏振片后的强度变化。设一线偏振光振幅 E_L,强度为 I_L,其振动方向与偏振片的透振方向夹角为 θ,可将其分解为平行和垂直于偏振片透振方向的两个分量,只有平行分量 $E_L\cos\theta$ 才能透过偏振片,因此透射光强为

$$I = E_L^2\cos^2\theta = I_L\cos^2\theta \tag{5.10}$$

式(5.10)称为马吕斯定律。不难看出,此时旋转偏振片,相当于 θ 变化,透射光强将随之周期性地明暗变化。对于理想偏振片,当 $\theta=0$ 时,透射光强最大;当 $\theta=\frac{\pi}{2}$ 时,透射光强为零,称为消光。

图 5-10 实验装置中,自然光通过偏振片 P_1 变为线偏振光,P_1 称为起偏器;通过 P_1 的线偏振光还将通过偏振片 P_2,若以光线入射方向为轴旋转 P_2,当起偏器 P_1 的透振方向和

P_2 的平行时，透过 P_2 的光强最大；当两者互相垂直时，透过 P_2 的光强为零；而两者的透振方向既非互相垂直又非平行时，光强在零和最大值之间。偏振片 P_2 称为检偏器。

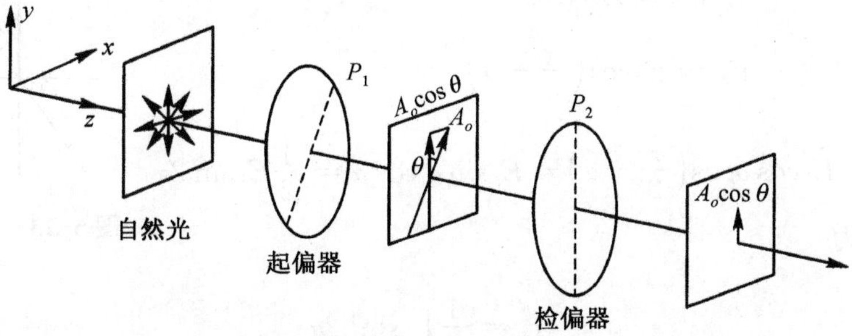

图 5-10　验证马吕斯定律的实验装置

3. 椭圆偏振光和圆偏振光

可以证明，入射光为椭圆偏振光时，透射光强会随着偏振片的旋转而改变。当偏振片透振方向旋至与椭圆长轴方向一致时，透射光强最大；旋至与椭圆短轴方向一致时，透射光强最小。而对圆偏振光，则透射光强不变，与自然光的情况相同。我们将在本章的偏振光干涉一节对此做详细分析。

4. 部分偏振光

将部分偏振光表示为强度分别是 I_x 和 I_y 的两个正交振动分量，以 θ 表示偏振片的透振方向与 I_y 方向的夹角，如图 5-11 所示。对 I_x 和 I_y 分别应用马吕斯定律，并注意到 I_x、I_y 互不相干，因此透射总光强是两个分量光强的直接叠加，即

$$I = I_x \sin^2 \theta + I_y \cos^2 \theta \tag{5.10}$$

当旋转偏振片改变 θ 角时，将观察到透射光强在极大值 $I_y(\theta = 0)$ 和极小值 $I_x\left(\theta = \frac{\pi}{2}\right)$ 之间周期性变化，这与椭圆偏振光通过旋转的偏振片时的现象相同，但它们各自形成这一现象的物理机制是不同的。对椭圆偏振光，其 I_x 和 I_y 在偏振片透振方向上的投影有确定的相位差，将发生干涉；而部分偏振光，这两个投影之间无确定的相位差，不发生干涉，总光强是两个分量光强的直接叠加。

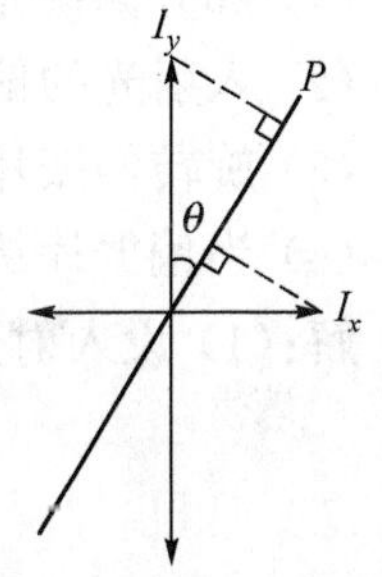

图 5-11　部分偏振光通过偏振片

例题 5.1　在两块偏振方向相互垂直的偏振片 P_1、P_3 之间插入另一块偏振片 P_2，如下图 5-12 所示。光强为 I_0 的自然光垂直入射于偏振片 P_1，求转动 P_2 时，透过 P_3 的光强 I 与转角的关系。

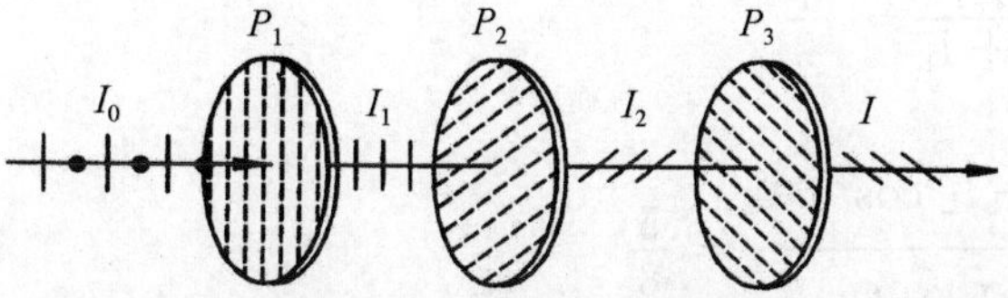

图 5-12　例题 5.1 图示 1

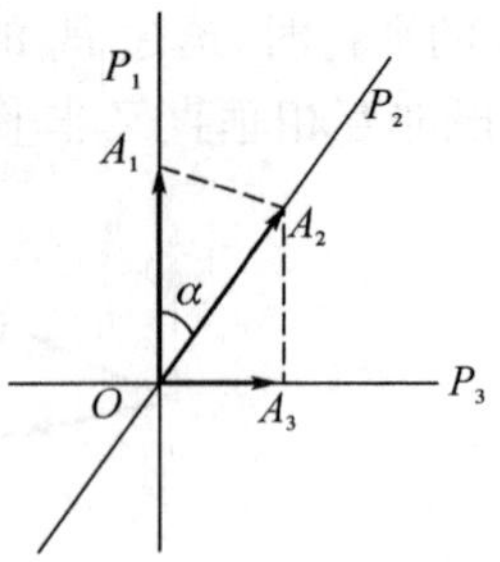

图 5-13 例题 5.1 图示 2

解:透过各偏振片的光矢量如图 5-13 所示,其中 α 为 P_1、P_2 偏振方向间的夹角。透过各偏振片的光振幅关系为

$$E_2 = E_1\cos\alpha,$$

$$E_3 = E_2\cos\left(\frac{\pi}{2}-\alpha\right)$$

所以 $E_3 = E_1\cos\alpha\cos\left(\frac{\pi}{2}-\alpha\right) = E_1\sin\alpha\cos\alpha = \frac{1}{2}E_1\sin 2\alpha$

透射光强为

$$I_3 = \frac{1}{4}I_1\ \sin^2 2\alpha$$

又 $I_1 = \frac{1}{2}I_0$,所以得

$$I = \frac{1}{8}I_0\ \sin^2 2\alpha$$

例题 5.2 通过一理想偏振片观察部分偏振光,当偏振片从最大光强方位转过 30°时,光强变为原来的 7/8,求

(1) 部分偏振光中线偏振光与自然光强度之比;

(2) 入射光的偏振度;

(3) 旋转偏振片时最小透射光强与最大透射光强之比;

(4) 当偏振片从最大光强位置转过 60°时上述两者的比值。

解:(1) 设入射光中自然光强度为 I_n、线偏振光强度为 I_L,则由题意可得

$$\frac{I_{30^\circ}}{I_{max}} = \frac{\frac{1}{2}I_n + I_L\cos^2 30^\circ}{\frac{1}{2}I_n + I_L} = \frac{7}{8} \tag{5.11}$$

由式 5.11 解得

$$\frac{I_L}{I_n} = \frac{1}{2}$$

(2) $P = \dfrac{I_L}{I_n + I_L} = \dfrac{I_L/I_n}{1 + I_L/I_n} = \dfrac{1}{3}$

(3) $\dfrac{I_{min}}{I_{max}} = \dfrac{1/2I_n}{1/2I_n + I_L} = \dfrac{1}{2}$

(4) $\dfrac{I_{60^\circ}}{I_{max}} = \dfrac{\frac{1}{2}I_n + I_L\cos^2 60^\circ}{\frac{1}{2}I_n + I_L} = \dfrac{5}{8}$

5.3 光在界面上反射折射时偏振态的改变

光通过两种透明介质的分界面时，除发生反射折射外，还存在能流分配、相位跃变和偏振态的改变等。法国物理学家菲涅耳(A. Fresnel)运用光的弹性波理论，给出一组公式，可以说明光在介质界面反射和折射的许多特征。而麦克斯韦电磁场方程建立后，根据光的电磁理论，由电磁场的边界条件，可以严格推导出菲涅耳公式，这也是光的电磁波性质最重要的证明之一。本节首先给出菲涅耳反射折射公式，再由此出发讨论反射波、折射波和入射波之间的振幅、相位和偏振态等随入射角的变化关系，及其在偏振器中的应用。

5.3.1 菲涅耳公式

两种介质的折射率分别为 n_1 和 n_2，它们由平面界面分开。平行光从介质 1 入射，在界面上发生反射与折射。如图 5-14 所示，首先建立坐标系，取分界面法线为 z 轴，方向从介质 1 到介质 2，x 轴在入射面内，而 y 轴与入射面垂直，三者构成右手正交系。设入射角、反射角和折射角分别为 i_1、i_1' 和 i_2，它们满足反射定律和折射定律，即

$$i_1' = i_2, \quad n_1 \sin i_1 = n_2 \sin i_2$$

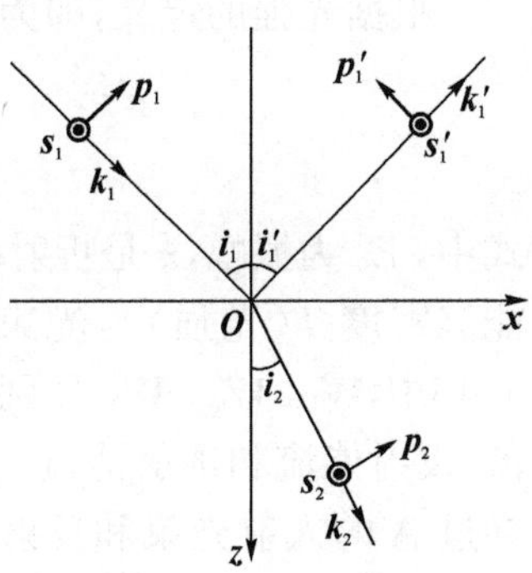

图 5-14 坐标系的建立

在任何时刻，我们都可以将入射波、反射波和折射波的电矢量分解为两个方向正交的振动分量，一个平行于入射面，以 p 表示(又称 p 分量或 p 振动)，另一个垂直于入射面，以 s 表示(简称 s 分量或 s 振动)。对每一束光波，取其 p 分量和 s 分量与相应的传播方向 k 构成三个局部直角坐标系，要求按 $\boldsymbol{p}$, $\boldsymbol{s}$, $\boldsymbol{k}$ 的顺序组成右手螺旋正交系，即

$$\boldsymbol{p} \times \boldsymbol{s} = \boldsymbol{k}$$

并规定 s 的正方向沿 y 轴正方向。这样，我们就可以将三束光波的电矢量 $\boldsymbol{E}_1$, $\boldsymbol{E}_1'$, $\boldsymbol{E}_2$ 分解成 p 分量和 s 分量，它们的正负都是相对于各自的基矢方向而言的。

由电磁场的边值关系可以导出，在界面两侧邻近点的入射光波、反射光波和折射光波电矢量各分量满足如下关系：

$$r_s = \frac{E_{1s}'}{E_{1s}} = -\frac{\sin(i_1 - i_2)}{\sin(i_1 + i_2)} \tag{5.12}$$

$$r_p = \frac{E_{1p}'}{E_{1p}} = \frac{\tan(i_1 - i_2)}{\tan(i_1 + i_2)} \tag{5.13}$$

$$t_s = \frac{E_{2s}}{E_{1s}} = \frac{2\cos i_1 \sin i_2}{\sin(i_1 + i_2)} \tag{5.14}$$

$$t_p = \frac{E_{2p}}{E_{1p}} = \frac{2\cos i_1 \sin i_2}{\sin(i_1 + i_2)\cos(i_1 - i_2)} \tag{5.15}$$

以上四式就是菲涅耳反射折射公式。式中的 r_p 和 r_s 分别称为 p 分量和 s 分量的振幅反射比(率);t_p 和 t_s 分别称为 p 分量和 s 分量的振幅透射比(率),统称菲涅耳系数。式中各分量是瞬时值,但由于它们的时间频率相同,也可看成是复振幅。

菲涅耳公式表明,反射、折射光里的 p 分量只与入射光里的 p 分量有关,s 分量只与 s 分量有关。即,在反射和折射的过程中,p、s 两个分量的振动是相互独立的。这进一步说明将一般振动分解为 p 分量和 s 分量的合理性。

在菲涅耳公式发表以后,斯托克斯巧妙地利用光的可逆性原理,直观简洁地得出了一组公式,给出了光从介质1射向介质2的振幅反射比 r 和透射比 t,以及从介质2射向介质1的振幅反射比 r' 和透射比 t',四者之间的相互关系,称为斯托克斯公式,该式对 p 分量或 s 都成立。这些关系式也可以用菲涅耳公式直接导出。

在讨论光的反射折射时,除了引入振幅的反射和透射率(比)之外,通常还要讨论强度的反射和透射率、能流的反射和透射率。

根据光强的定义,即为光场的平均能流密度,由(1.29)式可得光强 I 表达式

$$I = \frac{nc\varepsilon_0}{2}E_0^2 \propto nE_0^2$$

式中,E_0 为振幅,n 是折射率。而光束的能流 W 等于平均能流密度 I(光强)与光束垂直横截面积的乘积。在图5-15中,$\boldsymbol{W}_1$,$\boldsymbol{W}_1'$,$\boldsymbol{W}_2$ 分别表示面元 A 所对应的入射能流、反射能流和透射能流。由反射定律和折射定律可知,穿过A的入射光束和反射光束的垂直截面面积相等,即能流之比即为光强之比;而折射光束与入射光束垂直截面面积之比为 $\cos i_2/\cos i_1$,即能流之比为光强之比与 $\cos i_2/\cos i_1$ 的乘积。最后,根据能量守恒,对 p、s 分量分别有

$$W'_{1p}+W_{2p} = W_{1p}, \quad W'_{1s}+W_{2s} = W_{1s} \qquad (5.16)$$

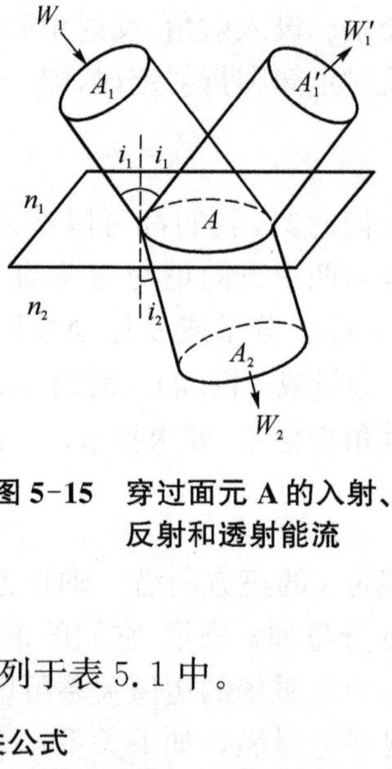

图5-15 穿过面元A的入射、反射和透射能流

由此可得 p 和 s 分量各自的能流反射率和透射率之和分别等于1。

为便于比较,现将各种反射率和透射率的定义及有关公式列于表5.1中。

表5.1 各种反射率和透射率的定义及有关公式

	s分量	p分量	自然光*
振幅反射率	$r_s = \frac{E'_{1s}}{E_{1s}}$	$r_p = \frac{E'_{1p}}{E_{1p}}$	
振幅透射率	$t_s = \frac{E_{2s}}{E_{1s}}$	$t_p = \frac{E_{2p}}{E_{1p}}$	
光强反射率	$R_s = \frac{I'_{1s}}{I_{1s}} = \vert r_s \vert^2$	$R_p = \frac{I'_{1p}}{I_{1p}} = \vert r_p \vert^2$	$R = \frac{I'_1}{I_1} = \frac{1}{2}(R_s + R_p) = \mathscr{R}$

续表

	s 分量	p 分量	自然光*
光强透射率	$T_s=\dfrac{I_{2s}}{I_{1s}}=\dfrac{n_2}{n_1}\mid t_s\mid^2$	$T_p=\dfrac{I_{2p}}{I_{1p}}=\dfrac{n_2}{n_1}\mid t_p\mid^2$	$T=\dfrac{I_2}{I_1}=\dfrac{1}{2}(T_s+T_p)$
能流反射率	$\mathscr{R}_s=\dfrac{W'_{1s}}{W_{1s}}=R_s$	$\mathscr{R}_p=\dfrac{W'_{1p}}{W_{1p}}=R_p$	$\mathscr{R}=\dfrac{W'_1}{W_1}=\dfrac{1}{2}(\mathscr{R}_s+\mathscr{R}_p)$
能流透射率	$\mathscr{J}_s=\dfrac{W_{2s}}{W_{1s}}=\dfrac{\cos i_2}{\cos i_1}T_s=1-R_s$	$\mathscr{J}_P=\dfrac{W_{2p}}{W_{1p}}=\dfrac{\cos i_2}{\cos i_1}T_p=1-R_p$	$\mathscr{J}=\dfrac{W_2}{W_1}=1-\mathscr{R}=1-R$

5.3.2　反射光与折射光的振幅比

利用折射定律，在式(5.12)到式(5.15)各式中消去 i_2，将 s 分量和 p 分量的振幅反射比和透射比 r_s, r_p, t_s, t_p 分别表示为入射角 i_1 的函数

$$r_s=\frac{\cos i_1-\sqrt{n_{21}^2-\sin^2 i_1}}{\cos i_1+\sqrt{n_{21}^2-\sin^2 i_1}} \tag{5.17}$$

$$r_p=\frac{n_{21}^2\cos i_1-\sqrt{n_{21}^2-\sin^2 i_1}}{n_{21}^2\cos i_1+\sqrt{n_{21}^2-\sin^2 i_1}} \tag{5.18}$$

$$t_s=\frac{2\cos i_1}{\cos i_1+\sqrt{n_{21}^2-\sin^2 i_1}} \tag{5.19}$$

$$t_p=\frac{2n_{21}\cos i_1}{n_{21}^2\cos i_1+\sqrt{n_{21}^2-\sin^2 i_1}} \tag{5.20}$$

式中，$n_{21}=n_2/n_1$ 为介质 2 对介质 1 的相对折射率。

我们将 $n_2>n_1$ 或 $n_{21}>1$，即从光疏介质射向光密介质的情况称为外反射；将 $n_2<n_1$ 或 $n_{21}<1$，即从光密介质射向光疏介质的情况称为内反射。现以玻璃和空气界面为例，由以上四式所得到的外反射和内反射时各振幅比随入射角 i_1 的变化曲线如图 5-16(a)(b)所示。其中三个特殊的入射角值得注意。

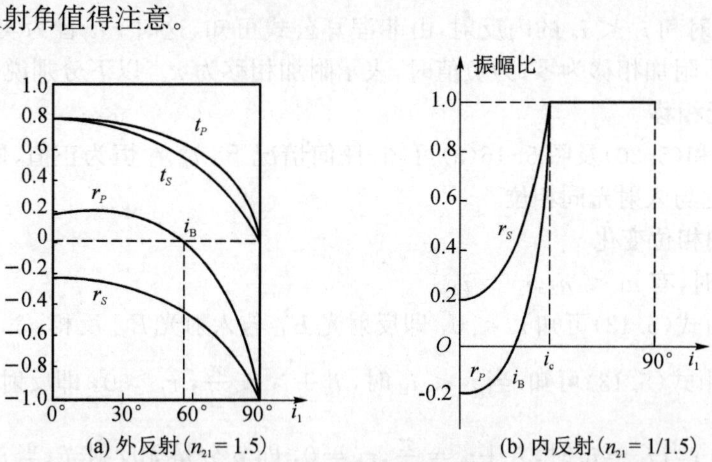

(a) 外反射($n_{21}=1.5$)　　(b) 内反射($n_{21}=1/1.5$)

图 5-16　反射与折射时振幅比随入射角的变化(空气-玻璃界面)

(1) 正入射时，$i_1=0$，此时无论外反射还是内反射，均有

$$r_s=\frac{n_1-n_2}{n_1+n_2} \tag{5.21}$$

$$r_p=\frac{n_2-n_1}{n_2+n_1}=-r_s \tag{5.22}$$

$$t_s=t_p=\frac{2n_1}{n_1+n_2} \tag{5.23}$$

(2) 无论外反射还是内反射，都存在一特殊的入射角，当 $i_1+i_2=\frac{\pi}{2}$ 时，$r_p=0$，即 p 分量没有反射光，我们称此时的入射角 i_1 为布儒斯特(D. Brewster)角，记为 i_B。由折射定律可得

$$\tan i_B=\frac{n_2}{n_1} \tag{5.24}$$

上述规律称为布儒斯特定律。当入射角为布儒斯特角时，无论入射光的偏振态如何，反射光都是线偏振光，是与入射面垂直的 s 分量，布儒斯特角又称起偏角。

(3) 对于内反射，存在一特殊角度

$$i_c=\arcsin\frac{n_2}{n_1} \tag{5.25}$$

当入射角 $i_1>i_c$ 时，发生全反射，$r_p=r_s=0$，角度 i_c 称为全反射临界角。

5.3.3 反射光与折射光的相位变化

如前所述，菲涅耳公式中的 E_s，E_p 各量可理解为复振幅，则 r、t 各量表示反射光、折射光与入射光复振幅之比，其辐角表示反射光、折射光相对于入射光的相位变化，或称附加相移，将折射光 s 分量和 p 分量的相移分别记为 δ_s，δ_p，则有

$$r_s=|r_s|e^{i\delta_s},\quad r_p=|r_p|e^{i\delta_p} \tag{5.26}$$

本节仅讨论外反射和 $i_1<i_c$ 的内反射，由菲涅耳公式可知，这时 r、t 皆为实数。因此，当它们为正值时，表示附加相移为零；为负值时，表示附加相移为 π。以下分别说明几种情况。

1. 折射光无相移

由式(5.19)和(5.20)及图 5-16(a)可知，任何情况下，t_p，t_s 恒为正值，即折射光相移恒为零，折射光永远与入射光同相位。

2. 反射光的相位变化

(1) 外反射时，有 $n_1<n_2, i_1>i_2$。

对 s 分量，由式(5.12)可知 $r_s<0$，即反射光 E'_{1s} 与入射光 E_{1s} 反相，$\delta_s=\pi$。

对 p 分量，由式(5.13)可知，当 $i_1<i_B$ 时，$i_1+i_2<\frac{\pi}{2}$，$r_p>0$，即反射光 E'_{1p} 与入射光 E_{1p} 同相，$\delta_p=0$；当 $i_1=i_B$ 时，$i_1+i_2=\frac{\pi}{2}$，$r_p=0$，即 p 分量无反射光；当 $i_1>i_B$ 时，i_1+i_2

$>\frac{\pi}{2}$，$r_p<0$，即反射光 E'_{1p} 与入射光 E_{1p} 反相，$\delta_p=\pi$。

(2) 内反射时，有 $n_1>n_2$，$i_1<i_2$。

对 s 分量，当 $i_1<i_c$ 时，由式(5.12)可知 $r_s>0$，即反射光 E'_{1s} 与入射光 E_{1s} 同相，$\delta_s=0$。

对 p 分量，由式(5.13)可知，当 $i_1<i_B$ 时，$r_p<0$，即反射光 E'_{1p} 与入射光 E_{1p} 反相，$\delta_p=\pi$；当 $i_1=i_B$ 时，$r_p=0$，即 p 分量无反射光；当 $i_B<i_1<i_c$ 时，$r_p>0$，即反射光 E'_{1p} 与入射光 E_{1p} 同相，$\delta_p=0$。

当 $i_1>i_c$ 时的相移问题要复杂一些(即全反射的相移)，δ_s，δ_p 一般按式(5.27a、b)计算

$$\delta_s=2\arctan\frac{n_2\sqrt{(n_1/n_2)^2\sin^2 i_1-1}}{n_1\cos i}\tag{5.27a}$$

$$\delta_p=2\arctan\frac{n_1\sqrt{(n_1/n_2)^2\sin^2 i_1-1}}{n_2\cos i}\tag{5.27b}$$

δ_s，δ_p 的取值随入射角 i_1 的变化如图 5-17 所示。

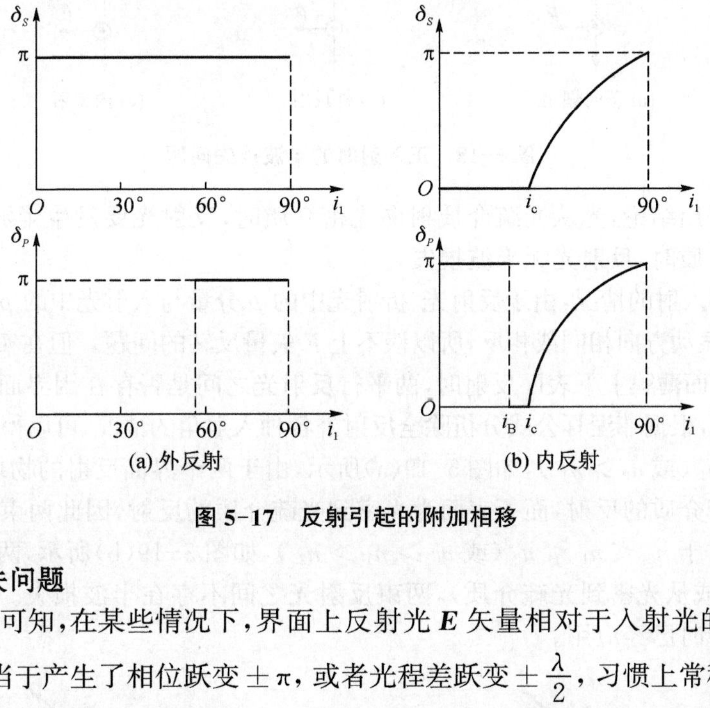

图 5-17　反射引起的附加相移

3. 半波损失问题

从上述分析可知，在某些情况下，界面上反射光 $\boldsymbol{E}$ 矢量相对于入射光的 $\boldsymbol{E}$ 矢量可以发生方向反转，相当于产生了相位跃变 $\pm\pi$，或者光程差跃变 $\pm\frac{\lambda}{2}$，习惯上常称为半波损失。

下面分析正入射时的情况，这时 $i_1=0$，由菲涅耳公式或图 5-17 可以确定外反射和内反射时各振幅比的符号，如表 5.2 所示。振幅比的正负分别说明 E 分量的实际方向与规定正方向一致或相反。按照之前规定的坐标系(图 5-14)，得出正入射时入射光、反射光和折射光 $\boldsymbol{E}$ 矢量的 s 分量和 p 分量的规定正向如图 5-18(a)所示。设界面处入射光 $\boldsymbol{E}$ 矢量的实际方向与所规定的正方向一致，则在外反射时，由于 $r_s<0$，反射光 s 分量的实际方向与规定正方向相反；而 r_p，t_s，t_p 均大于零，即反射光的 p 分量与折射光的 s、p 分量均与各自原来的正方向一致。这样，外反射时各光场的实际方向如图 5-18(b)所示。同理，可以得到内反

射时各光场的实际方向如图 5-18(c)所示。显然，外反射时，反射光 $\boldsymbol{E}$ 矢量的 s、p 分量都与入射光中的相反，且 $|r_s|=|r_p|$，故 $\boldsymbol{E}$ 发生方向反转，即产生了半波损失；而内反射时，反射光 $\boldsymbol{E}$ 矢量与入射光 $\boldsymbol{E}$ 矢量同向，不发生半波损失。对于折射光，则无论外反射还是内反射，均无半波损失。以上结论也同样适用于掠入射($i_1\approx 90°$)的情况。

表 5.2 正入射时振幅比符号

	外反射($n_1<n_2$)	内反射($n_1>n_2$)
r_s	−	+
r_p	+	−
t_s	+	+
t_p	+	+

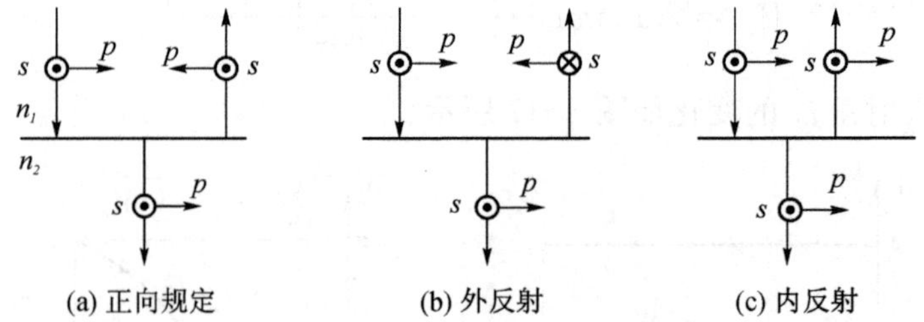

图 5-18 正入射时的半波损失问题

常常由此得出结论，光从光疏介质射向光密介质时，反射光要发生半波损失；而从光密介质射向光疏介质时，反射光无半波损失。

对于一般斜入射的情况，由于反射光、折射光中的 p 分量与入射光中的 p 分量有一定的夹角，很难比较其振动方向相同或相反，所以谈不上 $\boldsymbol{E}$ 矢量反转的问题。但在实际中需要经常考虑光从一平行平面薄膜上下表面反射时，两平行反射光之间是否存在因界面反射而引起的附加相位差。为此，根据菲涅耳公式分析除全反射外各种入射角的情况，可以得到如下结论：

对于 $n_0<n_1$（或 $n_0>n_1$），如图 5-19(a)所示，由于两个界面反射的物理性质不同：上表面为光疏到光密介质的反射，而下表面为光密到光疏介质的反射，因此两束反射光之间存在半波损失。而对于 $n_0<n_1<n_2$（或 $n_0>n_1>n_2$），如图 5-19(b)所示，两个界面都是从光疏到光密介质（或从光密到光疏介质），两束反射光之间不存在半波损失。上述结论在 3.3 节讨论薄膜干涉时已经应用。

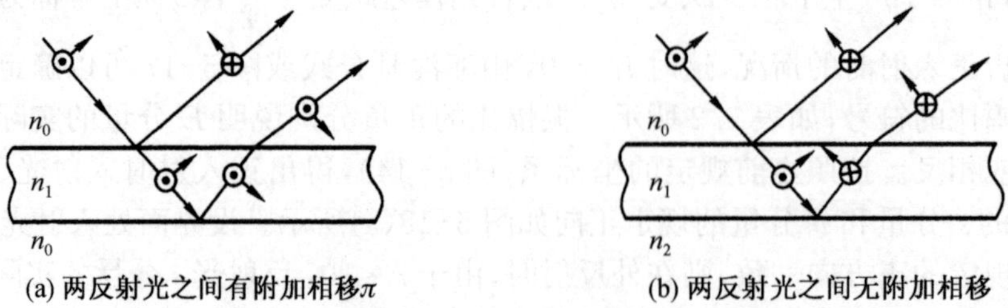

(a) 两反射光之间有附加相移π　(b) 两反射光之间无附加相移

图 5-19 平行平面薄膜上下表面反射光之间的半波损失问题

5.3.4　反射光与折射光的偏振态

任何偏振态的入射光均可分解为 s、p 两个正交分量，由菲涅耳公式可知，p 分量与 s 分量的振幅反射比和振幅透射比一般不相同，并且反射时还可能产生相移，所以反射折射会改变入射光的偏振态。下面讨论几种常见的情形。

(1) 如果入射光为线偏振光，其 s、p 分量的相位差为 0 或 π，而反射引起的 s、p 分量各自的相位变化也是 0 或 π。因此，反射光和折射光仍然是线偏振光，但光矢量 $\boldsymbol{E}$ 的大小和方向要发生改变。但在全反射时，线偏振光入射，反射光一般是椭圆偏振光。

(2) 如果入射光为圆偏振光，则反射光和折射光一般是椭圆偏振光。

(3) 如果入射光是自然光，由于这时 s 分量和 p 分量之间无确定的相位关系，故各振幅比的符号对宏观观测不起作用。反射光中两正交分量的强度之比取决于 R_s 与 R_p 之比。对于外反射和 $i_1 < i_c$ 的内反射，通常有 $R_s > R_p$，因此反射光通常为部分偏振光，且垂直于入射面振动的 s 分量光强度要大于 p 分量(平行于入射面振动)光强度；同理可知折射光一般亦为部分偏振光，且 p 光强度较大，见图 5-20。

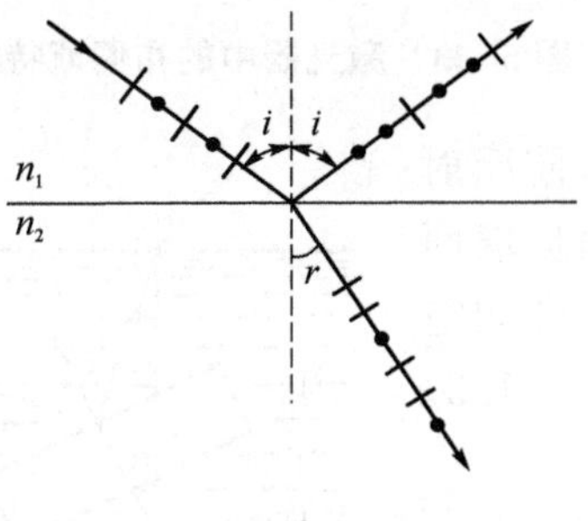

图 5-20　自然光入射时反射光和折射光为部分偏振光

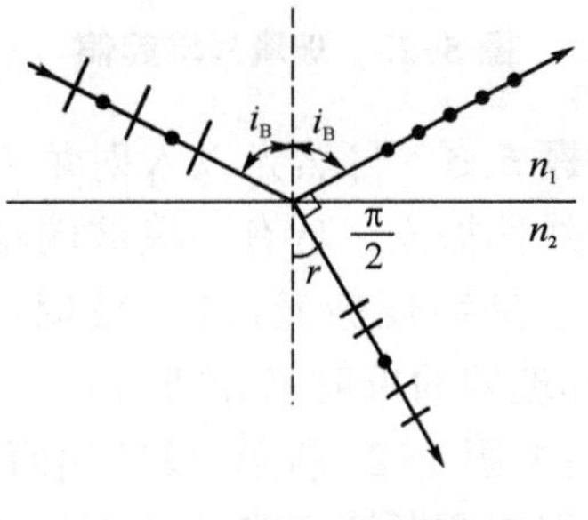

图 5-21　自然光以布儒斯特角入射

需要注意特殊入射角的情况：

(1) 正入射(包括内反射和外反射)与掠入射(仅考虑外反射)时，由于 $R_s = R_p$，反射光仍为自然光，折射光也是自然光。

(2) 以布儒斯特角 i_B 入射时(包括内反射和外反射)，由于 $R_p = 0$，反射光为垂直于入射面振动的 s 态的线偏振光；而折射光中因 s 分量成分减少，成为 p 分量占多数的部分偏振光，见图 5-21。

5.3.5　玻璃片堆和布儒斯特窗

根据布儒斯特定律，任意偏振态的入射光以布儒斯特角 i_B 入射时，反射光均成为只有 s 分量的线偏振光(若以 p 分量振动的线偏振光入射，则无反射光)，而此时折射光的偏振度也最高。故布儒斯特角 i_B 又称全偏振角或起偏角，这也为我们提供了从自然光获得线偏振光的一种简便而有效的方法。

当自然光以布儒斯特角入射到玻璃界面时，反射光虽然是完全偏振的 s 光，但光强反射比 $R_s \approx 15\%$，光能利用率低，而且在实际应用中往往不希望改变光的传播方向，所以更多地利用平板玻璃的透射光。但是透射光的偏振度又太低，以布儒斯特角入射时，单个玻璃表面的偏振度 $P \approx 8\%$。为了得到偏振度很高的透射光，通常将许多同样材料制成的平行玻璃板叠在一起进行起偏，称为玻璃片堆，如图 5-22 所示。只要自然光在第一个界面以布儒斯特角入射，则在以下各界面的入射角均为布儒斯特角，光每经过一个界面，约有 15% 的 s 分量被反射掉，而 p 分量则全部通过。经过多次的反射和折射，最后从玻璃片堆透射的光束中几乎已没有 s 分量，而成为 p 方向振动的线偏振光。

又如，在外腔式激光器中，为了减少窗口表面反射光的损失，激光腔内一对光学平行玻璃板被设计成其法线与谐振腔的轴线之间的夹角为布儒斯特角，称为布儒斯特窗。激光腔内来回振荡的光波每次通过布儒斯特窗，s 分量逐次被反射掉，而 p 分量却没有反射损失，可以在管内形成稳定的振荡放大，并从透反射镜 M_1 输出。从而得到线偏振激光。

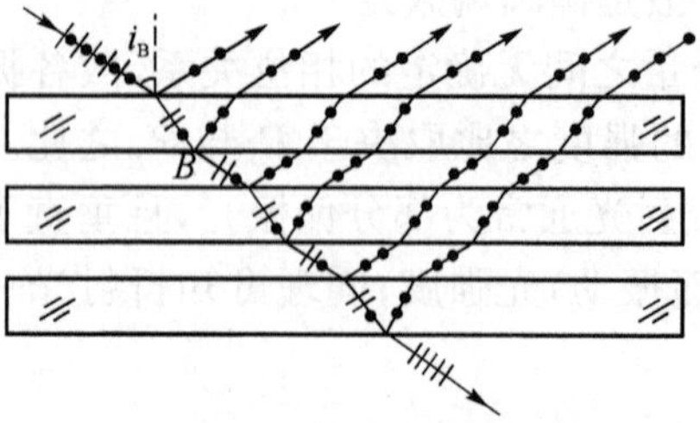

图 5-22 玻璃片堆起偏

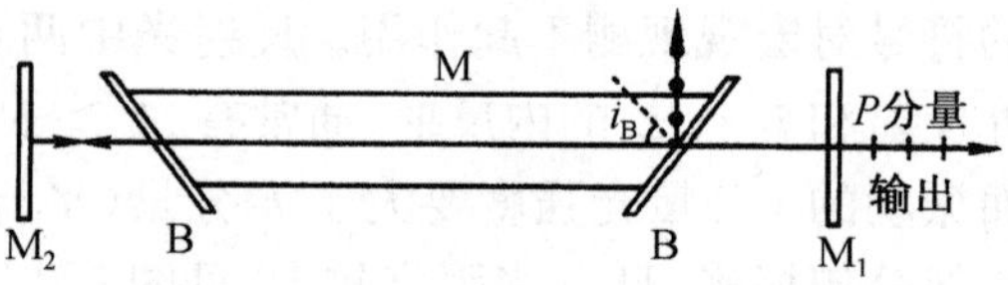

图 5-23 激光器中的布儒斯特窗

例题 5.3 自然光以入射角 i 斜投射到水面上，使反射光成为线偏振光。现有一块玻璃浸没于水中，若光由玻璃面反射后也是线偏振光，试求玻璃面与水面的夹角。已知空气、水和玻璃的折射率分别为 $n_1 = 1$，$n_2 = 1.33$，$n_3 = 1.5$。

解：如图 5-24 所示，设玻璃面与水面夹角为 α。

根据布儒斯特定律，$i + i_1 = 90°$

且 $n_1 \sin i = n_2 \sin i_1$，得 $\tan i_1 = \dfrac{n_1}{n_2} = \dfrac{1}{1.33}$，$i_1 = 36°56'$

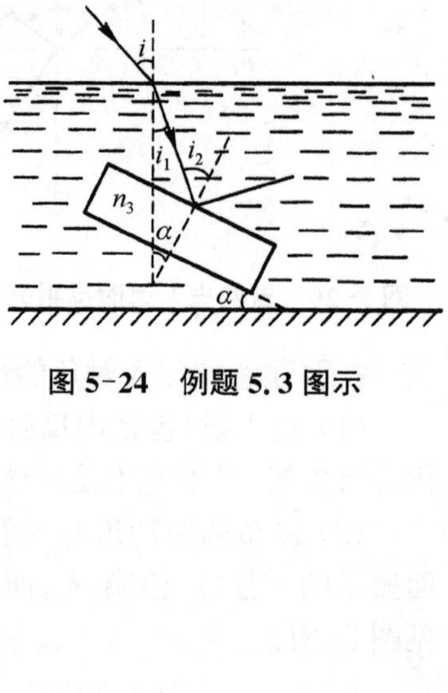

图 5-24 例题 5.3 图示

i_2 也是布儒斯特角，则 $\tan i_2 = \dfrac{n_3}{n_2} = \dfrac{1.5}{1.33}$，$i_2 = 48°26'$

由图可知，$i_2 = i_1 + \alpha$，得到

$$\alpha = i_2 - i_1 = 11°30'$$

5.4 单轴晶体的双折射

原子（离子或分子）呈空间周期性排列的固体称为晶体，晶体具有典型的光学各向异性特征，能对光产生双折射和偏振效应。

5.4.1 双折射现象及基本规律

1. 双折射现象

光入射到各向异性晶体中时，折射光将分开成两束，它们的折射程度不同，这种现象称为双折射。常用的双折射晶体是方解石，方解石又称冰洲石，化学成分是碳酸钙（$CaCO_3$）。将一块方解石晶体放在一张有字的纸面上，透过晶体可以看到字的双重像，两个像浮起高度不同，这就是双折射现象，如图 5-25 所示。许多透明晶体（如石英、云母、冰）都会产生双折射，但属于立方晶系的晶体（如岩盐）不产生双折射。

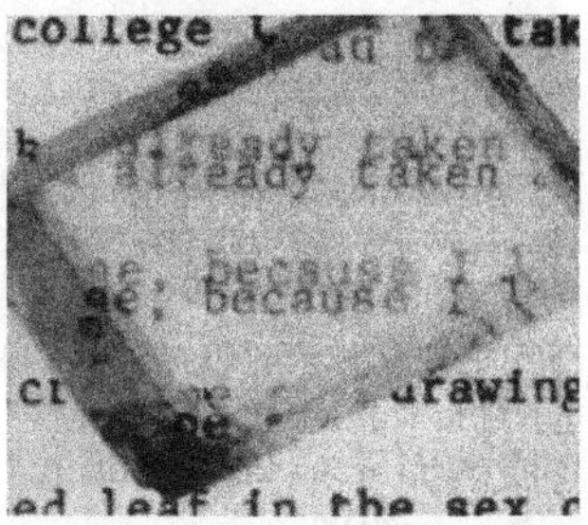

图 5-25　方解石的双折射现象

2. o 光和 e 光

实验发现，在双折射晶体中产生的两束折射光，其中一束遵从折射定律，称为寻常光（ordinary light），简称 o 光；另一束光一般情况下不遵从折射定律，即当入射角 i 改变时，$\frac{\sin i}{\sin \gamma} \neq$ 常数，该光束一般也不在入射面内，这束光称为非常光（extraordinary light），简称 e 光。晶体中 o 光和 e 光的折射率不同，e 光的折射率与传播方向有关。让一束自然光在方解石晶体的某一表面正入射时，可以发现 o 光沿原来的入射方向在晶体内传播，而 e 光偏离原入射方向，并且将晶体绕光的入射方向旋转时，在屏幕上可以看到 e 光的光点绕 o 光的光点旋转，见图 5-26。应当注意，这里的 o 光和 e 光只在双折射晶体的内部才有意义，从晶体出射后，就无所谓 o 光和 e 光了。

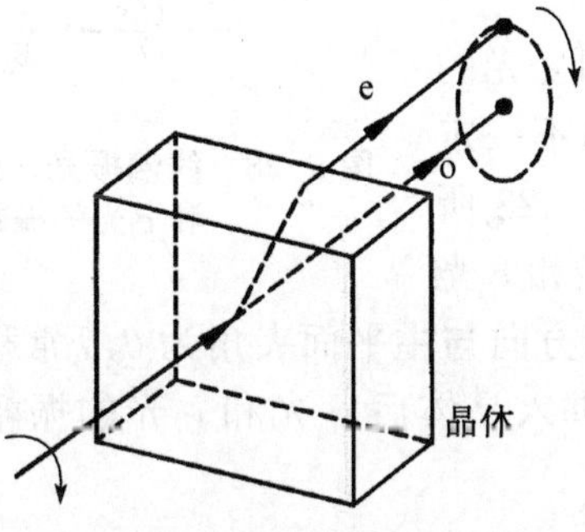

图 5-26　e 光随晶体旋转

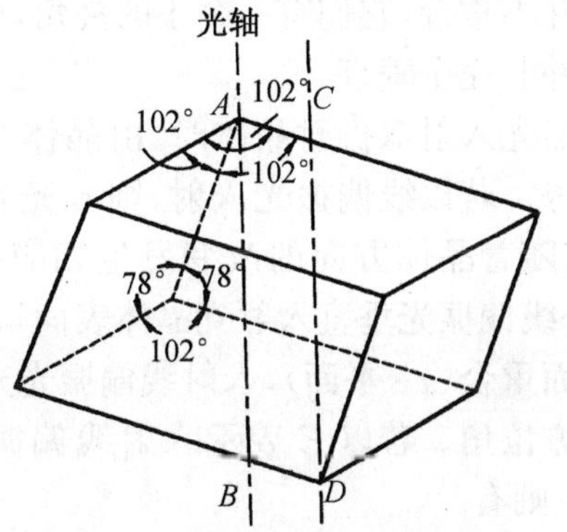

图 5-27　冰洲石的光轴

3. 晶体的光轴

研究发现，在晶体内部存在着一个特殊的方向，光沿这个特殊方向传播时，不发生双折射，即 o 光、e 光沿这个方向的传播速度相等。晶体内部的这个特殊的方向称为晶体的光轴。应该注意，光轴表示晶体中的一个特定的方向，并非指某一条特殊的直线，晶体中平行于这个方向的任何直线都是晶体的光轴。图 5-27 为天然冰洲石晶体的光轴方向。天然方解石（又称冰洲石）晶体是六面棱体，两棱之间的夹角约 78°或 102°，从其三个钝角相回合的顶点引出一条直线，并使其与各邻边成等角，这一直线方向就是方解石晶体的光轴方向，如图中 AB 或 CD 直线的方向。

只有一个光轴的晶体称为单轴晶体，如方解石、石英、冰、红宝石金红石等；有两个光轴的晶体称为双轴晶体，如云母、硫黄、橄榄石等。在下面的内容中，我们将以方解石代表讨论单轴晶体的双折射。

4. 晶体主截面

当光束入射晶体的某个晶面时,该晶面法线与晶体光轴构成的平面称为晶体的主截面。晶体主截面是与晶体本身相关的一个平面,与入射光的条件无关。

入射光线与晶面法线构成的平面称为入射面。当入射光线在主截面内,即入射面与主截面重合时,两折射光皆在入射面内;当入射面与主截面不一致时,非常光 e 光可能不在入射面内。

5. 主平面

晶体中某条光线与晶体光轴构成的平面,称为该光线的主平面。一般情况下,晶体中 o 光的主平面与 e 光的主平面并不重合。当光在晶体主截面内入射时,o 光主平面与 e 光主平面均与晶体主截面重合,该平面也就是 o 光与 e 光的共同主平面。实际应用中,为简化双折射现象的分析,常常取入射线在晶体的主截面内。

6. o 光和 e 光的偏振态及相对强度

用检偏器观察从双折射晶体出射的两束折射光,可以发现 o 光和 e 光都是线偏振光,但它们的光矢量的振动方向各不相同。o 光光矢量的振动方向垂直于 o 光主平面,而 e 光光矢量的振动则在 e 光主平面内。当光束在晶体主截面内入射时,主截面也同时为 o 光和 e 光的共同主平面,这时 o 光和 e 光的光矢量振动方向互相垂直。而一般情况下,o 光和 e 光的主平面并不重合,它们有一个小的夹角,所以 o 光和 e 光光矢量方向并非完全垂直。

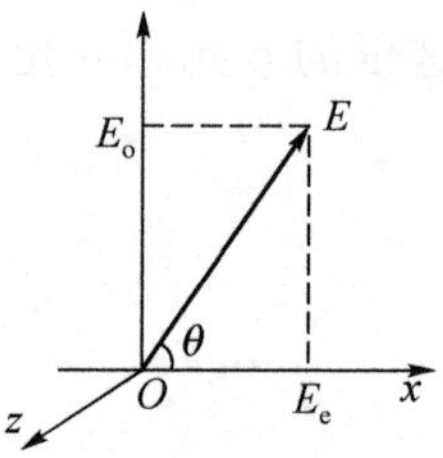

图 5-28 线偏振光入射时 o 光和 e 光的振幅

自然光入射双折射晶体时,由晶体产生的 o 光和 e 光的振幅相等。若以线偏振光入射,则 o 光和 e 光的振幅不一定相同,将随着晶体方向的改变发生相应变化。如图 5-28 所示,设一线偏振光垂直入射到晶体表面,在晶体内 o 光和 e 光的主平面重合(xz 平面),入射线偏振光光矢量的振动方向与主平面夹角为 θ,θ 常称为线偏振光的方位角。若以 E 表示入射线偏振光的振幅,进入晶体后 o 光和 e 光的振幅分别为 E_o, E_e,则有

$$\begin{aligned} E_o &= E\sin\theta \\ E_e &= E\cos\theta \end{aligned} \tag{5.28}$$

从晶体出射后,o 光和 e 光的相对光强为

$$\frac{I_o}{I_e} = \tan^2\theta \tag{5.29}$$

5.4.2 单轴晶体中点光源的波面

在各向同性介质中,一个点波源(它可以是真实的点光源,也可以是惠更斯原理中的次波中心)发出的波沿各个方向的传播速度相等,均为 $v = c/n$,经过一段时间 Δt 后,同相位点组成的波阵面是一个以点波源为中心,半径为 $v\Delta t$ 的球面。

在单轴晶体中,o 光的传播规律与各向同性介质中一样,沿各个方向传播速度相同,记为 v_0,所以 o 光的波面为球面。但 e 光沿各个方向的传播速度不同,沿光轴方向的传播速度

与 o 光相同，而垂直于光轴方向上的传播速度为另一值，记为 v_e，对于其他传播方向，e 光速度介于 v_o 和 v_e 之间，其波面是围绕光轴方向的旋转椭球面。将 o 光和 e 光波面画在一起，它们在光轴方向上相切，如图 5-29 所示。

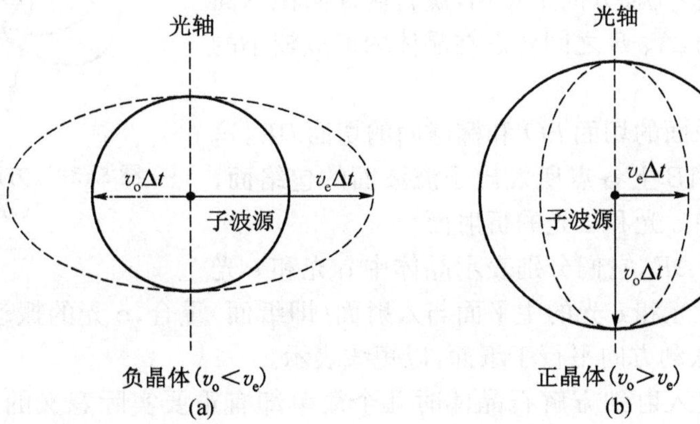

图 5-29　单轴晶体中的波面

我们知道，真空中光速与介质中光速之比，等于该介质的折射率。对于 o 光，沿各个方向的传播速度相等，晶体的折射率为 $n_o = c/v_o$。对于 e 光，由于它不服从普通的折射定律，我们不能简单地用一个折射率来反映它在晶体中的折射规律。但是在垂直于光轴方向上，仍然定义了晶体对 e 光的折射率，即真空中光速 c 与 e 光在垂直光轴方向上传播速度 v_e 的比值，$n_e = c/v_e$，它与 n_o 一样是晶体的一个重要光学参量。通常将 n_o 和 n_e 合称为晶体的主折射率。

单轴晶体一般分为两类：一类以方解石为代表，$v_e \geqslant v_o$，在 o 光和 e 光的复合波面图中，旋转椭球面外切于球面[图 5-29 (a)]，这类晶体称为负晶体，有 $n_e \leqslant n_o$；另一类以石英为代表，$v_e \leqslant v_o$，波面图中旋转椭球面内切于球面[图 5-29 (b)]，这类晶体称为正晶体，有 $n_e \geqslant n_o$。表 5.3 列出了几种单轴晶体的主折射率，入射光波长为 589.3 nm。

表 5.3　单轴晶体的主折射率(λ=589.3 nm)

晶体	n_o	n_e	晶体	n_o	n_e
石英	1.544 3	1.553 4	方解石	1.658 4	1.486 4
冰	1.309	1.313	电气石	1.669	1.638
金红石 (TiO_2)	2.616	2.903	白云石	1.681 1	1.500

5.4.3　平面波在单轴晶体中的传播——惠更斯作图法

平面波入射到晶体表面时，波面上的每一点都可视为次波源，并同时发出波面为球面和旋转椭球面(在晶体中实为半球面和部分旋转椭球面)的次波，利用上述复合波面图和惠更斯作图法，可以确定晶体内 o 光和 e 光的传播方向。

现假设自然光平面波斜入射到方解石晶体，晶体光轴在入射面内并与界面成一夹角，如

图 5-30 所示。具体作图步骤如下：

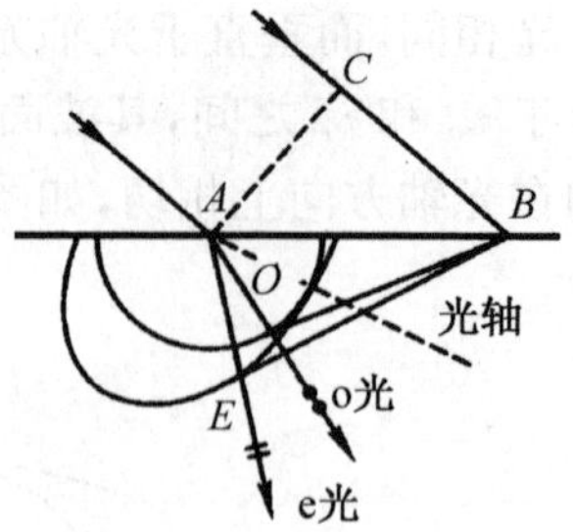

图 5-30 方解石中 o 光与 e 光的传播

(1) 画出入射光的波面 AC。当 C 点传播到界面上 B 点时，A 点作为次波源已经在晶体中形成了两个波面：旋转椭球面和球面，它们在光轴方向上相切，旋转椭球面在球面之外。在相同时间内，A、B 之间各点在晶体内形成较小的子波面。

(2) 过 B 点做球面的切面 BO 和椭球面的切面 BE，这两个平面就是界面 AB 上各点所发出子波波面的包络面，它们分别代表晶体中 o 光和 e 光的折射面。

(3) 链接 AO 和 AE，它们分别表示晶体中 o 光和 e 光的传播方向。此时 o 光和 e 光的主平面与入射面(即纸面)重合，o 光的振动方向垂直纸面，以圆点表示，e 光的振动方向平行于纸面，以短线表示。

下面讨论自然光入射到方解石晶体时几个简单却有重要实际意义的特例，如图 5-31 所示。

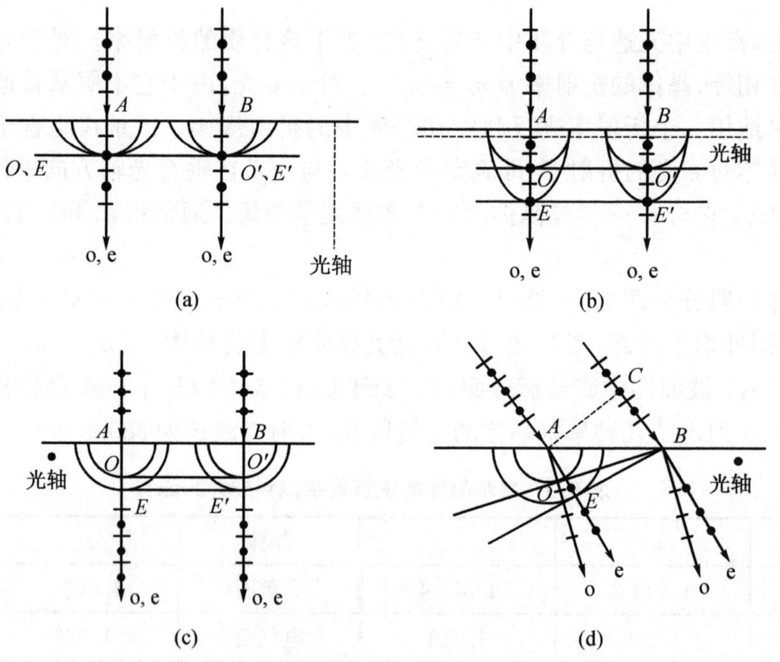

图 5-31 平面波在方解石内传播的特例

(a) 平面波正入射，光轴垂直于界面。

入射光波面 AB 同时到达界面上，A、B 两点作为次波源在晶体内同时发出的 o 光次波面和 e 光次波面分别相切于光轴上的 O、E 点和 O'、E' 点，此时切点 O、E 重合，O'、E' 重合。作它们的公共切面，该切面平行于界面并垂直于纸面，是 A、B 之间各点次波源产生的两种次波的公共包络面，$AO(E)$ 和 $BO'(E')$ 的连线方向即为 o 光和 e 光的传播方向。由图可见，晶体中 o 光和 e 光的波面完全重合，o 光和 e 光沿同一方向(即光轴方向)以同一速度 v_o 传播，在此特例中没有发生双折射，折射光仍然是自然光。

(b) 平面波正入射,光轴平行于界面并且在纸面内。

这时 o 光和 e 光的子波波面与包络面的切点 O、E 点,O'、E' 点不再重合,o 光和 e 光的传播方向仍然相同,都与光轴垂直,但它们的传播速度不同,e 光波面在前,o 光波面在后,这仍属双折射现象。

(c) 平面波正入射,光轴平行于界面并且垂直于纸面。

在这种情况下,入射面(即纸面)垂直于光轴,A、B 点向晶体内发出的 e 光光波在纸面内各个传播方向均与光轴垂直,其传播速度都是 v_e,A、B 点发出的 e 光次波面和 o 光次波面均为圆形,前者半径大于后者。作图可以看出,o 光和 e 光的波面仍然平行,传播方向相同,但传播速度不同。这也是双折射现象,在效果上与(b)的情形相同。

(d) 平面波斜入射,光轴平行于界面并且垂直于纸面。

这时由 A 点产生的两种次波的波面在纸面内的截线是同心圆,同样,e 光波面的半径大于 o 光。在这种特殊的情形中,o 光和 e 光都遵从折射定律,折射率分别是 n_o 和 n_e。

5.5　晶体光学器件

5.5.1　晶体偏振器

双折射现象的重要应用之一是制作偏振器件。因 o 光和 e 光都是百分之一百的线偏振光,这一点比之前介绍的偏振片和玻璃片堆等起偏器性能更为优越。利用 o 光和 e 光折射规律的不同,可以将它们充分分开,这样可以由自然光获得优质的线偏振光。用双折射晶体制作的偏振器件又称偏振棱镜(双折射棱镜)。以下介绍几种典型的偏振棱镜。

1. 尼科耳棱镜

尼科耳(W. Nicol)棱镜是应用最广泛的双折射偏振器件之一。如图 5-32 所示,通常取长、宽之比约为 3∶1 的优质方解石晶体,将两端面磨去一部分,使其主截面上的锐角减为 68°,再将晶体沿短对角线切开并将切开面磨平抛光,最后用加拿大树胶黏合在一起,即得到尼科耳棱镜。对于钠黄光 $\lambda = 589.3\ \text{nm}$,方解石的主折射率为 $n_e = 1.486$,$n_0 = 1.658$,而加拿大树胶的折射率为 $n = 1.55$,介于二者之间。

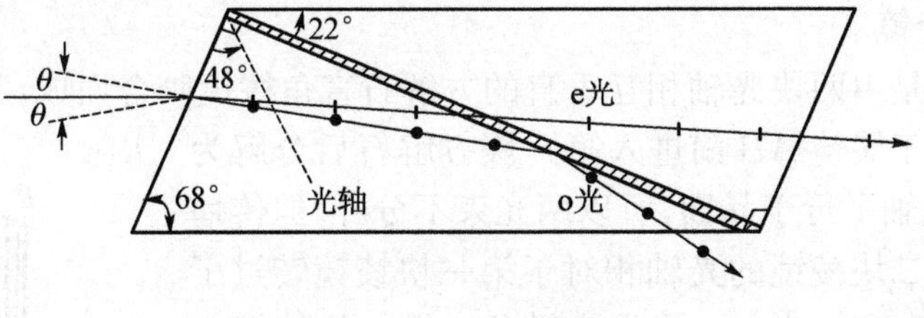

图 5-32　尼科耳棱镜

当平行于底边的自然光射入尼科耳棱镜后,分解为 o 光和 e 光,o 光从方解石内部射到树胶界面的入射角约为 76°,大于临界角(约 70°)。所以第一块晶体内的 o 光在树胶界面上将发生全反射,最后被涂黑的侧面所吸收。而 e 光在界面上不发生全反射,通过第二块晶体出射,于是我们得到了振动方向平行于主平面的线偏振光。

一束自然光通过尼科耳棱镜时，只有平行于主平面的偏振光通过，这就是尼科耳棱镜的起偏作用。尼科耳棱镜也可以作为检偏器使用，设入射线偏振光的光强为 I_o，振动方向与尼科耳棱镜主截面夹角为 θ，则根据马吕斯定律，出射光强为

$$I = I_o \cos^2 \theta$$

使用尼科耳棱镜时必须注意入射光束在入射面上的角度不能太大，限制范围约为 14°。因为若改变入射光的方向，晶体内的 o 光方向将随着改变，如果 o 光方向改变太大，使得它在晶体和树胶界面上的入射角小于临界角，那么 o 光在界面上就不发生全反射而通过第二块方解石晶体出射了。另一方面，非常光的折射率与光线传播方向也有关。$n_e = 1.468$ 是主折射率，在其他方向上的折射率比这要大。如果光线与光轴的夹角过小，非常光的折射率也会变得大于加拿大树胶的折射率而在晶体和树胶界面上发生全反射。对入射光束发散角的限制，以及有效使用截面小，是尼科耳棱镜在使用中存在的缺点。

2. 格兰·汤姆逊偏振棱镜

这种棱镜是由玻璃（折射率 $n=1.655$）和方解石（主折射率 $n_e = 1.468$，$n_0 = 1.658$）直角棱镜黏合而成，胶合剂的折射率也为 1.655，如图 5-33 所示。当自然光从左方玻璃棱镜射入并到达胶合剂和方解石的分界面时，其中的垂直分量（点子）在方解石中为 o 光，平行分量（短线）在方解石中为 e 光。由于方解石 o 光的折射率 $n_0 = 1.658$ 非常接近胶合剂折射率 1.655，所以垂直分量几乎无偏折地射入方解石而后出射。方解石对于平行分量（e 光）的折射率为 $n_e = 1.486$，小于 1.655，因而存在一个临界角，当入射角大于临界角时，平行振动的光线发生全反射，偏离原来的传播方向，这样就能把两种偏振光分开，从而获得偏振程度很高的线偏振光。这种偏振棱镜对于所有在水平线上下不超过 10°的入射光都是很适用的。

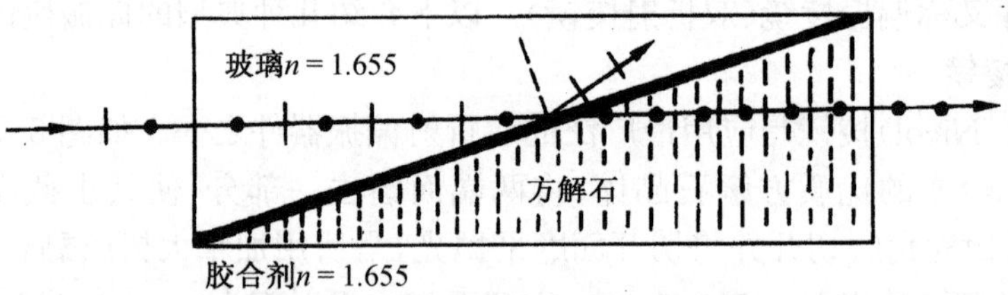

图 5-33 格兰·汤姆逊棱镜

3. 渥拉斯顿棱镜

渥拉斯顿棱镜是由两块光轴相互垂直的方解石直角棱镜胶合而成，其剖面如图 5-34 所示。当自然光垂直于棱镜 AB 面进入第一块方解石后分解为 o 光和 e 光，由于光轴平行于晶面，所以两光束不分开，但传播速度不同。由于第二块棱镜的光轴相对于第一块棱镜转过了 90°，因此在界面 AC 处，o 光与 e 光发生转化。第一块棱镜中光矢量垂直于纸面的 o 光进入第二块棱镜后成为 e 光，这相当于由光密介质进入光疏介质，因而偏离法线 AC 面的法线方向向上偏折；而光矢量平行于纸面的另一束偏振光，在第一块棱镜中是 e 光，对第二块来说则是 o 光，这相当于由光疏介

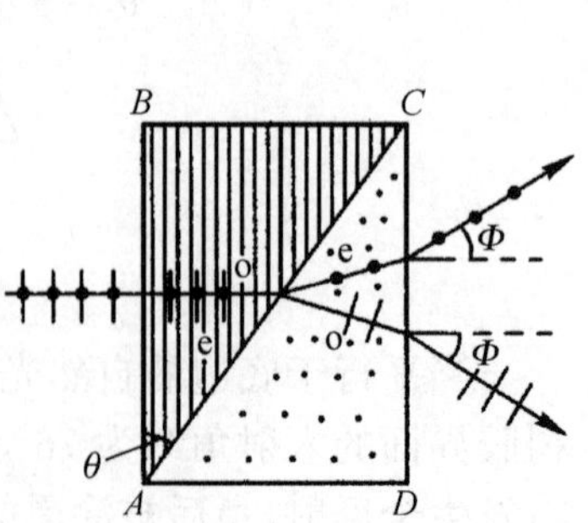

图 5-34 渥拉斯顿棱镜

质进入光密介质，因而靠近法线方向向下偏折。两光束在第二块棱镜中分开，当它们从 CD 表面出射进入空气时，两光束彼此分开角度将进一步增大。这样，利用渥拉斯顿棱镜就可以把自然光分解成两束显著分离的，振动方向相互垂直的偏振光。出射光束分开的角度取决于每一块方解石直角棱镜的顶角 θ，可以证明，当棱镜顶角 θ 不很大时，出射的两束光差不多对称地分开，它们与出射面法线的夹角为

$$\Phi = \arcsin[(n_o - n_e)\tan\theta] \tag{5.30}$$

5.5.2　相位延迟器——波晶片和补偿器

相位延迟器的原理是，由双折射晶体将入射的偏振光分成振动方向互相垂直的两个分量，利用晶体中 n_e 和 n_o 的差别，改变彼此的相对相位，然后再将它们合成，以得到需要的偏振态。相位延迟器可以将光从一种偏振态转换为另一种偏振态，也可以检验某束光具有何种偏振态。

1. 波晶片

将单轴晶体沿其光轴方向切制而成的具有一定厚度的平行平面薄片，表面与晶体光轴平行，如图 5-35(a)所示。当一束线偏振光正入射时，在波晶片内分解成 o 光和 e 光，二者传播方向相同，但速度及相应的折射率不同[见图 5-35(b)]，振动方向相互垂直。设晶片厚度为 d，主折射率为 n_e 和 n_o，则从晶片出射时 o 光和 e 光的光程差为

$$\Delta = (n_o - n_e)d \tag{5.31}$$

o 光相对 e 光的相位差为

$$\delta = \frac{2\pi}{\lambda}(n_o - n_e)d \tag{5.32}$$

即 o 光的相位相对 e 光多延迟了 δ。对于负晶体，$n_o > n_e$，$\delta > 0$，表示 e 光超前，o 光落后；对于正晶体，$n_o < n_e$，$\delta < 0$，表示 o 光超前，e 光落后。

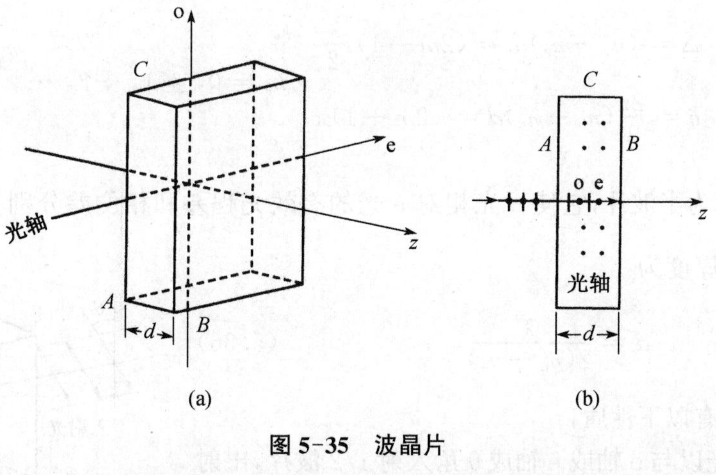

图 5-35　波晶片

在波晶片中，e 光和 o 光的振动方向相互垂直，并分别与光轴方向平行和垂直，通常将这两个方向称为 e 轴和 o 轴，在今后的讨论中，我们将 e 轴和 o 轴分别取为 x 正向和 y 正向，则

光传播方向取为 z 轴正向，eoz 三者依序构成右手正交系。此外，人们常将波晶片中光速较大对应的振动方向又称为快轴，光速较慢的振动方向称为慢轴。对于负晶体，显然 e 轴为快轴，o 轴为慢轴。

适当地选择波晶片厚度 d，可以使出射的两束线偏振光之间产生任意数值的相对相位延迟，因此波晶片也叫相位延迟片。下面介绍几种常用的波晶片。

(1) 四分之一波片($\lambda/4$ 片)

对于波长为 λ 的单色光，选择波晶片的厚度 d，使 o 光相对 e 光的光程差和相应的相位差为

$$\begin{aligned}\Delta &= (n_o - n_e)d = (2m+1)\frac{\lambda}{4}\\ \delta &= \frac{2\pi}{\lambda}(n_o - n_e)d = (2m+1)\frac{\pi}{2}\end{aligned} \qquad m = 0, \pm 1, \pm 2, \cdots \tag{5.33}$$

这样的波晶片称为四分之一波片，它使 o 光相对 e 光的有效光程差和相位差分别为 $\pm\dfrac{\lambda}{4}$ 和 $\pm\dfrac{\pi}{2}$。1/4 波片的最小厚度为

$$d = \frac{\lambda}{4(n_o - n_e)} \tag{5.34}$$

1/4 波片具有以下的性质：

① 线偏振光以与 o 轴或 e 轴成 0°或 90°入射时，出射光仍为线偏振光；

② 线偏振光以与 o 轴或 e 轴都成 45°入射时，出射光为圆偏振光；

③ 线偏振光以与 o 轴或 e 轴成其他一定的角度入射时，出射光为椭圆偏振光；

④ 椭圆或圆偏振光经过 1/4 波片后，可以获得线偏振光。

(2) 半波片($\lambda/2$ 片)

对于波长为 λ 的单色光，选择波晶片的厚度 d，使 o 光相对 e 光的光程差和相应的相位差为

$$\begin{aligned}\Delta &= (n_o - n_e)d = (2m+1)\frac{\lambda}{2}\\ \delta &= \frac{2\pi}{\lambda}(n_o - n_e)d = (2m+1)\pi\end{aligned} \qquad m = 0, \pm 1, \pm 2, \cdots \tag{5.35}$$

这样的波晶片称为半波片，它使 o 光相对 e 光的有效光程差和相位差分别为 $\pm\dfrac{\lambda}{2}$ 和 $\pm\pi$。1/2 波片的最小厚度为

$$d = \frac{\lambda}{2(n_o - n_e)} \tag{5.36}$$

1/2 波片具有以下性质：

① 线偏振光以与 o 轴或 e 轴成 θ 角入射 1/2 波片，出射光仍为线偏振光，但振动面相对原入射光转过 2θ 角(图 5-36)。

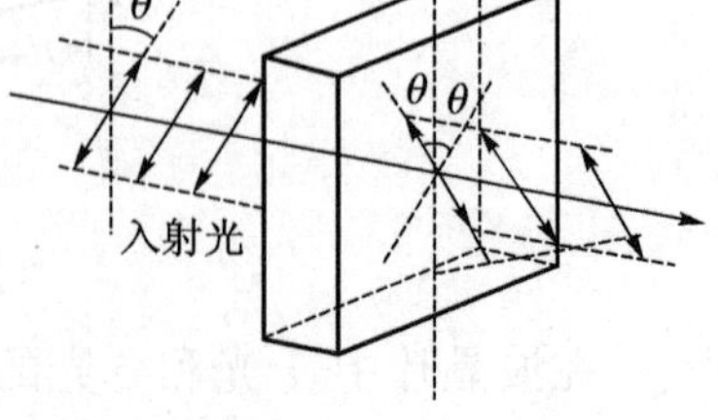

5-36 线偏振光通过半波片

② 椭圆或圆偏振光入射 1/2 波片，出射光仍为椭圆或圆偏振光，但旋向相反。

(3) 全波片（λ 片）

若选择波片厚度 d，满足

$$\begin{aligned}\Delta &= (n_o - n_e)d = m\lambda \\ \delta &= \frac{2\pi}{\lambda}(n_o - n_e)d = 2m\pi \qquad m = 0, \pm 1, \pm 2, \cdots\end{aligned} \tag{5.37}$$

这样的波片称为全波片（λ 片）。λ 片的最小厚度为

$$d = \frac{\lambda}{(n_o - n_e)} \tag{5.38}$$

全波片使 o 光和 e 光的相位差是 2π 的整数倍，因此它不改变入射光的偏振态，只能增大光程差。

应当注意，上述各种波片都只对某一特定波长产生作用。另外，自然光和部分偏振光入射到波晶片时，由于其正交分量之间的相位差是随意无规律的，因此从波晶片出射的光宏观上仍然是自然光或部分偏振光。由此可见，通过波晶片能够改变偏振光的偏振态，但不能将非偏振光转换成偏振光。

2. 补偿器

由于波晶片的厚度是均匀不变的，因此只能对某种波长产生固定的附加相位差。晶体补偿器则采用厚度线性可调的晶体薄棱镜，可以获得连续改变的附加相位差。常用的有巴比涅（Babinet）补偿器和索累（Soleil）补偿器。

(1) 巴比涅补偿器

如图 5-37 所示，巴比涅补偿器由两块光轴相互垂直的楔形方解石或石英棱镜组成，其结构同渥拉斯顿棱镜。当光垂直入射时，分解成光矢量互相垂直的 o 光和 e 光。由于楔角很小，厚度也不大，所以 o 光和 e 光的传播方向基本一致。设光通过第一块棱镜的厚度 d_1、第二块的厚度 d_2，在第一块棱镜中的两个正交分量到第二块棱镜时互换。因此从补偿器出射时，两个分量之间的相位差为

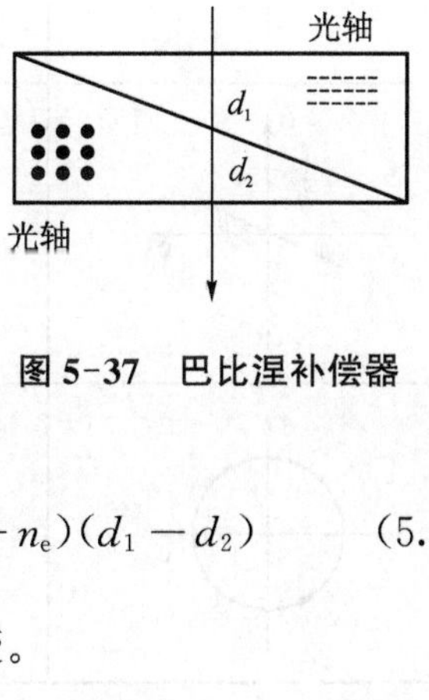

图 5-37　巴比涅补偿器

$$\delta = \frac{2\pi}{\lambda}[(n_o d_1 + n_e d_2) - (n_e d_1 + n_o d_2)] = \frac{2\pi}{\lambda}(n_o - n_e)(d_1 - d_2) \tag{5.39}$$

当光从不同位置入射时，$(d_1 - d_2)$ 值不同，相位差 δ 也随之改变。

(2) 索累补偿器

因为宽光束的不同部位会产生不同的相位差，因此巴比涅补偿器的缺点是只能使用很细的入射光束。索累补偿器可以克服这一缺点，它是由两个光轴互相平行的石英楔和一块表面平行的石英薄片组成，平行薄片的光轴和石英楔的光轴垂直，如图 5-38 所示。上楔可借助于微调螺丝在下楔的斜面上平行移动，从而改变光束通过的有效厚度，可使附加相位差 δ 连续可调，并可以在相当宽的范围内得到相同的 δ 值。

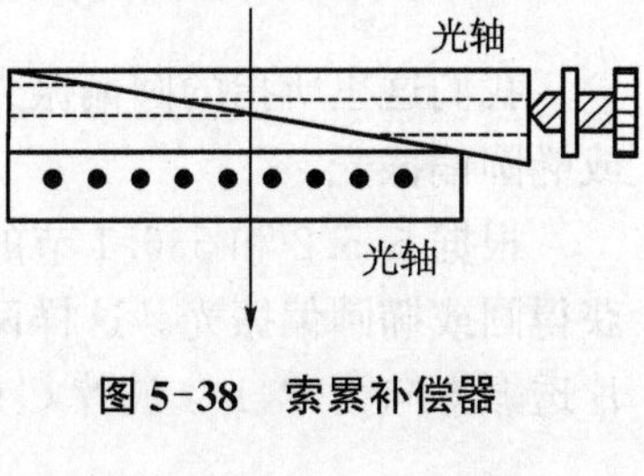

图 5-38　索累补偿器

5.6 圆偏振光和椭圆偏振光的获得与检验

5.6.1 光通过波晶片后偏振态的变化

研究各种偏振结构的光通过波晶片后偏振态的变化，其分析方法和步骤可归纳如下：

(1) 将入射光的电矢量 $\boldsymbol{E}$ 按照波晶片的 o 轴和 e 轴分解成 E_o，E_e，求其振幅 A_o，A_e，并根据入射光的偏振态确定在波晶片入射点处 o 光和 e 光的初始相位差 δ_o；

(2) 光在波晶片输出时，o 光和 e 光的振幅仍为 A_o，A_e，根据波晶片的种类确定附加相位差 $\delta_C = \dfrac{2\pi}{\lambda}(n_o - n_e)d$；

(3) 从波晶片出射的光的偏振态可由振幅比 A_o/A_e 和相位差 $\delta = \delta_o + \delta_C$ 判定。

结合上一节对 λ/4 波片性质的分析，我们将几种偏振光经负晶体（方解石）制成的 λ/4 片（ $\delta_C = \pi/2$ ）后偏振态的变化情况列于表 5.4。

表 5.4 偏振光经 λ/4 片后偏振态的变化

入射光偏振态	经 λ/4 片后	入射光偏振态	经 λ/4 片后
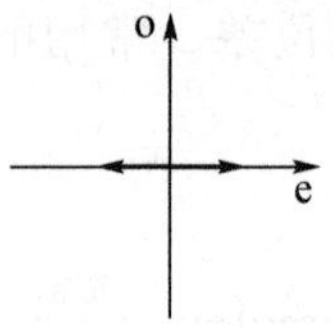	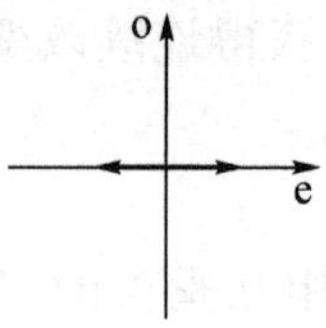	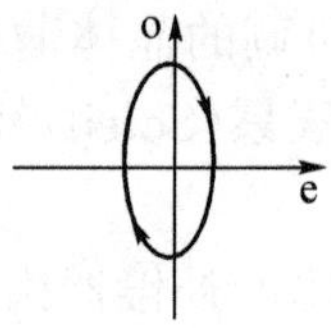	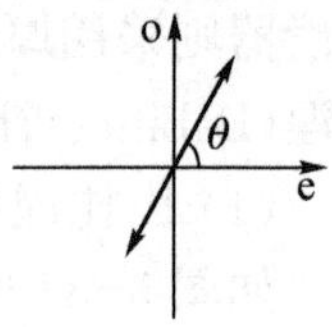
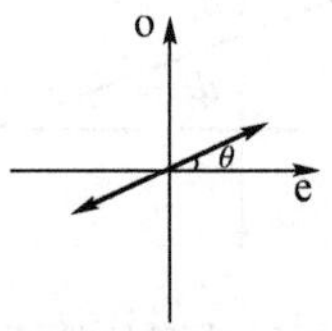	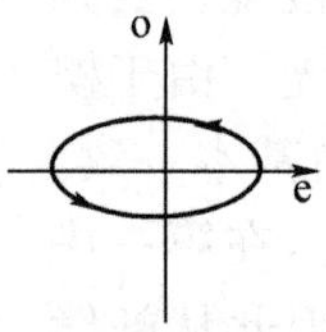	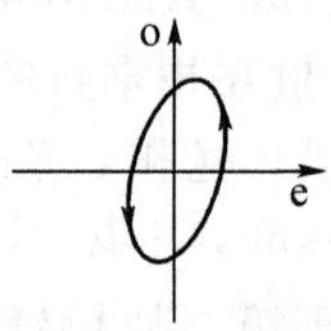	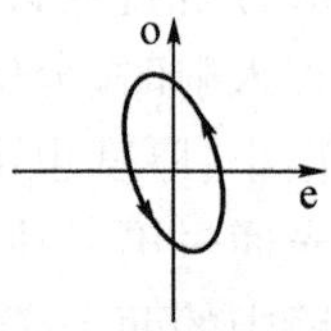
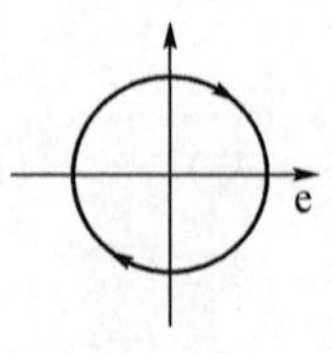	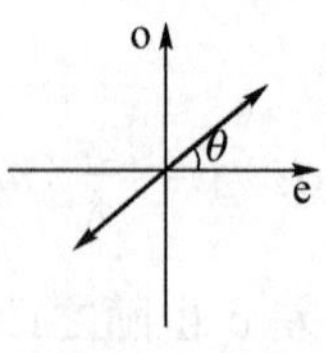	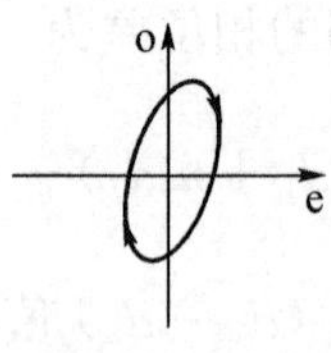	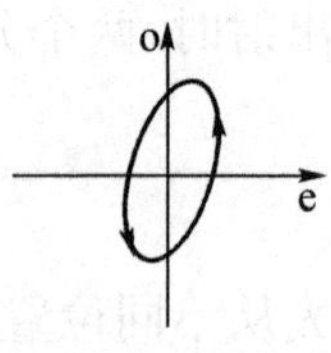

5.6.2 圆偏振光和椭圆偏振光的获得

我们这里所指的圆偏振光和椭圆偏振光的获得，是指利用偏振器件将自然光改造成圆或椭圆偏振光。

根据 5.5.2 和 5.6.1 节的讨论，只需令自然光相继通过一个起偏器和 1/4 波片，就可以获得圆或椭圆偏振光。这样两个器件的组合也可以称为圆（椭圆）起偏器。如图 5-39，偏振片透振方向为 P，1/4 波片 C 的 e 轴（光轴）与 P 方向夹角为 θ。一束单色自然光沿 z 轴通过偏振片后成为线偏振光，光矢量 $\boldsymbol{E}$ 在 1/4 波片 C 的输入面 A 上分解为 E_e，E_o，振幅分别为

$$A_e = A\cos\theta$$
$$A_o = A\sin\theta$$

相位差 $\delta_0 = 0$。从 1/4 波片出射时，E_e，E_o 振幅大小不变，相位差为 $\delta = \delta_0 + \delta_C = \pm\frac{\pi}{2}$，因此出射光为椭圆偏振光。当时 $\theta = \frac{\pi}{4}$，两正交分量振幅相等，$A_o = A_e$，则出射光为圆偏振光。

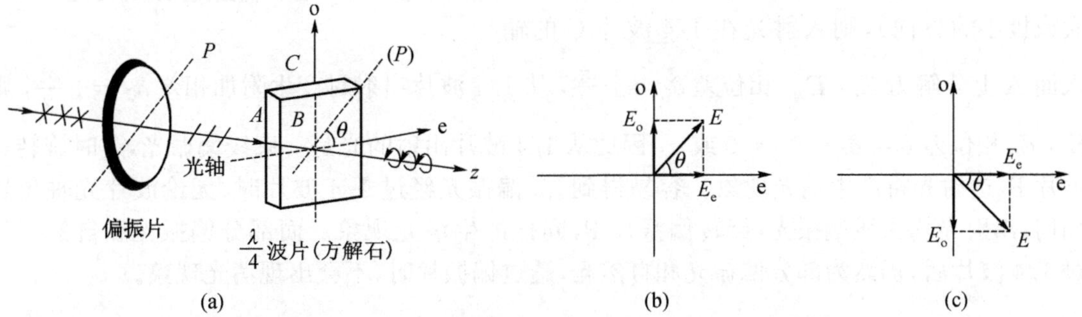

图 5-39　圆和椭圆偏振光的产生

5.6.3　圆偏振光和椭圆偏振光的检验

如图 5-40，设一束椭圆偏振光长半轴为 A_1，短半轴为 A_2。一偏振片作为检偏器，在偏振片上取直角坐标系，其 x 轴平行于透振方向，y 轴与透振方向垂直。当椭圆偏振光通过偏振片时，光矢量可分解为 E_x，E_y，E_x 分量通过，E_y 不通过，出射光强为 $I = A_x^2$。旋转偏振片，当 x 轴与椭圆长轴平行时（图 5-40a），透射光强度最大，$I = A_1^2$；当旋转至 x 轴与椭圆短轴平行时（图 5-40b），透射光强最小，$I = A_2^2$；当偏振片转至 x 轴相对椭圆主轴处于任意倾斜位置时（图 5-40c），透射光强介于 A_1^2 和 A_2^2 之间。

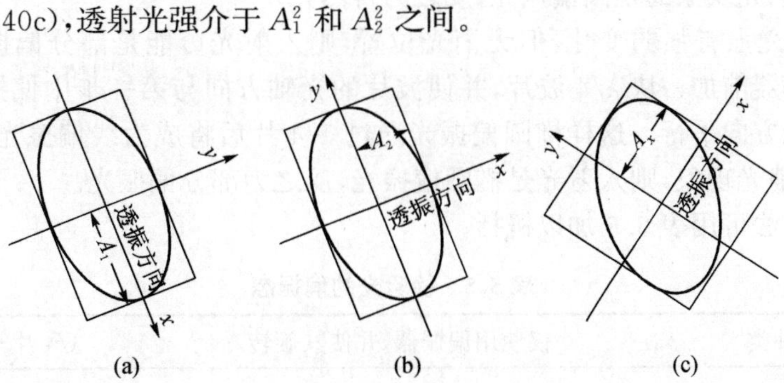

图 5-40　椭圆偏振光通过检偏器后强度的变化

综上所述，当椭圆偏振光入射到检偏器时，旋转检偏器透振方向，会发现透射光强度在极大值和极小值之间变化，但不会发生消光现象，这与部分偏振光通过偏振片时的特点相似。同样分析可知，如果入射光是圆偏振光，则旋转检偏器时，透射光强不变，其特点与自然

光相同。

因此，用一个检偏器，我们无法区分椭圆偏振光和部分偏振光、圆偏振光和自然光。根据5.6.1节的分析，只要在检偏器之前再加一1/4波片，就可以检验圆和椭圆偏振光。对应于图5-39的圆起偏器，将偏振片与1/4波片前后位置调换，即组成圆检偏器，如图5-41所示。入射光首先经过1/4波片，并使波片光轴与椭圆偏振光主轴平行(即上述分析中旋转偏振片时透射光极大或极小的方向)，则入射光在1/4波片C的输入面A上分解为E_e，E_o，相位差$\delta_0=\pm\frac{\pi}{2}$，从1/4波片出射时产生附加相差$\delta_C=\pm\frac{\pi}{2}$，则$E_e$，$E_o$相位差$\delta=\delta_0+\delta_C=0$或$\pi$，因此从1/4波片出射的光是一束线偏振光，这时旋转偏振片P，透射光将产生消光现象。容易得到，圆偏振光经过1/4波片时，无论波片光轴位置如何，出射光均为线偏振光，旋转偏振片P，同样产生消光现象。而部分偏振光和自然光经过1/4波片后，仍然为部分偏振光和自然光，透过偏振片时，不会出现消光现象。

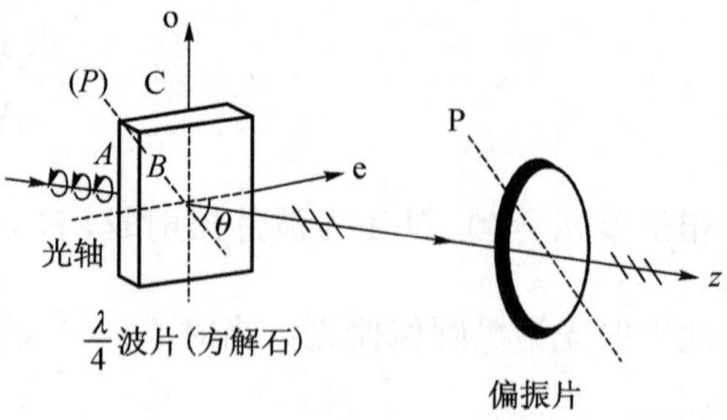

图5-41 圆和椭圆偏振光的检验

5.6.4 光偏振态的检验

在上几节中已分别介绍了各种光通过偏振片后光强的变化以及通过波晶片后偏振态的变化。现在我们可以在此基础上全面讨论偏振光的检验方法。假设入射光有五种可能，即自然光、部分偏振光、线偏振光、圆偏振光和椭圆偏振光，利用一块偏振片和$\lambda/4$波片，我们可以将它们完全区分开来。

(1) 令入射光通过偏振片，旋转偏振片，若有消光现象，则入射光为线偏振光；

(2) 若透射光强无变化，则入射光可能是自然光或圆偏振光。在检偏器前加一块$\lambda/4$波片，因为圆偏振光经过1/4片后成为线偏振光，而自然光通过1/4片后仍然是自然光，故再旋转偏振片，有消光现象的是圆偏振光，反之为自然光；

(3) 若透射光强有强弱变化，但无消光位置，则入射光可能是部分偏振光或椭圆偏振光。这时在检偏器前加一块$\lambda/4$波片，并使波片的光轴方向与第一步中偏振片透射光强极大或极小的透振方向平行。这样椭圆偏振光通过1/4片后将成为线偏振光，这时再旋转偏振片，如果出现消光现象，则入射光是椭圆偏振光，反之为部分偏振光。

上述检验方法可用表5.5加以概括。

表5.5 检验光的偏振态

光的种类	仅使用偏振器，并使其旋转	$\lambda/4$片＋偏振器
自然光	光强不变，不消光	光强不变，不消光
圆偏振光	光强不变，不消光	消光
线偏光	光强改变，消光，可以鉴定	
部分偏振光	光强改变，但不消光	光强改变，但不消光
椭圆偏振光	光强改变，但不消光	消光

5.7　偏振光干涉

偏振光的干涉在实际中有许多应用，如偏光显微镜等。在两块偏振片之间放一波晶片，即可实现偏振光的干涉。这里采用的是分振动面法，即将一束线偏振光分解为振动方向相互垂直并具有恒定相位差的两束光，再通过偏振片变成振动方向相同的线偏振光，从而获得相干光。偏振光的干涉可分为平行偏振光的干涉和会聚偏振光的干涉，本节主要讨论平行偏振光的干涉。

5.7.1　平行偏振光干涉

1. 干涉装置和光强计算

干涉装置如图5-42所示，一波晶片C置于两偏振片P_1和P_2之间。入射自然光经过P_1变成线偏振光，设光矢量为$\boldsymbol{E}_1$（振幅A_1），波晶片C的e轴与P_1和P_2的夹角分别为θ_1，θ_2，见图5-43，在波晶片C中，$\boldsymbol{E}_1$按eo正交轴分解为$\boldsymbol{E}_{1e}$，$\boldsymbol{E}_{1o}$，它们的振幅分别是

$$A_{1e} = A_1 \cos\theta_1$$
$$A_{1o} = A_1 \sin\theta_1$$

再经过偏振片P_2，$\boldsymbol{E}_{1e}$，$\boldsymbol{E}_{1o}$在其透振方向上的投影分别为$\boldsymbol{E}_{2e}$，$\boldsymbol{E}_{2o}$，它们的振幅分别是

$$\begin{aligned} A_{2e} &= A_{1e}\cos\theta_2 = A_1\cos\theta_1\cos\theta_2 \\ A_{2o} &= A_{1o}\sin\theta_2 = A_1\sin\theta_1\sin\theta_2 \end{aligned} \tag{5.40}$$

这样，可以得到从P_2出射的两束相干的线偏振光，干涉强度公式为

$$\begin{aligned} I &= A_{2e}^2 + A_{2o}^2 + 2A_{2e}A_{2o}\cos\delta \\ &= I_1(\cos^2\theta_1\cos^2\theta_2 + \sin^2\theta_1\sin^2\theta_2 + 2\cos\theta_1\cos\theta_2\sin\theta_1\sin\theta_2\cos\delta) \end{aligned} \tag{5.41}$$

其中$I_1 = A_1^2 = \frac{1}{2}I_o$，$I_o$为入射自然光的强度。

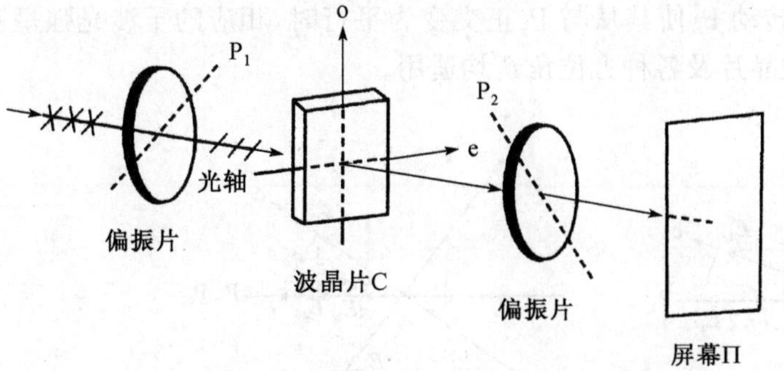

图5-42　平行偏振光干涉装置

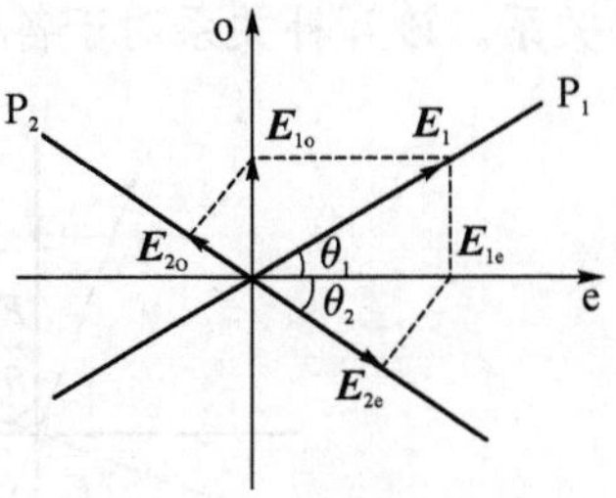

图5-43　光矢量的分解

两束线偏振光之间的相位差δ由以下因素决定：

(1) 由 P_1 出射的线偏振光在波晶片 C 入射面处分解为 $\boldsymbol{E}_{1e}$，$\boldsymbol{E}_{1o}$，相位差 $\delta_1 = 0, \pi$；

(2) 厚度为 d 的波晶片 C 引起的相位差

$$\delta_C = \frac{2\pi}{\lambda}(n_o - n_e)d$$

(3) $\boldsymbol{E}_{2e}$，$\boldsymbol{E}_{2o}$ 在偏振片 P_2 上投影时引起的相位差 $\delta_2 = 0, \pi$。

因此，最终两相干光的相位差为

$$\delta = \delta_1 + \delta_C + \delta_2 \tag{5.42}$$

在图 5-43 所示的情况下，$\delta = 0 + \frac{2\pi}{\lambda}(n_o - n_e)d + \pi$。

显然，偏振光干涉强度是 $(\theta_1, \theta_2, \delta)$ 的函数，转动 P_1、C 和 P_2 中任何一个器件，屏上干涉强度亦相应发生变化；当波晶片厚度 d 非均匀时，屏上将呈现光强随空间位置变化的干涉花样。

2. 几种干涉现象的讨论

(1) 波晶片旋转时光强的变化及光强互补关系

首先设两偏振片正交，$P_1 \perp P_2$，波晶片的光轴方向位于 P_1 和 P_2 透振方向之间[图 5-44(a)]，此时有 $\theta_1 + \theta_2 = \pi/2$，$\delta_2 = \pi$，由式(5.41)和(5.42)可得干涉光强为

$$I_{\perp} = I_1 \sin^2(2\theta) \sin^2 \frac{\delta}{2} \tag{5.43}$$

由式(5.43)可知，旋转波晶片时，θ_1 变化，$I_{\perp}$ 亦随之变化。当 $\theta_1 = 0, \pi/2, \cdots$ 时消光；当 $\theta_1 = \pi/4, 3\pi/4, \cdots$ 时光强极大。

若两偏振片平行，$P_1 // P_2$，波晶片光轴方向位于 P_1 和 P_2 透振方向同侧(图 5.44(b))，则有 $\theta_1 = \theta_2$，$\delta_2 = 0$，同理可得干涉光强为

$$I_{//} = I_1[1 - \sin^2(2\theta) \sin^2 \frac{\delta}{2}] \tag{5.44}$$

由式(5.44)同样可分析波晶片旋转时，θ_1 变化所引起的 $I_{//}$ 的变化。

由式(5.43)和式(5.44)可以看到

$$I_{\perp} + I_{//} = I_1 \tag{5.45}$$

即对于同一波晶片方位角 θ_1，当转动 P_2 使其从与 P_1 正交变为平行时，相应的干涉光强呈互补关系。该互补关系对于各种波晶片及各种方位角 θ_1 均适用。

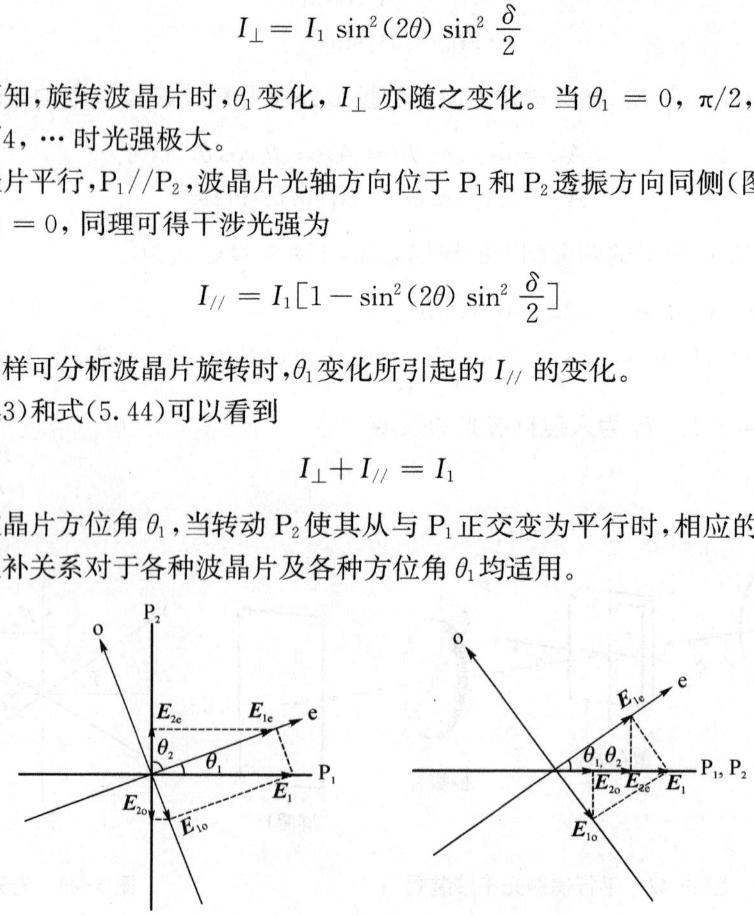

图 5-44 光强互补现象

(2) 显色偏振

偏振光干涉强度除与波晶片方位角有关外，还与 δ_C 有关，当波片厚度 d 均匀，δ_C 与入射光波长有关。用白光入射时，不同波长的光具有不同的 δ_C，对应有不同的干涉强度，透射光将出现彩色。若在 $P_1 \perp P_2$ 时，某种波长 λ_1 具有最大干涉强度，另一种波长 λ_2 具有最小干涉强度，则根据互补关系，当 $P_1//P_2$ 时，两种波长的最大最小值调换。两种情况下屏幕显示的干涉色称为互补色。当转动 P_2 时，屏幕上色彩将随之变化，这种现象称为显色偏振。

显色偏振在晶体分析中是检查双折射现象的非常灵敏的方法。当主折射率之差($n_o - n_e$)很小时(如一些生物样品)，用直接观察 o 光和 e 光的方法，很难确定是否有双折射现象发生。若将其做成薄片置于正交偏振片之间，通过观察色彩变化，可以确定是否有双折射发生。

5.7.2　会聚偏振光的干涉

以上我们只讨论了平行偏振光的干涉，当晶体一定时，相位差取决于晶片的厚度 d。对于厚度均匀的晶片来说，相位差也可以随光线倾角而变，会聚偏振光的干涉条纹就是这样产生的。

会聚偏振光干涉的实验装置如图 5-45 所示，P_1，P_2 是正交偏振片，L_1，L_2，L_3，L_4 是透镜，C 是晶片，其光轴与表面垂直。屏上干涉图样如图 5-46 所示。从透镜 L_2 出射的光以不同锥角射入晶体，从晶体出射的 o 光和 e 光之间产生相位差。具有相同入射角的光线所分解的 o 光与 e 光有相同的相位差，它们在接收屏上形成一个等倾干涉圆环。干涉图样由明暗相间的同心圆环组成，但同一个亮环的光强是变化的。由于偏振片 P_1 和 P_2 正交，故干涉图样在沿 P_1 和 P_2 的方向上显现出一个暗十字。而参与干涉的两束光 A_{2e}，A_{2o} 均随入射光振动方向与晶片主截面的夹角不同而改变，所以同一圆环(δ 相同)上的光强也不同。

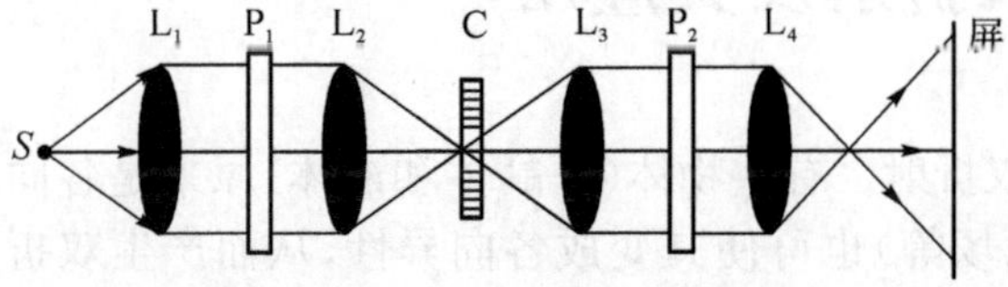

图 5-45　会聚偏振光干涉装置

图 5-46　单轴晶体的会聚偏振光干涉图样

若 $P_1//P_2$ 放置，则圆环的明暗对调，且暗十字变成亮十字。

如果用白光入射，则干涉图样成像彩色，同样 $P_1 \perp P_2$ 和 $P_1//P_2$ 的颜色互补，这也是显色偏振现象。会聚光的色偏振现象与晶体的光学性质密切相关，观察会聚光通过波晶片的色偏振现象，通常采用偏光显微镜。

例题 5.4　在图 5-47 的装置中，P_1，P_2 为偏振片，C 为四分之一波片，P_1 与 C 的 e 轴的夹角为 45°，光强为 I_0 的单色自然光垂直入射于 P_1，转动 P_2，求透射的光强 I。

解：画出 C、P_1、P_2 的相对方向，α 表示 C 与 P_2 夹角。自然光通过 P_1 后变为线偏振光，通过 C 后成为圆偏振光，再通过 P_2 后又变成线偏振光。由图 5-48 分析可知

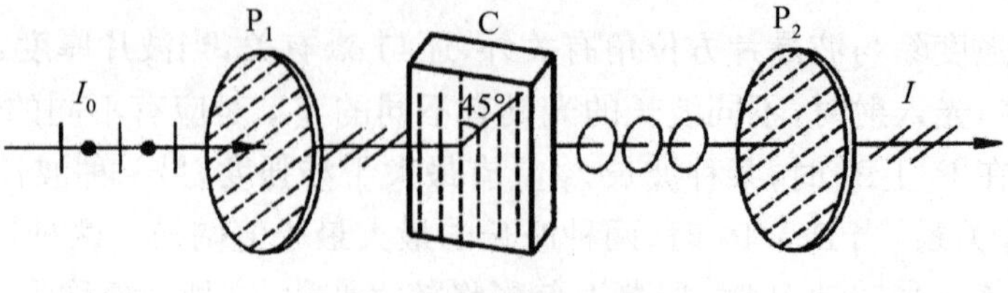

图 5-47 例题 5.4 图示 1

$$A_o = A_e = A_1\cos 45^\circ = \frac{\sqrt{2}}{2}A_1$$

$$A_{2o} = A_o\cos\left(\frac{\pi}{2}-\alpha\right) = A_o\sin\alpha = \frac{\sqrt{2}}{2}A_1\sin\alpha$$

$$A_{2e} = A_e\cos\alpha = \frac{\sqrt{2}}{2}A_1\cos\alpha$$

A_{2o}与A_{2e}同方向振动，位相差$\delta=\frac{\pi}{2}$，可得干涉叠加的光强为

$$A_2^2 = A_{2o}^2 + A_{2e}^2 + 2A_{2o}A_{2e}\cos\delta = A_{2o}^2 + A_{2e}^2$$
$$= \frac{1}{2}A_1^2\sin^2\alpha + \frac{1}{2}A_1^2\cos^2\alpha = \frac{1}{2}A_1^2 = \frac{1}{2}I_1 = \frac{1}{4}I_0$$

这种情况下，从 P_2出射光的强度 $I=\frac{1}{4}I_0$，与 α 无关，即旋转 P_2时光强无变化。

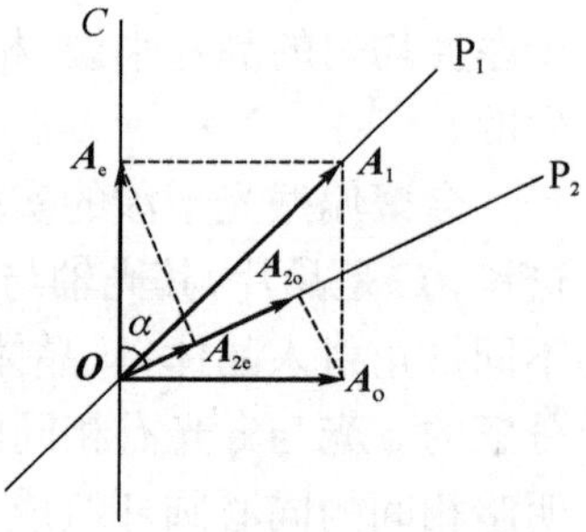

图 5-48 例题 5.4 图示 2

5.8 人工双折射及其应用

光在各向异性的介质中传播时会产生双折射。有些物体(非晶体和液体)原来是各向同性的，但通过一定的人工方法(外加应力、电场等)也可使其变成各向异性，从而产生双折射现象，这种双折射称为人工双折射。以下介绍几种效应及其应用。

5.8.1 应力双折射

通过施加外力所产生的人工双折射现象称为应力双折射，也称为机械双折射或光测弹性效应。实验表明，当沿着某个方向对介质施加压力或张力时，介质由各向同性变为各向异性，应力方向相当于各向异性晶体的光轴。设沿应力方向的光矢量介质折射率为 n_e，垂直于应力方向的光矢量的折射率为 n_o，应力为 P，则有

$$n_o - n_e = KP \tag{5.46}$$

式中，K 是与材料性质有关的常数。因此，通过厚度为 d 的介质时，两偏振光的相位差为

$$\delta = \frac{2\pi}{\lambda}(n_o - n_e)d = \frac{2\pi}{\lambda}KPd \tag{5.47}$$

式(5.47)表明,应力大的地方相位变化大。应用偏振光干涉原理,将在应力作用下能产生人工双折射的材料做成力学构件模型,放在两正交偏振片之间,观察其干涉条纹。应力越集中的地方各向异性越强,干涉条纹越密集。从干涉条纹分布可以分析应力分布情况。

利用应力双折射研究应力分布的仪器称为光测弹性仪,这种方法目前已发展成为一门专门的学科,称为光测弹性学,它广泛应用于材料力学的测量中。对机械结构中一些形状复杂的部件,承受不同负荷时的应力分布是很复杂的。我们可以用透明材料制成相应的模型,并按实际使用时的受力情况对模型施以机械力,利用偏振光干涉装置,就可分析应力分布。利用全息光测弹性技术,可观察和分析样品的三维应力分布。

5.8.2　克尔效应

利用外电场产生人工双折射的效应称为电光效应。

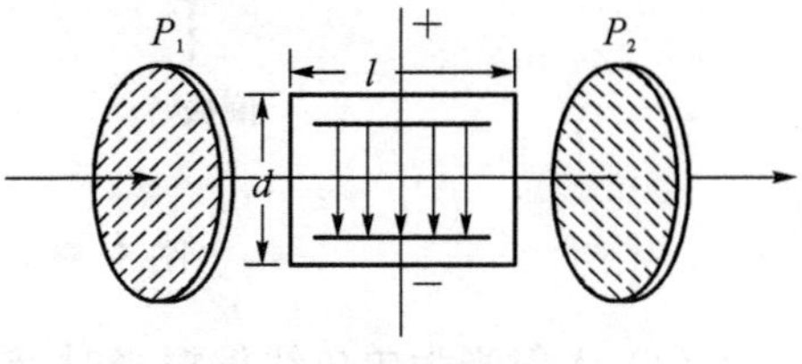

图 5-49　克尔效应

某些各向同性的非晶物体或液体在强电场作用下会产生各向异性,从而产生双折射,这种效应称为克尔效应。图 5-49 所示的装置又称为克尔盒,P_1与P_2为正交偏振片,盒中盛有液体,在外电场作用下转变成各向异性,电场方向相当于晶体的光轴。设光矢量振动方向沿外电场方向时介质折射率为 n_e,垂直于该方向时的折射率为 n_o,电场强度为 E,实验指出

$$n_o - n_e = K\lambda E^2 \tag{5.48}$$

式中,λ 为光在真空中的波长,K 是与物质性质和温度有关的常数,称为克尔系数,大多数情况下 K 为负数,即介质具有正单轴晶体的性质。由于克尔效应中折射率之差正比于电场强度的平方,所以又称为二次电光效应。若给电极加电压为 V,设电场是均匀的,则有 $V = Ed$,双折射的 o 光与 e 光的相位差为

$$\delta = \frac{2\pi}{\lambda}(n_o - n_e)l = \frac{2\pi K l V^2}{d^2} \tag{5.49}$$

此时 δ 随 V 而变化,故克尔盒相当于一个相位差可变的波晶片,透过的光强随 V 迅速变化,可用作电光开关、光调制器等,具有很广泛的用途。

5.9　旋 光 现 象

5.9.1　旋光现象与实验规律

实验上发现当线偏振光通过某些透明介质(如石英、糖溶液、酒石酸溶液等)后,其振动面将以光的传播方向为轴旋转一定的角度,见图 5-50。这种现象称为旋光现象,这类介质称为旋光物质,或称具有旋光性。

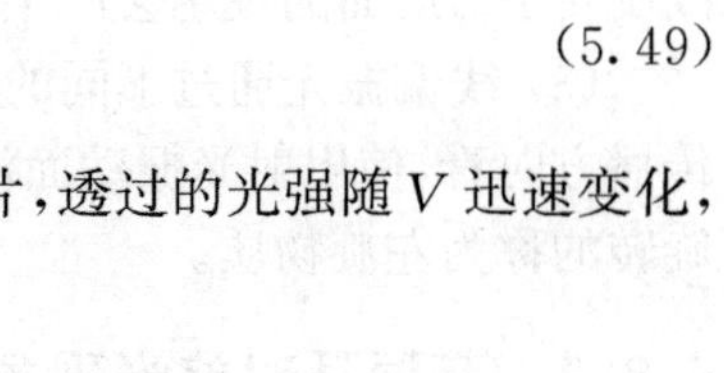

图 5-50　旋光现象

现以石英为例介绍晶体中的旋光现象，实验装置如图 5-51 所示，C 是垂直于光轴切割的石英片。显然，未放石英片时，P_2后面的视场是暗的。当在 P_1和 P_2之间放置石英片 C 后，P_2后面的视场变亮，将 P_2旋转某一角度后视场重新变暗，表明线偏振光通过石英片后仍然是线偏振光，但其振动面旋转了一个角度，也就是 P_2旋转的角度，该角度称为旋光度，记为 ψ。实验结果表明：

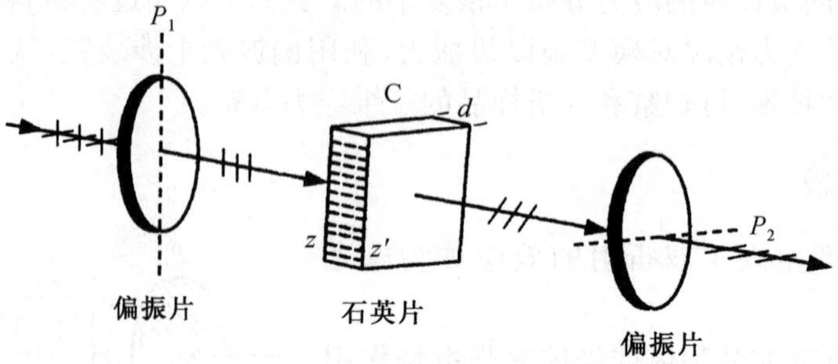

图 5-51　观察石英旋光现象的实验装置

(1) 入射光为单色线偏振光时，旋光度 ψ 与旋光晶体的厚度 d 成正比：

$$\psi = \alpha d \tag{5.50}$$

式中，α 称为晶体的旋光率，与旋光晶体的性质、温度以及入射光波长有关，单位是(度)/毫米(°/mm)。而对于液态旋光物质，旋光度 ψ 与溶液层厚度 d 以及溶液的质量浓度 N 成正比，即

$$\psi = [\alpha] N d \tag{5.51}$$

式中，$[\alpha]$ 是与溶液性质、温度和光波长有关的比例系数，称为该溶液的旋光率。

(2) 同一旋光物质，对不同波长的光，其振动面旋转的角度不同，这种现象称为旋光色散。当用白光照射时，由于石英旋光率随波长而异，不同色光的旋光度不同，不能同时消光，故旋转 P_2，后面的视场会产生色彩变化。

(3) 线偏振光通过不同的旋光物质时，其振动面的旋转方向不同。通常约定，迎着光的传播方向看，使出射光振动面沿顺时针方向旋转的物质称为右旋物质；使振动面逆时针方向旋转的称为左旋物质。

5.9.2　菲涅耳对旋光现象的解释

菲涅耳利用一个运动学原理，对晶体中的旋光现象提出了较为简单的光学解释，但没有涉及旋光现象的微观机制。

我们知道，一个圆运动可以分解为一对相互垂直的同频率直线简谐振动。如图 5-52 所示，$\boldsymbol{E}_L$，$\boldsymbol{E}_R$ 是两个大小相等且恒定的旋转矢量，它们的角速度 ω 相等但旋转方向相反，前者左旋，后者右旋。设在 $t=0$ 时刻，它们沿某一方向重合(图 5-52(a))，经过任意时间 t 后两矢量转过的角度大小相等方向相反，因此它们的合矢量 $\boldsymbol{E}$ 总是保持在原来的方向上(图

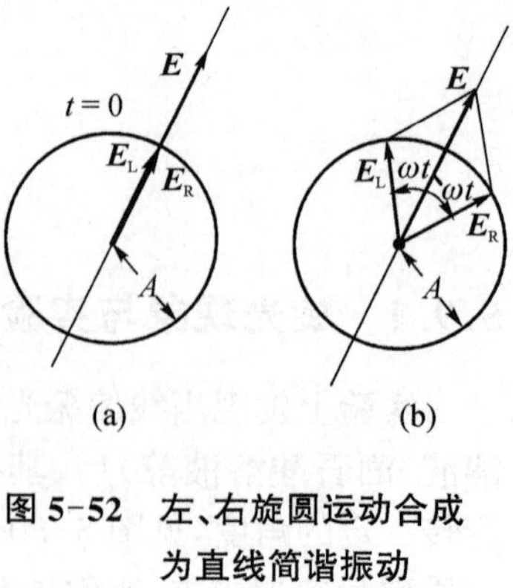

图 5-52　左、右旋圆运动合成为直线简谐振动

5-52(b))。$\boldsymbol{E}$ 的瞬时值为 $E = 2A\cos\omega t$。由此可见，$\boldsymbol{E}_L$，$\boldsymbol{E}_R$ 两个旋转矢量合成为一个直线简谐振动矢量 $\boldsymbol{E}$，其振幅为 $2A$，方向永远在 $\boldsymbol{E}_L$，$\boldsymbol{E}_R$ 瞬时位置的角平分线上。反之，一个振幅为 A、圆频率为 ω 的直线简谐振动矢量，同样可以分解成一对左、右旋转的矢量 $\boldsymbol{E}_L$，$\boldsymbol{E}_R$，它们的振幅都是 $A/2$、旋转角速度为 ω。将此原理运用到光学上，即线偏振光可以分解为左、右旋圆偏振光，而左、右旋圆偏振光可以合成为线偏振光。

菲涅耳假设：线偏振光沿晶体光轴方向传播时分解成左旋(L 光)和右旋(R 光)圆偏振光，在旋光晶体中，它们的传播速度 v_L，v_R 略有不同，或者说二者的折射率 $n_L = \dfrac{c}{v_L}$，$n_R = \dfrac{c}{v_R}$ 略有不同，因而在旋光晶体内沿光轴方向传播距离 d 时，L 光与 R 光产生的相位滞后分别为

$$\varphi_L = \frac{2\pi}{\lambda} n_L d \qquad\qquad (5.52)$$

$$\varphi_R = \frac{2\pi}{\lambda} n_R d$$

在旋转矢量图中，相位滞后意味着旋转矢量的角位移落后(或倒转)。图 5-53 分别示出了在同一时刻迎着光传播方向观察时晶片前、后表面的光矢量图。当左旋和右旋的圆偏振光经过晶片时，在出射界面上电矢量 $\boldsymbol{E}_L$，$\boldsymbol{E}_R$ 的瞬时位置 $\boldsymbol{E}'_L$，$\boldsymbol{E}'_R$(图 5-53(b))比同一时刻入射界面上的位置分别落后 φ_L，φ_R，即 $\boldsymbol{E}'_L$ 还需经过一段时间向左转过 φ_L 的角度才是此刻入射面的位置；同理，$\boldsymbol{E}'_R$ 还需向右转过 φ_R 角度，才是此刻入射面的位置。当它们从晶片出射后，左、右旋圆偏振光的速度恢复一致，合成为一个线偏振光，其振动矢量 $\boldsymbol{E}'$ 在 $\boldsymbol{E}'_L$，$\boldsymbol{E}'_R$ 瞬时位置的角平分线上，如图 5-53(b)所示，设入射面上合矢量 $\boldsymbol{E}$ 在竖直方向上，则同一时刻晶片出射面上，$\boldsymbol{E}'_L$，$\boldsymbol{E}'_R$ 的合矢量 $\boldsymbol{E}'$ 相对 $\boldsymbol{E}$ 转过一个角度 ψ，有

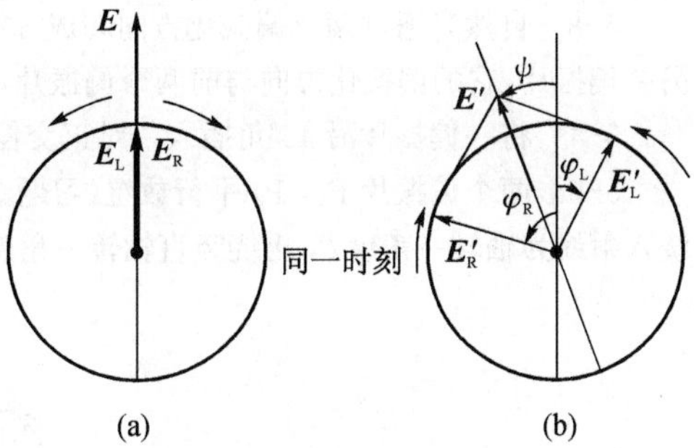

图 5-53　旋光性的解释

$$\psi = \frac{1}{2}(\varphi_R - \varphi_L) = \frac{\pi}{\lambda}(n_R - n_L)d \qquad\qquad (5.53)$$

式(5.53)表明，线偏振光振动面偏转的角度 ψ 的大小与旋光晶片的厚度 d 以及 n_R 与 n_L 之差成正比。若 $n_R > n_L$（或 $v_R < v_L$），$\psi > 0$，即 $\varphi_R > \varphi_L$，则 $\boldsymbol{E}'$ 相对 $\boldsymbol{E}$ 向左偏转，晶体是左旋的；若 $n_R < n_L$（或 $v_R > v_L$），$\psi < 0$，即 $\varphi_R < \varphi_L$，则 $\boldsymbol{E}'$ 相对 $\boldsymbol{E}$ 向右偏转，晶体是右旋的。

菲涅耳在提出上述假设的同时，设计了一个实验进行验证。由于石英的 n_R 与 n_L 很接近，将左、右旋的石英晶体制成棱镜交替组合成复合棱镜，如图 5-54 所示。一束线偏振光入射到第一个右旋石英棱镜时，右旋和左旋圆偏振光沿相同方向传播，但速度不同。进入中间的左旋石英棱镜

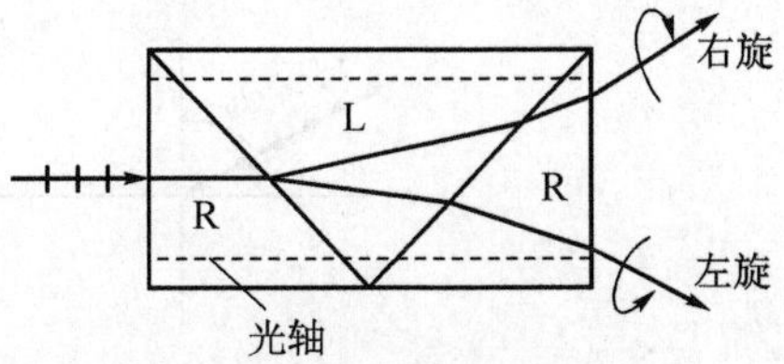

图 5-54　菲涅耳复合棱镜

时，在界面上斜入射，右旋圆偏振光相当于从光疏到光密介质，因此向上偏折；而左旋圆偏振光相当于从光密到光疏介质，向下偏折。同理，当它们进入第三个右旋棱镜时，又一次反向偏折。最后从棱镜出射进入空气，再一次反向偏折。最终得到空间分开的左、右旋圆偏振光，实验结果证实了理论预言。

习 题

5-1 自然光投射到相互重叠的两个偏振片上，如果透射光的强度为

(1) 透射光束最大强度的 1/3，

(2) 入射光束强度的 1/3。

则这两个偏振片的透振方向之间的夹角是多大？假定偏振片是理想的，它把自然光的强度严格减少一半。

5-2 一束自然光入射到一偏振片组上，这组由四块组成，每片的透振方向相对于前面一片沿顺时针方向转过 30°角。试问入射光中有多大一部分透过了这组偏振片。

5-3 自然光通过两个偏振化方向间成 60°的偏振片，透射光强为 I_1。今在这两个偏振片之间再插入另一偏振片，它的偏振化方向与前两个偏振片均成 30°角，则透射光强为多少？

5-4 将一偏振片沿 45°角插入一对正交偏振器之间，自然光经过它们强度减为原来的百分之几？

5-5 两个偏振片 P_1，P_2 平行放置(习题 5-5 图)。令一束强度为 I_0 的自然光垂直射向 P_1，然后将 P_2 绕入射线为轴转一角度 θ，再绕竖直轴转一角度 φ。这时透过 P_2 的光强是多大？

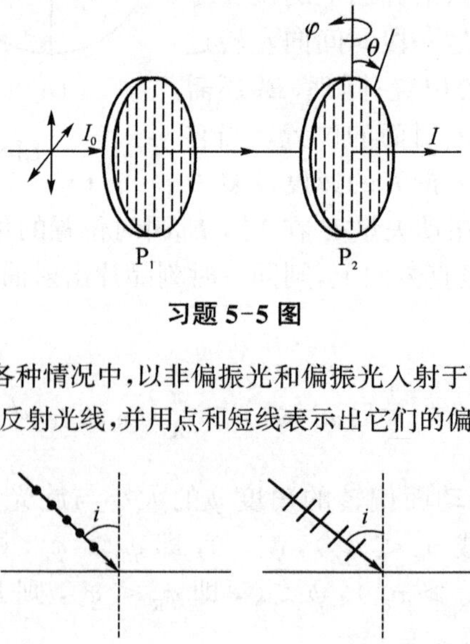

习题 5-5 图

5-6 在习题 5-6 图所示的各种情况中，以非偏振光和偏振光入射于两种介质的分界面，图中 i_b 为起偏角，$i \neq i_b$，试画出折射光线和反射光线，并用点和短线表示出它们的偏振状态。

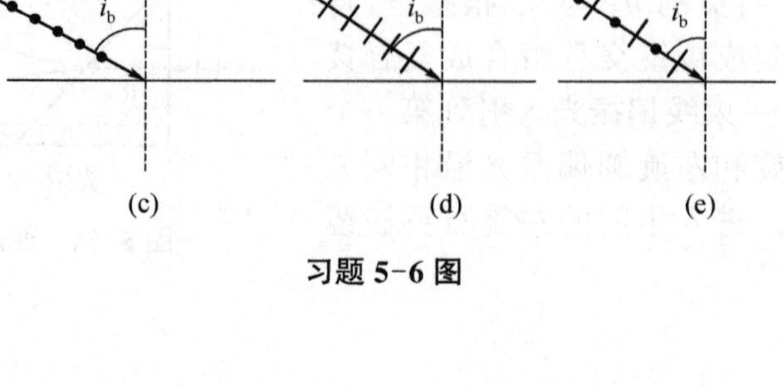

习题 5-6 图

5-7　一束光由水射在玻璃上，当入射角为 50.82°时，反射光全偏振，求玻璃的折射率(已知水的折射率 $n=4/3$)。

5-8　水的折射率为 1.33，玻璃的折射率为 1.50，当光由水中射向玻璃而反射时，起偏振角为多少？当光由玻璃中射向水而反射时，起偏角又为多少？这两个起偏角的数值间是什么关系？

5-9　光在某两种介质界面上的临界角是 45°，它在界面同一侧的起偏振角是多少？

5-10　根据布儒斯特定律可以测定不透明介质的折射率。今测得釉质的起偏角 $i_b=58°$，试求它的折射率。

5-11　已知从一池静水的表面反射出来的太阳光是线偏振光，此时，太阳在地平线上多大仰角处？

5-12　一水晶平板厚 0.850 mm，光轴与表面平行，用水银灯的绿光(546.1 nm)垂直照射，已知水晶 $n_o=1.546$，$n_e=1.555$，求

(1) o、e 两光束在晶体中的光程；

(2) 两者的相位差(用度表示)。

5-13　一束纳黄光以 50°的入射角射到冰洲石平板上，设光轴与板平面平行，并垂直入射面，求晶体中 o 光和 e 光的夹角。

5-14　一束纳黄光掠入射到冰的晶体平板上，设光轴与板表面平行，并垂直于入射面，已知平板厚度为 4.20 mm，求晶体中 o 光和 e 光射到平板对面上两点的间隔。已知对于纳黄光冰的 $n_o=1.309\ 0$，$n_e=1.310\ 4$。

5-15　用方解石切割成一个正三棱镜。光轴垂直于棱镜的正三角形截面，如习题 5-15 图所示。自然光以入射角 i 入射时，e 光在棱镜内的折射线与棱镜底边平行，求入射角 i，并画出 o 光的传播方向和光矢量振动方向。

5-16　棱镜 $ABCD$ 由两个 45°的方解石棱镜组成(习题 5-16 图)，棱镜 ABD 的光轴平行于 AB，棱镜 BCD 的光轴垂直于图面。当自然光垂直于 AB 入射时，试在图中画出 o 和 e 光的传播方向及光矢量振动方向。

5-17　习题 5-17 图中沃拉斯顿棱镜的顶角 $\alpha=15°$时，两出射光线间的夹角为多少？

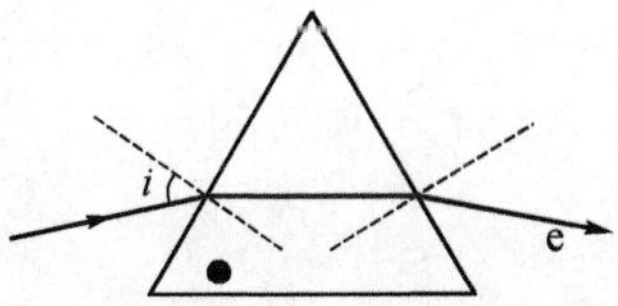

习题 5-15 图

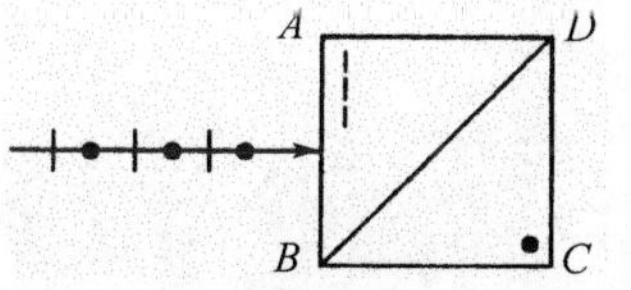

习题 5-16 图

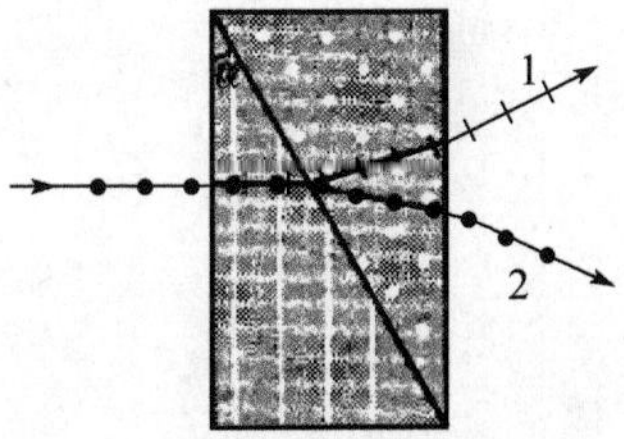

习题 5-17 图

5-18　用方解石和石英薄板作对纳黄光的 $\lambda/4$ 片，它们的最小厚度各为多少？

5-19　用一块 $\lambda/4$ 片和一块偏振片鉴定一束椭圆偏振光。当达到消光位置时，$\lambda/4$ 片的光轴与偏振片透振方向相差 22°，求椭圆长短轴之比。

5-20　强度为 I_0 的右旋圆偏振光垂直通过 $\lambda/4$ 片(此 $\lambda/4$ 片由方解石做成，o 光和 e 光在晶片中的光程差刚好是 $\lambda/4$)；然后再经过一块主截面相对于 $\lambda/4$ 片光轴向右旋 15° 的尼科耳棱镜，求最后出射的光强(忽略反射、吸收等损失)。

5-21　强度为 I_0 的单色平行光通过正交尼科耳棱镜。现在两尼科耳棱镜之间插入一 $\lambda/4$ 片，其主截面与第一尼科耳棱镜的主截面成 60°角，求出射光的强度(忽略反射、吸收等损失)。

5-22　在习题 5-22 图所示的装置中，P_1，P_2 为两个正交偏振片。C 为四分之一波片，其光轴与 P_1 的偏振化方向间夹角为 60°。光强为 I_1 的单色自然光垂直入射于 P_1。

(1) 试说明 1、2、3 各区光的偏振状态并在图上大致画出；

(2) 计算各区光强。

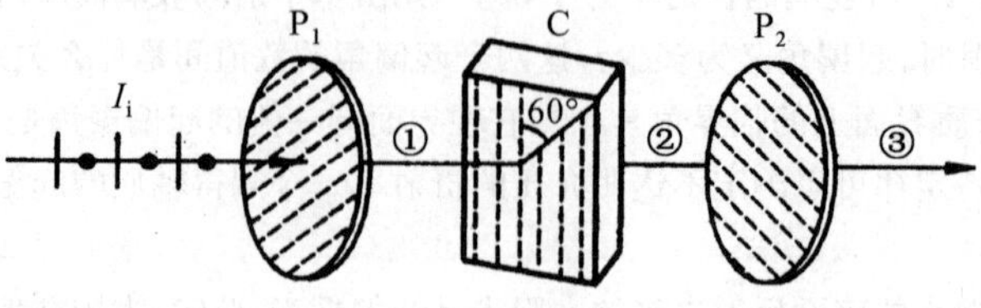

习题 5-22 图

5-23 某晶体对波长 632.8 nm 的主折射率 $n_o = 1.66$，$n_e = 1.49$。将它制成适用于该波长的四分之一波片，晶片至少要多厚？该四分之一波片的光轴方向如何？

5-24 假设石英的主折射率 n_o，n_e 与波长无关。某块石英晶片，对 800 nm 波长的光是四分之一波片。当波长为 400 nm 的线偏振光入射到该晶片上，且其光矢量振动方向与晶片光轴成 45°角时，透射光的偏振状态是怎样的？

5-25 石英对波长为 396.8 nm 的光的右旋圆偏振光的折射率为 $n_R = 1.558\,10$，左旋圆偏振光的折射率为 $n_L = 1.558\,21$。求石英对此波长的光的旋光率。

5-26 已知水晶对纳黄光的旋光率 $\alpha = 21.75°/\text{mm}$，求左、右旋圆偏振光折射率之差 Δn。

5-27 在两尼科耳棱镜之间插一块石英旋光晶片，以消除对眼睛最敏感的黄绿色光（$\lambda = 550.0$ nm）。设对此波长的旋光率为 24°/mm，求下列情形下晶片的厚度：

(1) 两尼科耳棱镜主截面正交；

(2) 两尼科耳棱镜主截面平行。

第6章

光的吸收、色散和散射

光在介质中的传播过程,就是光与介质相互作用的过程。光通过介质时,一部分能量被介质吸收而转化为热能或内能,从而使光的强度随传播距离增大而减小,这种现象称为介质对光的吸收。介质的不均匀性会导致光的传播偏离原来的方向,分散到各个方向,这就是光的散射现象,光的散射也会造成光强随传播距离的增加而减小。另外,光在介质中的传播速度与光波长有关,即介质对不同波长的光有不同的折射率,这种现象称为光的色散。

光的吸收、散射和色散是光在介质中传播时所发生的普遍现象,它们是互相关联的,它们实际上是由光与物质的相互作用引起的。严格来说,光与物质的相互作用应当用量子理论去解释,但是将光与物质的相互作用看成是组成物质的原子或分子受到光波电磁场的作用,由此得到的一些结论,至今仍然是非常重要和有意义的。本章将以经典电磁场理论为基础,介绍和描述光在各向同性介质中传播时的吸收、色散和散射现象。

6.1 光的吸收

在自然界,对任何波长的光波完全没有吸收的绝对透明的介质是不存在的。任何介质,对各种波长的电磁波能量都会或多或少地吸收,所谓透明是指介质对某些波长范围吸收很少。例如石英,它对可见光的吸收很少,几乎是完全透明的,而对波长为 3.5～5.0μm 的红外线有强烈的吸收,是不透明的。吸收光辐射或光能量是物质具有的普遍性质。

6.1.1 光的吸收定律

1. 朗伯定律

一束强度为 I_0 的单色平行光在均匀介质中沿 Z 轴方向传播(图 6-1),经过厚度 dz 的薄层后,光强衰减为 $I+\mathrm{d}I$(注意此处 $\mathrm{d}I<0$)。朗伯(Lambert)在总结了大量的实验结果后指出,光强的衰减 dI 正比于 I 和 dz 的乘积,即

$$\mathrm{d}I=-\alpha I\,\mathrm{d}z \tag{6.1}$$

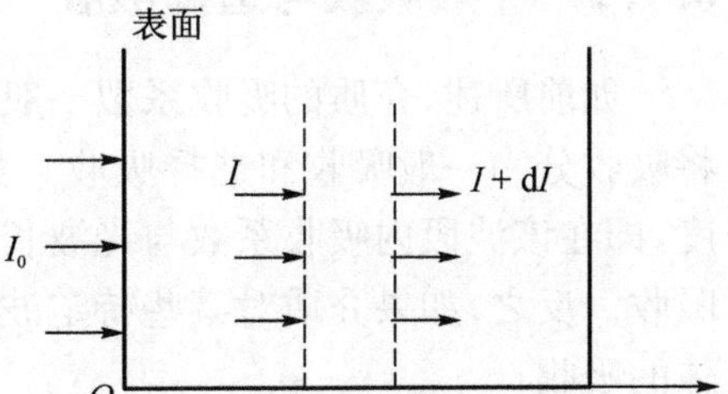

图 6-1 光的吸收

式中,α 是与介质的性质和入射光的波长有关的比例系数,称为介质对单色光的吸收系数,负号表示光强 I 随 z 增加($\mathrm{d}z>0$)而减小($\mathrm{d}I<0$)。对式(6.1)积分,并代入初始条件:$z=0$ 时 $I=I_0$,可得介

质中 z 处的光强为

$$I(z) = I_0 e^{-\alpha z} \tag{6.2}$$

光透过厚度为 l 的介质后的出射光强为

$$I = I_0 e^{-\alpha l} \tag{6.3}$$

式(6.3)称为朗伯定律。

吸收系数 α 的量纲是长度的倒数,单位通常取 cm^{-1}。当光所通过的介质厚度为 $1/\alpha$ 时,光强减少为原来的 1/e,这可以理解为吸收系数 α 的物理意义。不同介质的吸收系数差异很大,例如,在可见光波段,标准大气压空气的 $\alpha \approx 10^{-5}\ \mathrm{cm}^{-1}$,玻璃 $\alpha \approx 10^{-2}\ \mathrm{cm}^{-1}$,而金属 $\alpha \approx 10^{6}\ \mathrm{cm}^{-1}$。对大多数介质和通常光强,$\alpha$ 可看作是与光强无关的常数,这时光的吸收是线性的,相应介质也可以看作是线性介质;但是,在强光(激光)作用下某些介质的吸收系数 α 变成与光强有关,这时的吸收成为非线性的,式(6.2)不再成立,光与物质的非线性相互作用过程显现出来。

2. 比尔定律

1852 年比尔(A. Beer)用实验证明,对于气体或溶解于不吸收光的溶剂中的物质,其吸收系数 α 正比于溶液的浓度 c,即有

$$\alpha = Ac$$

式中,A 是与浓度无关的常数,它只取决于吸收物质的分子特性。由此,朗伯吸收定律可以写成如下形式

$$I = I_0 e^{-Acl} \tag{6.4}$$

式(6.4)称为比尔定律。

由于朗伯定律只对线性介质成立,由它导出的比尔定律也只有在溶液可以看作是线性介质,即分子的吸收与分子间的相互作用无关时才成立。但在许多情形下分子的吸收性能是与浓度有关的,因为随着浓度的增大会使分子间的相互作用不可忽略。因此,对于实际气体以及许多溶液,例如弱电解质溶液、染料的水溶液等,都存在偏离比尔定律的情况。比尔定律只适用于低浓度溶液,在比尔定律成立的范围内可由该定律分析溶液的浓度。

6.1.2 一般吸收与选择吸收

如前所述,介质的吸收系数一般是波长的函数。根据吸收系数随波长变化规律的不同,将吸收分为一般吸收和选择吸收。如果某种介质对某一波段的光具有几乎相同的吸收程度,即在该波段内吸收系数与光波长可视为无关,这种吸收称为一般吸收,例如稠密介质的吸收。反之,如果介质对某些特定波段的光具有强烈的吸收,则称为选择吸收,例如稀薄气体的吸收。

从整个电磁波谱的角度考察,一般吸收的介质是不存在的。一些在可见光范围产生一般吸收的介质,如空气、纯水、无色玻璃等,它们在红外或紫外区则产生选择吸收。因此,选择吸收是电磁波与物质相互作用的普遍规律,而一般吸收只具有相对的意义。例如,地球大气对可见光和波长超过 300 nm 的近紫外光可以认为是透明的,对红外光则只在某些波段才

是透明的。电磁波对大气透明度高的波段称为“大气窗口”，图 6-2 示出了波长 1～15μm 范围内大气透过率 T 与波长的关系，充分研究这种关系，有助于遥感、遥测地球资源以及红外跟踪、制导等。

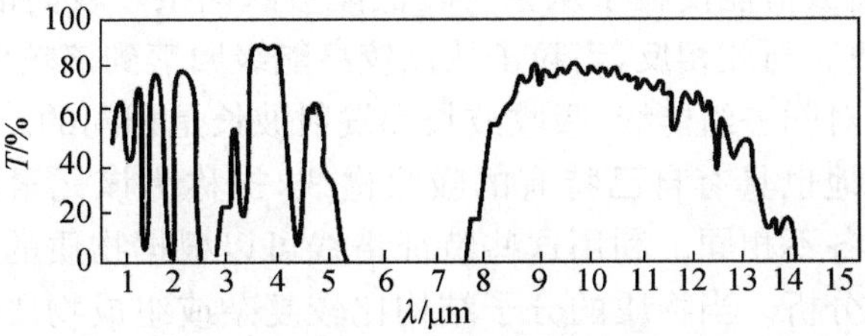

图 6-2　“大气窗口”

各种物体呈现不同的颜色就是不同材料选择吸收的结果。例如，绿色的玻璃是由于它对绿色波长的光吸收很少，对其他光几乎全部吸收，所以当白光照射在绿玻璃上时，只有绿色光透过，我们看到它呈绿色。染料所呈现的彩色是它所吸收掉的频率成分的补色，因此可以预料它所吸收的频带在可见光区是相当宽的，否则它将反射白光中大部分的光而近于白色。

吸收系数是光学材料的重要性能参数之一，是工程设计中选用合理光学材料的依据。例如，在可见光成像应用中，多选用在可见光波段透明（吸收系数很小）的光学玻璃，如冕牌玻璃、火石玻璃；在紫外光谱仪中透光元件需用石英制作；而在红外成像系统中，则常用萤石、岩盐等晶体制作。表 6.1 给出了几种常用光学材料的透光波段。

表 6.1　几种光学材料的透光波段

光学材料	波长范围/nm	光学材料	波长范围/nm
冕牌玻璃	350～2 000	萤石(GaF_2)	125～9 500
火石玻璃	380～2 500	岩盐(NaCl)	175～14 500
石英玻璃	180～4 000	氯化钾(KCl)	180～23 000

6.1.3　吸收光谱

让具有连续谱的光通过吸收物质后再经光谱仪展成光谱时，就得到该物质的吸收光谱。它的表现形式是在入射光的连续光谱背景上出现一些暗线和暗带，前者称为线状谱，后者称为带状谱。稀薄的原子气体的吸收可以产生线状谱，分子气体、液体和固体则多呈现带状谱。一种物质在较低温度下吸收光谱中的暗线和它在较高温度下发射光谱中的亮线位置相对应，这说明若物质在较低温度下吸收某一波长的光，则在较高温度下辐射同一波长的光。

以经典理论的观点，可对吸收光谱和发射光谱的对应关系做如下初步解释。构成物质的原子和分子可以看作是一种电振子，有一定的固有频率，故可以发出一定波长的电磁波，在发射光谱中形成亮线。而在吸收过程中，此电振子在外来电磁场的驱动下作受迫振动。如果外加驱动电磁场的频率等于该振子的固有频率，则振子的振动振幅达到最大，即它从外来电磁场中所吸收的能量最多，故对应该波长的电磁波透过此物质后衰减最强烈，在吸收光谱中形成暗线。由此亦可看出,物质的辐射与吸收是同时存在的,只是在不同条件下其相对强弱有所不同。

而从微观上说,物质吸收任何波长的光取决于组成该物质的粒子(原子、分子)的能级结构。当某种波长的电磁波恰能使粒子从某一较低能级跃向某一较高能级时,该波长的入射光将被此物质强烈吸收。与此相反,当粒子从该较高能级回落到该较低能级时,则发出同样波长的光辐射。因此,对同一组能级,吸收波长和发射波长是相同的。每一种原子都有自己独有的能级结构,相应地也具有自己特有的吸收谱线,被称为该元素的特征谱线或标识谱线,犹如人的指纹一样各不相同。利用这些特征谱线可以根据物质的光谱来检测其元素组成,这种方法称为光谱分析。当物质的分子结构比较复杂或组成物质的微观粒子的相互作用较强时,其能级可以展宽,甚至在某一段区域连续,这使其光谱变成带状谱或某一波段的连续谱。因此,光谱分析是研究物质结构的一种重要手段。

图 6-3 是激光工作物质钇铝石榴石(YAG)的吸收光谱。在实际工作中,为了提高激光器的能量转换效率,选择泵浦光源的 发射谱与激光工作物质的吸收谱匹配是非常重要的。

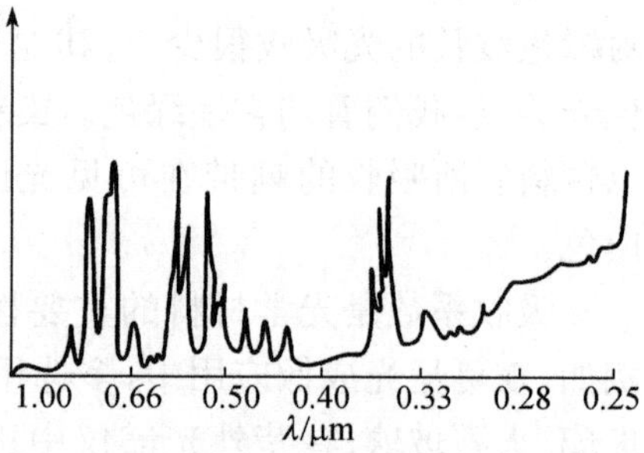

图 6-3 室温下 YAG 晶体的吸收光谱

太阳发射连续光谱,但在其连续光谱的背景上呈现出许多暗线,这种暗线是原子气体的线状吸收谱。19 世纪,夫琅禾费、基尔霍夫和本生(R. W. E. Bunsen)等人先后研究了这一现象并分析了这些吸收谱线,发现,太阳的吸收谱线是其周围温度较低的太阳大气中的原子对更加炽热的内核发射的连续光谱进行选择吸收的结果。

6.2 光的色散

6.2.1 色散概念 三棱镜的色散率

介质折射率随光的频率或波长而变化的现象称为色散。1666 年牛顿首先利用三棱镜形成阳光的彩色光带光谱,可认为是研究色散现象的开始。

光的色散可用介质折射率 n 随光波长 λ 变化的函数来表示,反映 $n(\lambda)$ 这一函数关系的曲线称为介质的色散曲线。由第 1 章 1.2.3 节得出不同波长入射光通过三棱镜后其最小偏向角 $\delta_{\min}$ 与材料折射率 n 的关系为式(1.16)。

$$n=\sin\left[\frac{1}{2}(\delta_{\min}+A)\right]/\sin\frac{A}{2} \tag{6.5}$$

式中,A 是三棱镜的顶角。通过测量不同波长入射光的最小偏向角,并利用式(6.5),可以得到棱镜材料的色散曲线。为表征色散的程度,引入色散率概念,其定义为介质折射率 n 在波长 λ 附近随波长的变化率 $\mathrm{d}n/\mathrm{d}\lambda$,在数值上等于介质对于 λ 附近单位波长差的两色光的折射率之差。而三棱镜的角色散率 D_θ 则定义为最小偏向角 $\delta_{\min}$ 在波长 λ 附近随波长的变化率

$$D_\theta = \frac{d\delta}{d\lambda} = \frac{d\delta}{dn}\frac{dn}{d\lambda} \tag{6.6}$$

利用式(6.5)可得

$$\frac{dn}{d\delta} = \frac{1}{2}\cos\left[\frac{1}{2}(\delta + A)\right] / \sin\frac{A}{2}$$

所以有

$$D_\theta = \frac{2\sin\dfrac{A}{2}}{\cos\left[\dfrac{1}{2}(\delta + A)\right]}\frac{dn}{d\lambda}$$

利用 1.2.3 节中的式(1.13)和式(1.15)，可得

$$D_\theta = \frac{2\sin\dfrac{A}{2}}{\cos i_1}\frac{dn}{d\lambda} = \frac{2\sin\dfrac{A}{2}}{\sqrt{1 - n^2\sin^2\dfrac{A}{2}}}\frac{dn}{d\lambda} \tag{6.7}$$

6.2.2　正常色散与反常色散

1. 正常色散

通常情况下，介质的折射率 n 随波长 λ 的增加而减小的，称为正常色散。所有不带颜色的透明介质，在可见光区域都表现为正常色散。图 6-4 是几种常用的光学材料在可见光波段的正常色散曲线。由图可见，这些介质的色散曲线有如下特点：

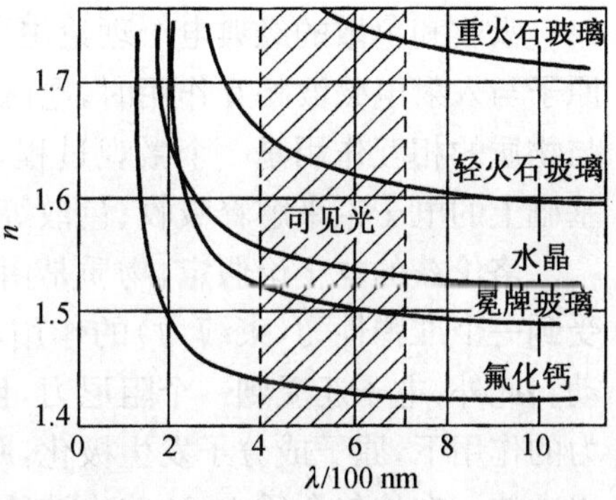

图 6-4　常用光学材料的正常色散曲线

(1) 折射率随波长增大而单调下降，即色散率 $dn/d\lambda < 0$；色散率的绝对值 $|dn/d\lambda|$ 亦随波长增大而单调下降。

(2) 波长一定时，折射率愈大的介质，其色散率的绝对值也愈大。

(3) 在可见光波段，折射率 n 变化缓慢；在紫外区，n 变化剧烈。

(4) 各曲线之间没有简单的几何相似关系。

描述介质正常色散的经验公式最早由柯西(A. L. Cauchy)于 1836 年给出：

$$n(\lambda) = A + \frac{B}{\lambda^2} + \frac{C}{\lambda^4} \tag{6.8}$$

式中，λ 是真空中波长，而 A、B、C 是与材料性质有关的常数，它们可以由实验测定。对在可见光波段无色透明的材料，柯西公式有相当高的准确度。当波长间隔不太大时，可近似只取式(6.8)的前两项，即

$$n(\lambda)=A+\frac{B}{\lambda^2} \tag{6.9}$$

由式(6.9)可得介质的色散率

$$\frac{dn}{d\lambda}=-\frac{2B}{\lambda^3} \tag{6.10}$$

由于 A、B 都为正值，所以当 λ 增加时，折射率 n 和色散率 $dn/d\lambda$ 都减小。

2. 反常色散

1862 年，勒鲁(F. P. Leroux)在充满碘蒸气的三棱镜中观察折射现象时，发现紫光的折射率比红光的折射率小。由于这个现象与当时已观察到的色散现象正好相反，被称之为反常色散，该名称一直沿用至今。现在把折射率随波长的增大而增大、即色散率 $dn/d\lambda>0$ 的色散现象称为反常色散。孔脱(A. Kundt)对反常色散的研究证明：反常色散是所有物质在选择吸收波段附近产生的普遍现象，一种物质在某一波长区域内有反常色散时，则在该区域内也有强烈的吸收。理论研究表明，在物质的吸收带范围内存在反常色散，而在吸收带以外或两个吸收带之间则存在正常色散。在广阔的电磁波谱范围内，每一种物质都具有正常色散和反常色散的性质，只是表现于不同的波长区域内。

常用的透明材料的吸收带多位于紫外波段和红外、远红外波段，可见光波段恰好在吸收带之间，故色散为正常色散者居多。

*6.2.3 色散的经典理论解释

吸收和色散的经典电子理论主要是洛伦兹(H. A. Lorentz)提出的，说明了介质分子或原子与入射电磁波相互作用时，电磁波的频率对介质折射率 n 的影响。以后我们会知道，光与物质的相互作用是一个微观过程，必须用量子理论来研究。目前我们用建立在经典理论基础上的电子论来解释吸收、色散等现象，虽然比较粗浅但却能定性地说明问题。

洛伦兹的电子论假定，物质是由分子或原子构成的体系，其中的带电粒子(电子、离子)受到一个准弹性力(束缚力)的作用，被保持在它们的平衡位置附近，以一定的固有频率振动。此外，电子还受到一个阻尼力，且认为它与电子的速度成正比。在外来光场周期性驱动力的作用下，原子或分子发生极化，并按入射光的频率做受迫振动，形成振动偶极子，从而发出次波。在均匀介质中，这些次波叠加的结果，使光只在折射方向上继续传播下去，在其他方向上因次波的干涉而互相抵消，没有光出现，这是光的色散现象；而在非均匀介质中，由于不均匀质点破坏了次波的相干性，使在其他方向上出现了散射光，我们将在下一节讨论这种情况。下面讨论在均匀介质中的情况。

设电子的质量与电荷分别为 m 和 e(e 为负值)，为简单起见，设电子在外场光矢量 $\boldsymbol{E}=\boldsymbol{E}_0 e^{-i\omega t}$ 的作用下做一维受迫振动，振子中电子离开其平衡位置的位移 x，弹性恢复力为 $f_e=-k_e x$，阻尼力为 $-g\dot{x}$，则电子运动方程为

$$m\ddot{x}+g\dot{x}+k_e x=eE_0 e^{-i\omega t} \tag{6.11}$$

令 $\omega_0=\sqrt{\frac{k_e}{m}}$ 表示电子振动的固有频率，$\gamma=g/m$ 为阻尼常数，则式(6.11)化为

$$\ddot{x}+\gamma\dot{x}+\omega_0^2 x=\frac{eE_o}{m}e^{-i\omega t} \tag{6.12}$$

求解上述微分方程，可得到

$$x=x_0(\omega)e^{-i\omega t} \tag{6.13}$$

式中，振幅为

$$x_0(\omega)=\frac{eE_0/m}{\omega_0^2-\omega^2-i\omega\gamma} \tag{6.14}$$

式(6.14)描述的是电子所作的受迫振动。振幅 x_0 是入射光波角频率 ω 的函数，x_0 为一复数，表明受迫振动与入射光场 $\boldsymbol{E}$ 之间有一定的相位差。

下面将电子位移和介质折射率联系起来，以便解释吸收和色散现象。设介质单位体积分子数为 N，每个分子中的振子数为 Z，位移为 x 的电子与正离子构成电偶极子，偶极矩为 ex，故介质的极化强度为

$$P=NZex \tag{6.15}$$

由电磁学知识可得，介质极化率 $\chi_e=P/\varepsilon_0 E$，相对介电常数 $\varepsilon_r=1+\chi_e$，结合式(6.13)和式(6.15)，可得

$$\varepsilon_r=1+\frac{Ne^2}{m\varepsilon_0}\frac{Z}{\omega_0^2-\omega^2-i\gamma\omega}$$

考虑在光波波段，一般物质的相对磁导率 $\mu_r=1$，故有

$$n^2=\varepsilon_r=1+\frac{Ne^2}{m\varepsilon_0}\frac{Z}{\omega_0^2-\omega^2-i\gamma\omega} \tag{6.16}$$

式(6.16)适用于足够稀薄的气体。对稠密物质如液体、固体的分子，尚需考虑到周围介质极化的影响而做修正。

式(6.16)表明 n 为复数，可用 $\tilde{n}$ 表示为 $\tilde{n}=n'(1+ik)$，称为介质的复折射率，其中 n'、k 皆为实数，并有

$$\tilde{n}^2=n'^2(1-k^2)+i2n'^2k \tag{6.17}$$

式(6.16)转化为

$$[n'(1+ik)]^2=1+\frac{Ne^2}{m\varepsilon_0}\frac{Z}{\omega_0^2-\omega^2-i\gamma\omega} \tag{6.18}$$

结合式(6.17)，将式(6.18)左右两端的实部和虚部分离，可得到

$$n'^2(1-k^2)=1+\frac{Ne^2}{m\varepsilon_0}\frac{Z(\omega_0^2-\omega^2)}{(\omega_0^2-\omega^2)^2+\gamma^2\omega^2} \tag{6.19}$$

$$2n'^2k=\frac{Ne^2}{m\varepsilon_0}\frac{Z\gamma\omega}{(\omega_0^2-\omega^2)^2+\gamma^2\omega^2} \tag{6.20}$$

上面两式称为介质折射率的亥姆霍兹方程，其中 k 反映了波在介质中的损耗。

当 ω 远离固有角频率 ω_0，即 $\gamma^2\omega^2 \ll (\omega_0^2-\omega^2)^2$ 时，可令 $k=0$，由式(6.19)得到

$$n'^2 = 1+\frac{Ne^2}{m\varepsilon_0}\frac{Z}{\omega_0^2-\omega^2} \tag{6.21}$$

式(6.21)表明折射率随 ω 增大(波长减小)而增大，这就是正常色散。

当 ω 接近 ω_0，即电子振动接近共振时，吸收急剧增大。若考虑稀薄气体，n' 与 $\tilde{n}$ 均近似等于 1，则由式(6.18)近似可得

$$\tilde{n} = n'(1+ik) = 1+\frac{1}{2}\frac{Ne^2}{m\varepsilon_0}\frac{Z}{\omega_0^2-\omega^2-i\gamma\omega} \tag{6.22}$$

从而有

$$n' = 1+\frac{Ne^2}{2m\varepsilon_0}\frac{Z(\omega_0^2-\omega^2)}{(\omega_0^2-\omega^2)^2+\gamma^2\omega^2} \tag{6.23}$$

$$n'k = \frac{Ne^2}{2m\varepsilon_0}\frac{Z\gamma\omega}{(\omega_0^2-\omega^2)^2+\gamma^2\omega^2} \tag{6.24}$$

当 γ 很小时，在 ω 接近 ω_0 的范围内 n' 与 $n'k$ 的曲线如图 6-5 所示，曲线表面，在 MN 区域内出现折射率随频率的增大(波长减小)而减小的现象，这就是反常色散。

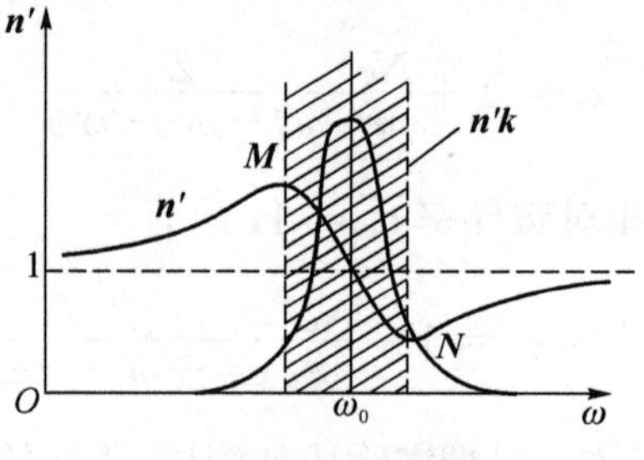

图 6-5 折射率随频率变化曲线

考虑介质中沿 Z 轴传播的平面电磁波

$$E = E_0\mathrm{e}^{i(kz-\omega t)} = E_0\mathrm{e}^{i\left(\frac{2\pi}{\lambda}\tilde{n}z-\omega t\right)} = E_0\mathrm{e}^{i\left(\frac{2\pi}{\lambda}n'z-\omega t\right)}\mathrm{e}^{-\frac{2\pi}{\lambda}n'kz}$$

或

$$E = (E_0\mathrm{e}^{-\frac{2\pi}{\lambda}n'kz})\mathrm{e}^{i\left(\frac{2\pi}{\lambda}n'z-\omega t\right)}$$

可见介质中的电磁波振幅 $E_0\mathrm{e}^{-\frac{2\pi}{\lambda}n'kz}$ 随 z 而迅速减小。波强度

$$I \sim |E|^2 = E_0^2\mathrm{e}^{-\frac{4\pi}{\lambda}n'kz} \tag{6.25}$$

与朗伯吸收定律 $I = I_0\mathrm{e}^{-\alpha z}$ 比较可得介质的吸收系数 α

$$\alpha = \frac{4\pi}{\lambda}n'k \tag{6.26}$$

6.3 光的散射

6.3.1　光的散射现象

光束通过光学性质不均匀的介质时，从侧向可以观察到光，这种现象称为光的散射。散射光的产生原因可以按经典电磁波的次波叠加观点加以解释。在入射光作用下，介质分子(原子)或其中的杂质微粒极化后作为次波源而辐射次波。对完全纯净均匀的介质，各次波源有一定的相位关系，相干叠加的结果使得只在遵守几何光学规律的方向上干涉相长，其余方向均干涉相消，故光线按照几何光学所确定的方向传播。当介质不均匀时，各次波的相位无规性使得次波叠加结果呈非相干性，即除了原入射光方向外，其他方向也有光强分布，形成光的散射。

光散射的基本过程是光与介质中分子(原子)作用而改变其光强的空间分布、偏振态或频率的过程。按散射介质在光电场作用下，极化与电场间的关系，可以将散射分成两大类：一类是线性散射，散射光波长与入射光波长相同，这时介质的不均匀性与时间无关，散射光的频率不会发生变化，只是沿波矢量方向受到偏折，对应弹性散射；另一类是非线性散射，散射光波长与入射光波长不同，这时介质的不均匀性随时间变化，光波与其作用交换能量，使得散射光的能量，即频率发生了变化，对应非弹性散射。对于线性散射，按照散射微粒的大小，又分为大粒子散射或称为廷德尔散射(散射粒子的线度远大于入射光波的波长)、米氏散射(散射粒子线度与入射光波长相比拟)和瑞利散射(散射粒子线度小于入射光波波长)。对于十分纯净的液体和气体，由于物质分子密度的起伏，也能产生散射，称为分子散射，可由瑞利散射理论解释，瑞利散射常常又称为分子散射。线性散射是我们日常生活中最常见的散射现象。而非线性散射包括拉曼散射、布里渊散射等，非线性散射现象与构成介质的微观粒子(如原子、分子)的量子能级有关，在研究物质成分、分子的结构和分子动力学方面具有非常重要的应用价值。

6.3.2　瑞利散射

瑞利散射理论于 1871 年由瑞利(L. Rayleigh)首先提出。在散射粒子线度远小于光波长$\left(\frac{\lambda}{5}\sim\frac{\lambda}{10}\text{以下}\right)$的假定下，瑞利导出了散射现象的规律，主要有以下特点。

(1) 散射光波长与入射光波长相同。

(2) 散射光强度与入射光波长 4 次方成反比，即

$$I \propto \frac{1}{\lambda^4} \tag{6.27}$$

式(6.27)表明，光波长愈短，其散射光强度愈大，该式称为瑞利散射定律。

(3) 散射光强度随散射方向变化。设入射光是自然光，在与入射光方向成 θ 角(θ 称为散射角)的方向上，散射光强为

$$I(\theta) = I_{\pi/2}(1 + \cos^2\theta) \tag{6.28}$$

式中，$I_{\pi/2}$ 为垂直于入射光方向（即 $\theta = \pi/2$）上的散射光强，散射光强的角分布如图 6-6 所示。

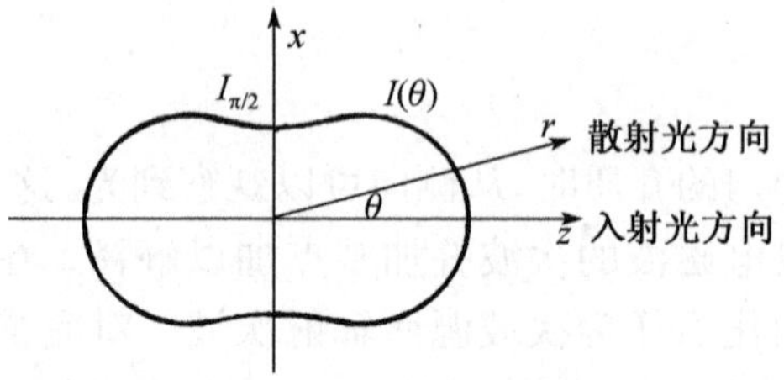

图 6-6 自然光瑞利散射光强的角分布

(4) 当自然光入射时，各方向的散射光一般为部分偏振光；但在垂直入射光方向上的散射光是线偏振光；沿入射光方向或逆其方向的散射光仍然是自然光。

下面根据经典电磁理论，简单分析分子（原子）产生瑞利散射的机制。

当分子（原子）的线度比入射光波长小许多时，在入射光波的电矢量 $\boldsymbol{E}$ 作用下，分子（原子）中的电子以入射光频率做受迫振动，并从入射光波取得能量，同时发出电磁辐射，这种辐射就是散射光，其频率或波长与入射光相同。

设入射光是沿 z 轴正方向传播、电矢量 $\boldsymbol{E}$ 沿 x 方向的线偏振光，如图 6-7(a)所示，它使介质分子极化，极化强度 $P = \varepsilon_0 \chi_e E = \varepsilon_0 \chi_e E_0 \cos \omega t$，其中 χ_e 是极化率，E_0 是入射光电矢量 $\boldsymbol{E}$ 的振幅。振动的极化分子发射的辐射就是散射光，根据电磁学理论，可得变化电偶极子向周围辐射电磁波的强度表示式，即散射光强分布公式为

$$I(\theta) = \frac{\chi_e^2 \varepsilon_0 \omega^4 E_0^2}{32\pi^2 c^3 r^2} \cos^2\theta \tag{6.29}$$

式中，r 为观察点到分子（原子）的距离，θ 为散射光方向矢量 $\boldsymbol{k}$ 与 z 轴的夹角，ε_0 为真空介电常数，c 为光速。图 6-7(b)为散射光强角分布的示意图，其三维分布可将该图绕 x 轴旋转一周而得到。由图 6-7(a)和(b)不难看出，各方向的散射光都是线偏振光，但在入射光电矢量振动的方向上，散射光强为零。

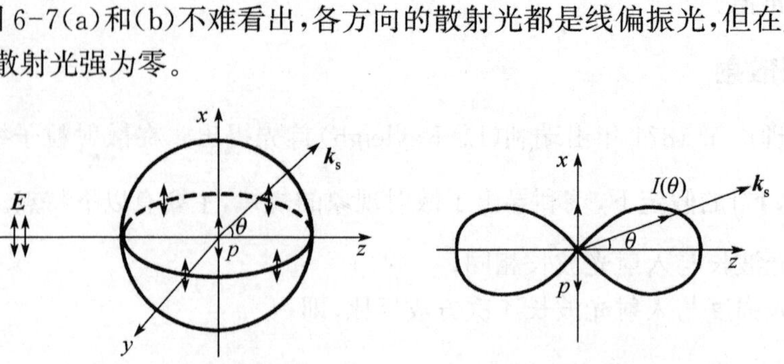

(a) 线偏振光产生的散射 (b) 散射光强的空间分布

图 6-7 线偏振光产生的散射及散射光强的空间分布

如果沿 z 轴正方向入射的是自然光，按照自然光的正交模型，$\boldsymbol{E}$ 矢量可分解为 E_x，E_y，如图 6-8(a)所示，分子在 x、y 两个方向上极化，将式(6.29)分别应用于 E_x，E_y，并将二者

产生的散射强度求和。因 $E_{0x}^2 = E_{0y}^2 = E_0^2/2$，故自然光产生的散射光强为

$$I(\theta) = I_x + I_y = \frac{\chi_e^2 \varepsilon_0 \omega^4 E_0^2/2}{32\pi^2 c^3 r^2}(\sin^2\alpha + \sin^2\beta)$$

即

$$I(\theta) = \frac{\chi_e^2 \varepsilon_0 \omega^4 E_0^2/2}{64\pi^2 c^3 r^2}(1 + \cos^2\theta) \tag{6.30}$$

式中，α，β，θ 是散射方向(即观察方向)与 x、y、z 轴正向的夹角。散射光强的三维角分布可由图 6-8(b)中实线所示图形绕 z 轴旋转而得到。

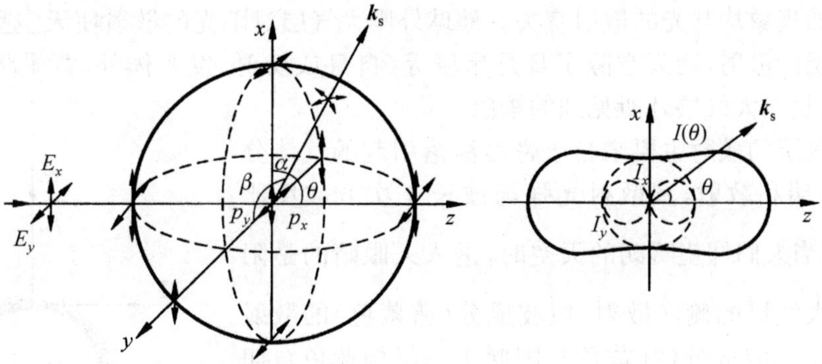

(a) 自然光产生的散射　　(b) 散射光强的空间分布

图 6-8　自然光产生的散射及散射光强的空间分布

式(6.29)、式(6.30)均表明 $I \propto \omega^4 \propto \frac{1}{\lambda^4}$，这正是瑞利散射定律的结论。散射光的偏振态亦可由 E_x，E_y 的贡献叠加而得到，可见在垂直于入射方向的 xy 平面内(即 $\theta = \pi/2$)，散射光都是振动方向在该平面内的线偏振光；沿 z 轴的散射光仍是自然光；在其他方向上的散射光为部分偏振光如图 6-8(a)所示。

以上讨论虽然是对于单个分子(原子)得到的，但是由于分子热运动使得各分子之间无确定的位置关系，各分子散射次波的相位关系也是随机的，其叠加结果呈非相干性，即多个分子的散射光强简单地等于每个分子散射光强之和。因此，以上各结论对介质总体散射仍然适用。

如果介质中存在许多线度很小($<0.1\lambda$)、位置随机分布的杂质微粒，这些细粒将成为散射中心。根据前文分析它们的散射光也是非相干的，各散射光束的光强直接相加，即产生瑞利散射现象。

6.3.3　米氏散射与大粒子散射

如果粒子的线度接近或大于光波长，瑞利散射定律不再适用。1908 年米(G. MIE)和德拜(P. debey)利用电磁场方程对平面波照射球形粒子时的散射过程进行了分析，计算结果指出：

(1) 当散射粒子线度 a 与入射光波长 λ 之比 a/λ 很小(数量级显著小于 0.1)时，散射光

强与波长关系遵从瑞利散射定律。

(2) 当粒子线度与光波长可以比拟(a/λ 数量级为 0.1～10)时,散射光强与偏振度随散射粒子的线度而变化。随着粒子线度的增大,散射光强与波长的依赖关系逐渐减弱,$I(\lambda) \propto \frac{1}{\lambda^n}$,其中 $n<4$,n 具体取值取决于散射粒子尺寸 a;散射光的偏振度随 a/λ 的增加而减小。这种散射称为米氏散射。

(3) 对于足够大的散射粒子($a/\lambda>10$),散射光强基本上与波长无关,这种散射称为大粒子散射,它可以作为米氏散射的大粒子极限。

6.3.4 自然界的散射现象

许多自然现象均与光的散射有关。地球外围大气层对阳光的散射使天空呈现光亮。如果没有大气层的散射,则天空除了日月星辰等(自身或反射)发光体外,背景将是完全黑暗的,这是宇航员在大气层外所见到的景象。

纯净大气层的散射主要来自于密度涨落引起的气体分子散射,属于瑞利散射,其散射光强与波长 4 次方成反比$\left(I \propto \frac{1}{\lambda^4}\right)$。当人们仰望晴朗的天空时,进入人眼睛的是阳光经过地球大气层的侧向散射,短波成分(蓝紫色)的散射光强要远大于长波成分(红黄色),因此天穹呈蔚蓝色。如图 6-9 所示,日出或日落时,太阳光线几乎平行于地平面,直观太阳所看到的是在地球大气层中经过较长路程散射后透射的阳光,剩余的长波成分较强,因此旭日或夕阳看起来呈红色;而正午时分太阳直射,穿过大气层的厚度最小,透射的阳光中被散射掉的短波成分不太多,故太阳基本上呈白色或橙黄色。

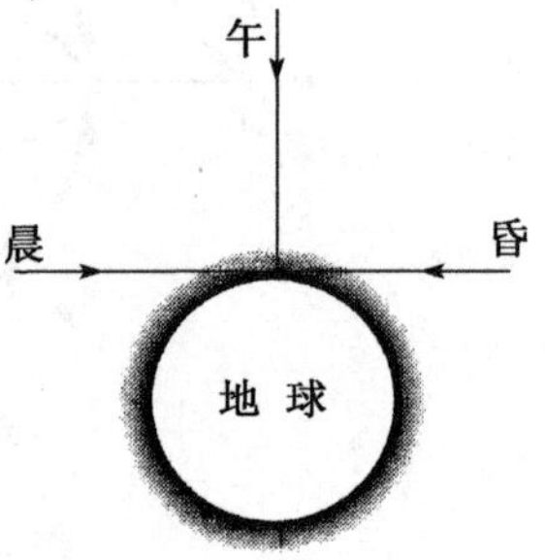

图 6-9 直观旭日和夕阳的颜色

烟、霭、云、雾等的散射性质因其中粒子的大小不同而不同。细微的烟霭粒子(含燃烧后的分子)可引起瑞利散射而呈浅蓝色(缕缕青烟),而云雾由较大的水滴组成,这些水滴的线度接近或大于光波长,对光的散射不再遵循瑞利散射定律,而属于米氏散射或大粒子散射,其散射光强与光波长关系不大,所以云雾呈白色。同样,蓝天中漂浮的白云,也是由于组成白云的小水滴和冰晶粒子对可见光产生的米氏散射而形成。

实际的大气中往往存在尺度不等甚至尺度连续分布的粒子,因此它们对光的散射是瑞利散射和米氏散射同时存在,只是在不同情形下,某一种散射占优势而已。通过研究散射的性质,可以获得胶体溶液、浑浊介质和高分子物质的物理化学性质,以及测定微粒的大小、悬浮粒子的密度和运动速度等。而通过测定激光在大气中的散射可以测量大气中悬浮微粒的密度和其他特性,以确定空气污染的情况。

6.3.5 拉曼散射

瑞利散射和米氏散射都是线性散射,其共同的特点是散射光频率与入射光频率相同,散射光中不会产生新的频率的光。1923 年斯梅卡尔(A. G. S. Smekal)从理论上预言,在光的散射过程中,若分子的状态发生了改变,则入射光与分子交换能量的结果可能导致散射光频率发生变化。我们将散射光中除了与入射光相同的频率以外,还有新的频率的光或新的光谱线产生的散射称为非线性散射,主要包括拉曼散射和布里渊散射。下面简单介绍拉曼散射。

1928 年,印度物理学家拉曼(C. V. Raman)和苏联物理学家曼杰利斯塔姆(Л. И. Мандельштам)分别在研究液体和石英晶体的散射时,几乎同时发现,当光通过介质时,散射光频率中除原有入射光频率之外,在入射光频率两侧又出现对称分布的新的频率,这一现象称为拉曼散射。图 6-10 为实验测得四氯化碳的拉曼光谱图。

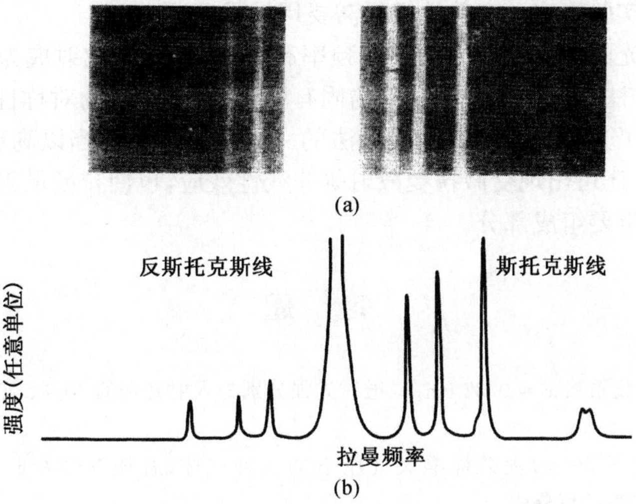

(a) 照相干板记录的拉曼光谱　(b) 光电方法记录的拉曼光谱

图 6-10　四氯化碳的拉曼光谱图

典型的拉曼散射光谱具有如下特征:

(1) 在频率为 ν_0 的原始入射谱线(称为瑞利谱线)两侧还有 $\nu_0 \pm \nu_1$, $\nu_0 \pm \nu_2$, $\cdots$ (ν_1, ν_2, $\cdots$ 称为拉曼频率)等散射谱线(称为拉曼谱线),在长波一侧的(频率为 $\nu_0 - \nu_j$)谱线称为红伴线或斯托克斯线,而在短波一侧的(频率为 $\nu_0 + \nu_j$)称为紫伴线或反斯托克斯线。

(2) 瑞利谱线和拉曼谱线总是同时出现,前者的散射光强比后者高约三个数量级。

(3) 拉曼频率 ν_j ($j=1, 2, \cdots$)与入射光频率 ν_0 无关,它等于分子固有振动的频率,一般在红外波段。

在经典理论的范畴,可以认为拉曼散射是分子中的原子振动对感生电偶极矩周期性变化所产生的调制效果。设入射光电场矢量为 $\boldsymbol{E} = \boldsymbol{E}_0 \cos \omega_0 t = \boldsymbol{E}_0 \cos 2\pi\nu_0 t$,则分子受其作用获得的感生电偶极矩为

$$\boldsymbol{P} = \chi_e \varepsilon_0 \boldsymbol{E} \tag{6.31}$$

式中,χ_e 为极化率。若 χ_e 是一个与时间无关的常数,则 $\boldsymbol{P}$ 以入射光频率 ν_0 做周期性变化,由此得到散射光频率也为 ν_0,这就是瑞利散射。如果分子以固有频率 ν_j 振动,且此振动影响极化率 χ_e,使它也以频率 ν_j 做周期性变化,即

$$\chi_e = \chi_0 + \chi_j \cos 2\pi\nu_j t \tag{6.32}$$

将式(6.32)代入(6.31),于是有

$$\begin{aligned}\boldsymbol{P} &= \chi_e\varepsilon_0\boldsymbol{E}_0\cos 2\pi\nu_0 t + \chi_j\varepsilon_0\boldsymbol{E}_0\cos 2\pi\nu_0 t \cdot \cos 2\pi\nu_j t \\ &= \chi_e\varepsilon_0\boldsymbol{E}_0\cos 2\pi\nu_0 t + \frac{1}{2}\chi_j\varepsilon_0\boldsymbol{E}_0[\cos 2\pi(\nu_0+\nu_j)t + \cos 2\pi(\nu_0-\nu_j)t]\end{aligned} \tag{6.33}$$

此式表明感应电偶极矩的变化频率有 ν_0 和 $\nu_0 \pm \nu_j$ 三种,其中 ν_0 对应拉曼光谱中的瑞利谱线,而 $\nu_0 \pm \nu_j$ 对应拉曼谱线。当分子固有频率不止一个时,就会得到不止一对的拉曼谱线。

拉曼散射的经典理论是不完善的,尤其是它无法解释拉曼光谱中反斯托克斯线出现较少且强度很弱这一实验事实。完善的解释需要用量子理论。

由于拉曼散射光的频率与分子的振动频率有关,因此拉曼散射成为研究分子结构的重要手段,利用这种方法可以确定分子振动的固有频率、研究分子的对称性以及分子动力学等问题。它已成为分子光谱学中红外吸收方法的一个重要补充。当以高单色、高强度激光作为入射激励光束时,还可出现受激拉曼散射等非线性效应,也使拉曼散射成为激光与物质相互作用研究领域的重要组成部分。

习 题

6-1 有一介质吸收系数 $\alpha = 0.32\ \text{cm}^{-1}$,透射光强分别为入射光强的 10%、20%、50%和 80%时,介质的厚度各等于多少?

6-2 一玻璃管长 3.50 m,内贮标准大气压下的某种气体,若该气体在此条件下的吸收系数为 $0.165\ 0\ \text{m}^{-1}$,求透射光强的百分比。

6-3 海水对 570 nm 的黄绿光的吸收系数为 $2.2\times10^{-3}\ \text{cm}^{-1}$,该黄绿光在海水中传播多长距离光强减弱为原来的 80%? 若要减弱到 10%呢?

6-4 为防止红外线进入光学系统,在有些光学仪器前加一水透镜。若水对红外光的平均吸收系数为 $\alpha=1.0\ \text{cm}^{-1}$,要阻止绝大部分(99%)红外线进入,水透镜需要多厚?

6-5 一块光学玻璃对汞灯蓝、绿谱线 $\lambda = 435.8$ nm, $\lambda = 546.1$ nm 的折射率分别为 1.652 50 和 1.624 50。试求:

(1) 用此数据定出柯西公式 $n = A + B/\lambda^2$ 中的常数 A、B;

(2) 该玻璃对钠黄光 $\lambda = 589.3$ nm 的折射率 n 及色散率 $\mathrm{d}n/\mathrm{d}\lambda$。

6-6 一棱镜顶角为 50°,设它的玻璃材料的色散性质可用二常量柯西公式来描写,二常量分别为 $A = 1.539\ 74$, $B = 4.652\ 8\times10^3\ \text{nm}^2$。求此棱镜对波长 $\lambda = 550$ nm 的光波在最小偏向角条件的角色散本领。

6-7 假设在白光中,波长 $\lambda_1 = 600$ nm 的橙黄光和波长为 $\lambda_2 = 450$ nm 的蓝光强度相等,试求瑞利散射光中二者强度之比为多少?

第7章

光的量子性

我们已经较为系统地研究了光的波动本性，包括光的干涉、衍射和偏振等现象，光的电磁场理论成功地说明了一系列宏观的光学现象，从而确信光是一种连续的电磁波。但是随着科学实验深入到微观领域，随着对光与物质相互作用的研究进一步发展，人们发现了一些新的物理现象和实验事实，诸如热辐射、光电效应和康普顿效应等，它们用光的电磁理论已无法解释，光的量子性正是在这种情况下提出来的。人们逐渐认识到，光既具有波动性，也具有粒子性，这是光在不同场合表现出来的两种属性，它们是相互关联和统一的，进而确立了光的客观本性是波粒二象性的。

7.1 单色辐射出射度和吸收比 基尔霍夫定律

7.1.1 热辐射和发光

辐射源在向外辐射能量的同时将减少自身的能量，为了维持辐射，辐射源必须不断地从外界汲取能量。根据对辐射源补充能量的方式，以及在辐射过程中辐射源原子或分子的内部运动状态是否发生变化，可将辐射分为两大类：热辐射和发光。

(1) 热辐射。辐射源中的原子或分子在辐射过程中，不发生内部状态的改变。物体的辐射能是由原子或分子的热运动能量转换而来的，这种由热运动能量转变为光能的辐射过程叫作热辐射。为使热辐射过程维持下去，辐射源就需要从外界获得能量，在热辐射中，辐射体从外界吸收能量是通过热量传递形式实现的。在此过程中，辐射源既向外界辐射热量，又从周围物体吸收热量。当辐射源与周围环境达到热平衡时，物体辐射和吸收的热量相等，此时的热辐射叫作平衡热辐射。处于平衡热辐射的物体的状态可以用恒定的温度来描述，所以平衡热辐射又叫作温度辐射。

(2) 发光。辐射源在辐射过程中不能仅用维持温度来使辐射继续下去，而要依靠辐射源的原子或分子从外界吸收能量后，改变其内部运动能量，因此改变原子或分子的内部运动状态，过渡到能量较高的激发状态（简称激发态），然后，激发态原子或分子的内部运动能量又转变为向外发射的辐射能。这种与原子或分子内部状态发生改变相联系的辐射形式叫作发光。按照补充能量形式的不同，可把发光分为以下几种：

① 电致发光。电能直接转化为光能的发光过程称为电致发光。例如霓虹灯、水银灯和钠灯等气体放电光源是物体中的原子或离子受到被电场加速的电子的轰击，使原子中的电子受到激发，当它从激发态返回到正常状态时，将会发出辐射。取其在电场作用下发光之

意，电致发光曾称为场致发光。

② 光致发光。依靠入射光激发补充能量而导致的发光，叫作光致发光，这是物体被光照射或预先被照射而引起的它自身的辐射。它大致经过光吸收、能量转换及光发射三个主要阶段，光吸收和光发射都发生于能级之间的跃迁。例如日光灯管壁上荧光粉的发光过程。

③ 化学发光。依靠化学反应补充能量而导致的发光叫作化学发光。例如磷被空气中的氧气缓慢氧化时将会发光，在该情况下，辐射能量是在化学反应过程中释放出来的。

④ 热致发光。依靠对某物体加热到一定温度而发光，叫作热致发光。例如食盐放入火焰中会发出钠黄光。它和热辐射不同，首先，热辐射在任何温度下都能进行，而热致发光要达到一定温度后才能产生；其次，热辐射的光谱是连续的而热致发光的光谱，主要是线光谱或带状光谱；再次，热辐射主要发生于固体、液体或相当稠密的气体中，而热致发光则主要发生在稀薄气体中。

7.1.2　单色辐射出射度和吸收比

1. 单色辐射出射度

实验表明：在单位时间内从物体表面单位面积向各个方向辐射的、频率在 ν 到 $\nu+\Delta\nu$ 范围内的辐射能量 $\mathrm{d}W$ 与 ν 和温度 T 有关；而且当 $\mathrm{d}\nu$ 范围取得足够小时，可认为与 $\mathrm{d}\nu$ 成正比，即

$$\mathrm{d}W = M(\nu,\ T)\mathrm{d}\nu$$

式中，$M(\nu,\ T)$是 ν 和 T 的函数，叫作该物体在温度 T、辐射频率为 ν 的辐射能量的单色辐射出射度，简称单色辐出度，其物理意义是从物体表面单位面积发出的、频率在 ν 附近的单位频率间隔内的辐射功率，其单位为 $\mathrm{W/m^2 \cdot Hz}$，
即

$$M(\nu,\ T) = \frac{\mathrm{d}W}{\mathrm{d}\nu} \tag{7.1}$$

对于不同的辐射体，不同的表面情况，单色辐出度可以大不一样。任何辐射体的热辐射性质，均可用单色辐出度来表示。

如果在整个 ν 的范围内对 $\mathrm{d}W$ 积分，就得到温度为 T 的辐射体表面单位面积上所发射的各个波长的总辐射功率，即

$$M_0(T) = \int \mathrm{d}W = \int_0^{\infty} M(\nu,\ T)\mathrm{d}\nu \tag{7.2}$$

该物理量称为辐射本领或简称辐出度，其单位为 $\mathrm{W/m^2}$，它只是温度 T 的函数。

实验表明，平衡热辐射的一般特征是随着温度的升高，辐出度增大，而且温度越高，单色辐出度曲线 $M(\nu,\ T)\sim\nu$ 的峰值越向短波方向移动。这些特征是日常生活中所熟知的现象. 把一根铁条放入烈火中加热，温度不高时，主要是发射红外线，到 500℃左右开始辐射一部分暗红色可见光，如果温度再提高，不仅光的强度逐渐增大，而且波长较短的辐射越来越多，颜色由暗红转橙红，大约在 1 500℃就变成明亮的白炽光，并有相当多的紫外线。

2. 单色吸收比

在一定的温度下，任何物体不仅能向外辐射，而且对于照射在它表面上的辐射能量也有

一定的吸收能力。吸收能量和入射总能量的比值,称为物体的吸收比;反射的能量和入射总能量的比值称为物体的反射比。一物体的吸收比和反射比,是随物体的温度和入射辐射的频率而改变的。若以 dW 表示单位时间内,频率在 ν 到 $\nu+\Delta\nu$ 范围内照射到温度为 T 的物体单位面积上的辐射能量,dW' 表示该物体所吸收的辐射能量,那么,两者的比值

$$A(\nu,\ T) = \frac{dW'}{dW} \tag{7.3}$$

表示该物体在温度 T 时,对于频率在 ν 到 $\nu+\Delta\nu$ 范围内的辐射能量的单色吸收比。由于所有物体的吸收都有选择性,因此,吸收比也是波长和温度的函数,它是一个无量纲的数,按定义显然有 $0 \leqslant A(\nu,\ T) \leqslant 1$。

7.1.3 基尔霍夫定律

为了研究物体的辐出度和吸收比之间的关系,基尔霍夫于1859年曾设计了一个理想实验,如图7-1所示。将温度不同的物体 B_1、B_2 和 B_3 放置在一个与外界隔离的封闭绝热空腔C内,若容器内部抽成真空,从而各物体之间只能通过热辐射来交换能量。实验表明,经过一段时间后,所有的物体包括容器在内都会达到相同的温度,建立热平衡,此时每个物体在单位时间单位面积内发出的能量恰好等于吸收的能量。单色辐出度较大的物体,其单色吸收比也较大,单色辐出度较小的物体,其单色吸收比也较小,即只靠辐射和吸收来交换能量的若干物体有可能达到热平衡。由此可推得物体的单色辐出度和单色吸收比之间必定具有正比的关系。基尔霍夫将这一关系以定律的形式表述如下:物体的单色辐出度和单色吸收比的比值与物体自身的性质无关,对于所有的物体,这个比值是一个温度和频率的普适函数,其数学形式为

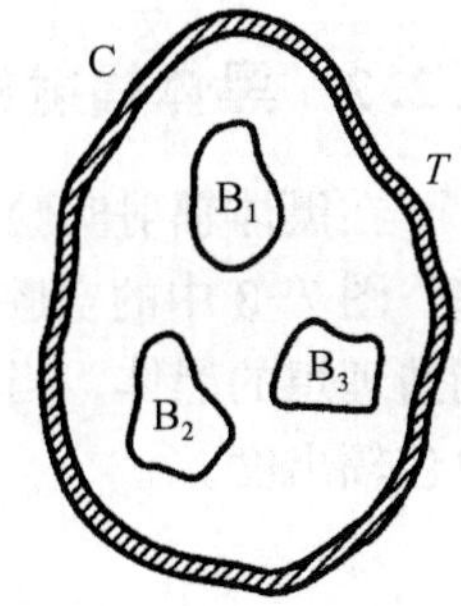

图7-1 基尔霍夫定律的实验推导

$$\frac{M_1(\nu,\ T)}{A_1(\nu,\ T)} = \frac{M_2(\nu,\ T)}{A_2(\nu,\ T)} = \cdots = \frac{M(\nu,\ T)}{A(\nu,\ T)} = f(\nu,\ T) \tag{7.4}$$

显然,在一定温度下,物体对某波长的吸收较强,则对该波长的辐射也较强。

7.2 黑体辐射实验规律

7.2.1 绝对黑体

如果一个物体在任何温度下能够将照射于其上的任何频率的辐射能全部吸收,即其单色吸收比恒等于1,则该物体称为绝对黑体,简称黑体。现以 $M_b(\nu,\ T)$ 和 $A_b(\nu,\ T)$ 表示黑体的单色辐出度和单色吸收比,则 $A_b(\nu,\ T) \equiv 1$。基尔霍夫定律可写成

$$\frac{M_b(\nu,\ T)}{A_b(\nu,\ T)} = M_b(\nu,\ T) = f(\nu,\ T) \tag{7.5}$$

由此可知，基尔霍夫定律的普适函数 $f(\nu, T)$ 就是黑体的单色辐出度。因此对普适函数 $f(\nu, T)$ 的研究，可以转化成对黑体单色辐出度的实验研究和理论探讨。

绝对黑体显然是一种理想模型，事实上任何物体的吸收比 $A_b(\nu, T) < 1$。绝对黑体的良好近似是一个开有小孔的绝热等温空腔，如图 7-2 所示。当光线从小孔射进空腔后，经腔壁多次反射和吸收，再从小孔出射的光能几乎为零。由于任何材料都有一定的吸收，故用任何材料做的空腔，其小孔处都相当于一个黑体。

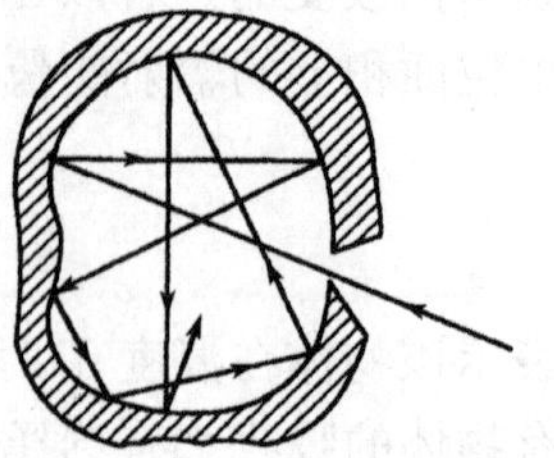

图 7-2　绝热等温空腔吸收

例如，白天从远处看建筑物的窗口时，窗口显得特别黑暗，这是由于从窗口射入的光，经墙壁多次反射而吸收，很少有可能再从窗口射出的缘故。又如，在金属冶炼技术中，常在冶炼炉上开一小孔，这一小孔也近似为一黑体。

7.2.2　黑体辐射实验规律

在黑体辐射实验测量中，为了加强吸收的效果，通常还在空腔壁上装有许多带孔的横壁。图 7-3 中的空腔辐射器 A，使从小孔射入的光线更不易直接反射出去，采用该办法可以制造理想的黑体。当将这样的辐射器维持一定的温度 T 时，从小孔处观察到的应是黑体的单色辐出度。

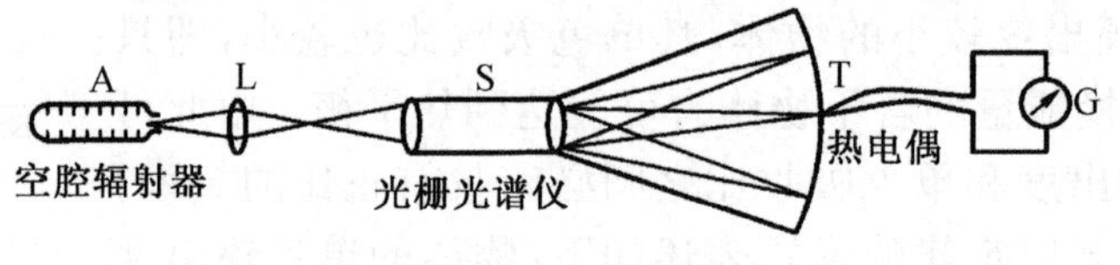

图 7-3　空腔辐射器

通常空腔辐射器是用耐火材料做成的，可以用电炉加热到各种温度，由小孔发出的辐射经光栅光谱仪 S 按频率分开，以涂黑的热电偶 T 探测各频段辐射能的强度，并记录下来。

图 7-4 是实验测得各种温度时黑体的单色辐出度 $M_b(\nu, T)$ 随波长变化的曲线，又称黑体辐射谱。从这些分布曲线可以看出，每一个温度下，$M_b(\nu, T)$ 曲线都有一个最大值，在短

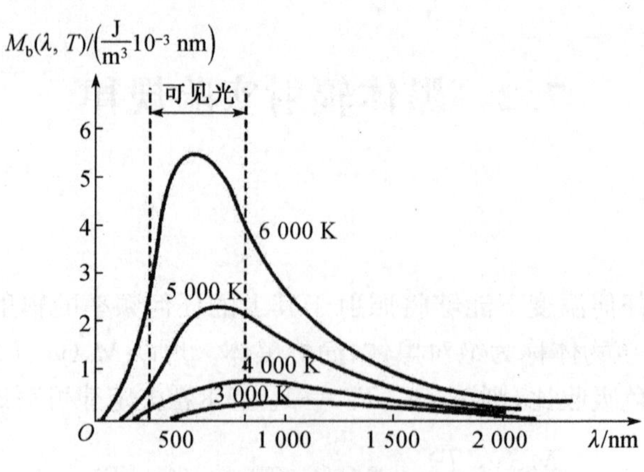

图 7-4　黑体辐射本领随波长变化曲线

波极限($\lambda \to 0$)和长波极限($\lambda \to \infty$)均趋于零。温度升高时$M_b(\nu, T)$急剧增加,而且极大值所对应的波长向短波方向移动。根据这些特征,人们又在理论上总结出两条定律。

1. 斯特藩-玻耳兹曼定律

曲线$M_b(\nu, T)$下的总面积表示温度为T的黑体在所有波段的总辐出度,它与温度T的四次方程正比,即

$$M_0(T) = \int_0^{\infty} M_b(\nu, T)\mathrm{d}\nu = \sigma T^4 \tag{7.6}$$

实验测得式(7.6)的比例系数为

$$\sigma = 5.67 \times 10^{-8}\,\mathrm{W \cdot m^{-2} \cdot K^{-4}}$$

它是个普适常量,σ叫作斯特藩-玻耳兹曼常量,式(7.6)称为斯特藩-玻耳兹曼定律。其首先由斯特藩(J. Stefan)于1879年从实验上得到,玻耳兹曼(L. Boltzmann)于1884年根据热力学理论推出。

2. 维恩位移定律

图7-4表明,$M_b(\nu, T)$在任何温度下都有一最大值,其对应的波长称为峰值波长,记为λ_M。实验发现,λ_M与绝对温度T的乘积是一个与T无关的常数,即

$$\lambda_M T = b \tag{7.7}$$

式中,常数$b = 2.898 \times 10^{-3}\ \mathrm{m \cdot K}$。该定律首先由维恩(W. Wien)于1893年根据热力学研究黑体辐射理论时所导出,故式(7.7)称为维恩位移定律,b称为维恩常量。

维恩位移定律将热辐射的颜色随温度变化的规律数量化了。随着温度T的升高,λ_M向短波方向移动,在温度不太高时,热辐射中绝大部分是肉眼看不见的红外线,其中包含极小部分长波的可见光,即红光。进一步计算表明,当温度达到约3 800 K时,λ_M到达可见光谱红端的760 nm。若温度在5 000~6 000 K区间内,λ_M位于可见光波段的中央,它引起人眼的感觉为白色,照明技术中将具有这种光谱的光叫做白光。通常白炽灯丝的温度约2 000℃,λ_M位于红外波段,所发的光与日光相比,颜色偏黄些,故以白炽灯形成接近于日光的热辐射是不可能的,必须另找途径,日光灯就是借助于气体放电和荧光等辐射过程来形成接近日光的白色光的。

例题7.1 (1) 如果将恒星表面的辐射近似地看做是黑体辐射,就可以用测量λ_m的办法来估算恒星表面的温度。现测量得太阳的λ_m为510 nm,试求它的表面温度。

(2) 太阳常数(太阳在单位时间内垂直照射在地球表面单位面积上的能量)为1 352 $\mathrm{W/m^2}$,日地间的距离为$1.50\times10^8\,\mathrm{km}$,太阳直径为$1.39\times10^4\,\mathrm{km}$,试用这些数据估算太阳的温度。

解:(1) 根据维恩位移定律

$$T\lambda_{\max} = b = 2.898 \times 10^{-3}\ \mathrm{m \cdot K}$$

可得

$$T = \frac{2.898\times10^{-3}}{510\times10^{-9}} = 5\ 700(\mathrm{K})$$

(2) 根据日光的球对称性,由地面照度 E 算出太阳的总辐射通量 φ,除以太阳的总面积 S,得太阳的辐出度 M_0,最后由黑体辐射的斯特藩-玻耳兹曼定律,估算太阳的温度 T。计算如下:设太阳的半径为 r,日地间的距离为 R,则

$$\Phi = 4\pi R^2 E$$

$$M_0 = \frac{\Phi}{S} = \frac{4\pi R^2 E}{4\pi r^2} = E\left(\frac{R}{r}\right)^2$$

所以

$$T = \sqrt[4]{\frac{M_0}{\sigma}} = \sqrt[4]{\frac{E}{\sigma}\left(\frac{R}{r}\right)^2} \tag{7.8}$$

将 $E=1\ 352\ \mathrm{W/m^2}$, $R=1.50\times10^{11}\ \mathrm{m}$, $r=6.95\times10^{8}\ \mathrm{m}$, $\sigma=5.67\times10^{-8}\ \mathrm{W/m^2\cdot K}$ 代入式(7.8),得

$$T=5\ 773\ \mathrm{K}$$

可见,太阳表面接近于大部分辐射都在光谱可见光区的温度,这暗示着在人类进化的漫长的岁月中,人眼睛已逐渐适应于太阳,变得对太阳辐射最强的波长最灵敏。

7.2.3 维恩公式和瑞利-金斯公式

在实验测出黑体辐射谱后,从理论上解释黑体单色辐出度 $M_b(\nu,\ T)$ 随波长变化的曲线,寻找 $M_b(\nu,\ T)$ 这个重要的函数形式,成为问题的关键,历史上曾有许多物理学家做过分析和探讨。其中最有代表性的是维恩和瑞利-金斯的工作,他们对揭示经典物理的矛盾起了重大的作用。

1. 维恩公式

1896 年维恩对辐射机制作出假设:黑体辐射是许多可视为谐振子的分子辐射的总和,辐射的频率 ν 仅与其速度有关,从而得到与麦克斯韦速度分布律形式类似的公式:

$$M_b(\nu,\ T) = \frac{\alpha\nu^3}{c^2}\mathrm{e}^{-\beta\nu/T} \tag{7.9a}$$

或

$$M_b(\lambda,\ T) = \frac{\alpha c^2}{\lambda^5}\mathrm{e}^{-\beta c/\lambda T} \tag{7.9b}$$

式中,α、β 为两个常数,c 为真空中光速。以上两式称为维恩公式。

2. 瑞利-金斯公式

1900 年瑞利和金斯假设空腔处于热平衡时的辐射应是一些节点在空腔处的驻波,而每列驻波的平均能量,可以用经典的能量均分定理来决定,每列驻波的平均能量都为 kT。它的数值与频率无关,这样可以得到单色辐出度按频率分布为

$$M_b(\nu,\ T) = \frac{2\pi}{c^2}\nu^2 kT \tag{7.10}$$

式中,k 为玻耳兹曼常量,$k=1.38\times10^{-23}\ \mathrm{J/K}$

由关系式 $\nu = c/\lambda$, $d\lambda = -\frac{c}{\lambda^2}d\lambda$，并考虑到在数值应用上应有

$$M_b(\nu, T)d\nu = M_b(\lambda, T)d\lambda$$

可将单色辐出度从频率函数转换到按波长的分布函数，即

$$M_b(\lambda, T) = \frac{2\pi c}{\lambda^4}kT \tag{7.11}$$

这就是黑体辐射的瑞利-金斯公式。

与图 7-4 所示的黑体辐射谱实验结果比较，在短波区域，维恩公式与实验曲线符合甚好，在长波区域偏离较大，见图 7-5；而瑞利-金斯公式则与长波区域的实验曲线符合，但在短波区域，偏离十分大，尤其令人困惑的是，当 $\lambda \to \infty$ 时，$M_b(\lambda, T) \to \infty$，如图 7-5 所示，亦即波长极短(光谱的紫外部分)辐射能量趋于无限大，显然这是荒谬的。经典理论在短波端的这一谬误在物理学史上被称为“紫外灾难”。公式与实验的矛盾说明经典物理学无法解释黑体辐射的问题，从而预示着物理学面临着一场革命性的变革。

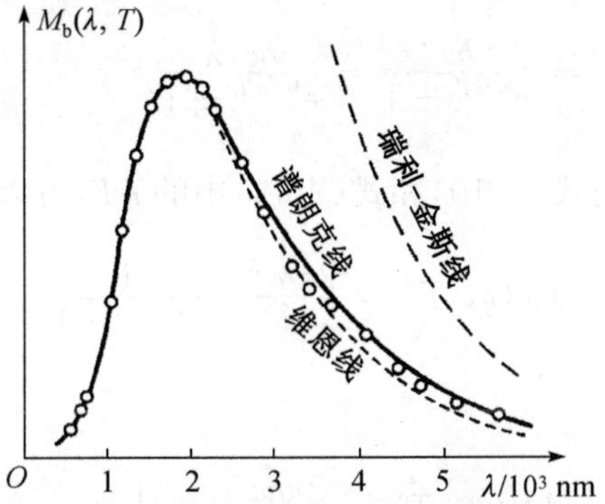

图 7-5　各黑体辐射公式与黑体辐射谱的比较

7.3　普朗克能量子假设与普朗克公式

1. 普朗克能量子假设

为了从理论上找到正确的黑体辐射公式，普朗克于 1900 年大胆提出了一个与经典物理格格不入的假设：辐射体中带电的线性谐振子的能量取值 ε 是分裂的，只能是某一最小能量 ε_0 的整数倍。对于频率为 ν 的谐振子，这个最小能量为 $\varepsilon_0 = h\nu$，因此能量取值为

$$\varepsilon = n\varepsilon_0 = nh\nu \quad (n=0, 1, 2, 3, \cdots) \tag{7.12}$$

式中，常数 $h=6.62\times10^{-34}$ J·s 称为普朗克常量，ε_0 称为能量子，上述假设也被称为普朗克能量子假设。

式(7.12)表明谐振子的能量是量子化的。谐振子发射和吸收光能只是在从它的一个量子能态跃迁到另一个量子能态的时候发射能量子，而不能停留在不符合这些能量的任何中

间状态。

2. 普朗克公式

在瑞利-金斯公式的推导过程中，曾取谐振子的平均能量为 $\bar{\varepsilon}=kT$，它是经典物理学中能量连续分布的必然结果。依据玻耳兹曼分布律，在热平衡态下，振子具有能量 ε 的概率正比于 $e^{-\varepsilon/kT}$，若设 ε 从 0 到∞连续分布，则有

$$\bar{\varepsilon}=\frac{\int_0^{\infty}\varepsilon e^{-\varepsilon/kT}\,d\varepsilon}{\int_0^{\infty}e^{-\varepsilon/kT}\,d\varepsilon}=kT \tag{7.13}$$

而根据普朗克能量子假设，振子能量只能取式(7.12)中的分裂值，故式(7.13)应改写为

$$\begin{aligned}\bar{\varepsilon}&=\frac{\sum\limits_{n=0}^{\infty}n\varepsilon_0 e^{-n\varepsilon_0/kT}}{\sum\limits_{n=0}^{\infty}e^{-n\varepsilon_0/kT}}=\frac{\sum\limits_{n=0}^{\infty}nh\nu e^{-nh\nu/kT}}{\sum\limits_{n=0}^{\infty}e^{-nh\nu/kT}}\\&=\frac{h\nu}{e^{h\nu/kT}-1}=\frac{hc/\lambda}{e^{hc/\lambda kT}-1}\end{aligned} \tag{7.14}$$

用式(7.14)代替瑞利-金斯公式(7.10)和式(7.11)中的 kT，可以得到

$$M_b(\nu,\ T)=\frac{2\pi h\nu^3}{c^2}\cdot\frac{1}{e^{h\nu/kT}-1} \tag{7.15}$$

和

$$M_b(\lambda,\ T)=\frac{2\pi hc^2}{\lambda^5}\frac{1}{e^{hc/k\lambda T}-1} \tag{7.16}$$

以上两式称为黑体辐射的普朗克公式。

将维恩公式、瑞利-金斯公式与普朗克公式比较不难发现，在短波近似下，有 $h\nu\gg kT$，即 $e^{h\nu/kT}\gg 1$，普朗克公式(7.15)转化为经典的维恩公式(7.8)；而对于长波，$h\nu\ll kT$，则 $e^{\frac{h\nu}{kT}}\ll 1$，有 $e^{\frac{h\nu}{kT}}\approx 1+h\nu/kT$，普朗克公式过渡到经典的瑞利-金斯公式(7.10)。普朗克公式在全部波段中与实验曲线完全吻合(图 7-5)，而且在经典理论所导出公式的有效范围内，这些公式以及黑体辐射的其他实验定律都可作为普朗克公式的推论而得到。

普朗克能量子假设的提出及其对黑体辐射的成功解释是一个重大的突破，能量不连续的概念第一次进入物理学，它标志着近代物理学的开端。普朗克因此而获得 1918 年的诺贝尔物理学奖。

从经典物理学的角度来看，这个假设是如此的不可思议，就连普朗克本人也感到难以置信。他曾想尽量缩小与经典物理学之间的矛盾，宣称只假设谐振子的能量是量子化的，而不必认为辐射场本身也具有不连续性。确实，在普朗克公式的推导过程中仍然利用了经典的玻耳兹曼分布律，以后玻色(S. Bose)和爱因斯坦应用量子统计十分简明地导出了普朗克公式，从而完全消除了残留的那些经典痕迹。

7.4 光电效应 光子

普朗克假说的精髓是能量的不连续性，即能量量子化。但普朗克只假定与辐射场处于热平衡的线性谐振子在发射和吸收能量时取一系列离散值。后来的许多实验事实表明，辐射场本身也是量子化的。普朗克假说中的能量基本单元 $h\nu$ 不仅仅是一种数学模型，而且具有实在的物质载体——光子。爱因斯坦首先提出了辐射场能量量子化(光子假说)，其实验依据就是光电效应。

7.4.1 光电效应及其实验规律

物体在光照下其电学性质发生变化的现象称为光电现象，包括光电效应、康普顿效应、光电离现象、光电导现象和光生伏打效应等。光电效应是指金属及其化合物在光照下发射电子的现象。

观察光电效应的实验装置如图 7-6 所示。抽真空的光电管中，K 为金属阴极，A 为阳极。在适当的光照下，金属阴极 K 可释放电子(成光电子)，逸出的光电子受到电场加速作用，向阳极 A 运动，在回路中形成光电流，其大小由检流计 G 指示。电路中的换向开关 T 用以转换施加在光电管上的电场方向，既可以使逸出光电子受到正向电场的加速，也可以使其受到反向电场的减速。

光电效应的主要实验结果和规律可以归纳如下：

(1) 光电流 i 随两极 A、K 之间电压 U 变化的伏安曲线如图 7-7 所示。光电流 i 随电压 U 增大而增大，但 U 增大到一定数值时，i 达到最大值 i_m，称为饱和电流，意味着此时从阴极 K 单位时间逸出的光电子全部到达阳极 A。在入射光频率一定时，饱和电流 i_m 与入射光强 I 成正比，即单位时间从阴极 K 逸出的光电子数与照射光强成正比。

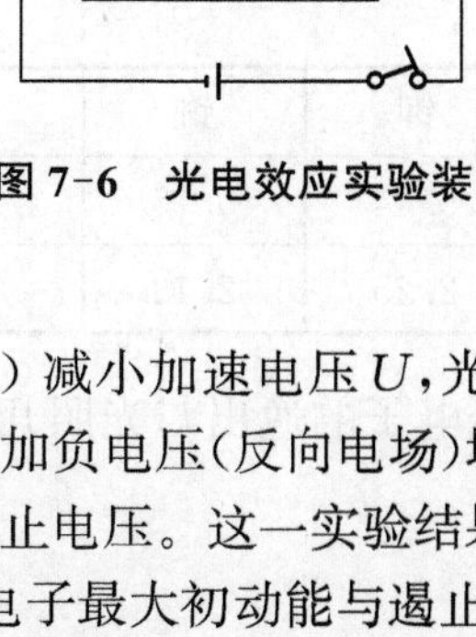

图 7-6 光电效应实验装置图

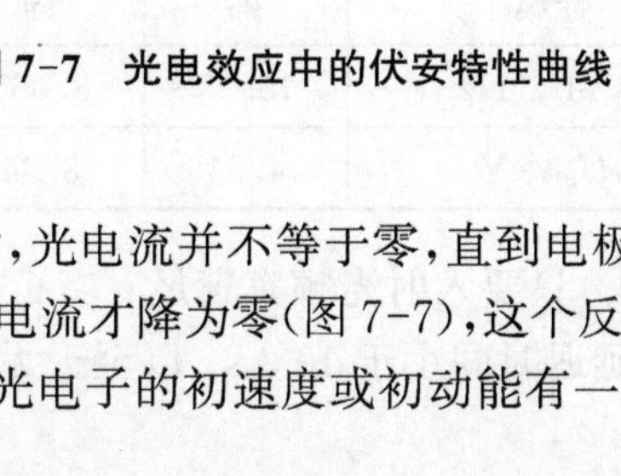

图 7-7 光电效应中的伏安特性曲线

(2) 减小加速电压 U，光电流随之减小；$U=0$ 时，光电流并不等于零，直到电极 A、K 之间所加负电压(反向电场)增大到某个数值 U_C 时，光电流才降为零(图 7-7)，这个反向电压称为遏止电压。这一实验结果表明：从阴极 K 发射的光电子的初速度或初动能有一定的分布，光电子最大初动能与遏止电压具有如下关系：

$$\frac{1}{2}mv_{\mathrm{m}}^2 = eU_{\mathrm{C}} \tag{7.17}$$

式中，m、e 为电子的质量与电荷绝对值，v_{m} 为光电子逸出阴极 K 时的最大初速度。

由图 7-7 可见，在一定频率的光照下，光强不同，遏止电压 U_{C} 是相同的，说明遏止电压与入射光强度无关。

(3) 当改变入射光频率 ν 时，遏止电压 U_{C} 随之线性变化，如图 7-8 所示。频率愈高，遏止电压愈大，亦即逸出光电子的最大初动能愈大。图中不同的直线对应了不同的金属阴极，它们的斜率相同。

由此可写出遏止电压 U_{C} 与频率 ν 的关系式为

$$U_{\mathrm{C}} = k\nu - U_0 \tag{7.18}$$

式中，k、U_0 均为正数，U_0 与金属种类有关。而直线斜率 k 是一普适常数，与金属种类无关。将光电效应的两个主要定量结果式(7.17)和式(7.18)联系起来得到

$$\frac{1}{2}mv_{\mathrm{m}}^2 = ek\nu - eU_0 \tag{7.19}$$

这表明光电子最大初动能与入射光频率成正比，而与光强无关。式(7.19)同时表明，入射光频率需满足 $\nu \geqslant \frac{U_0}{k}$，则 $\frac{1}{2}mv_{\mathrm{m}}^2 \geqslant 0$，才能产生光电效应。令 $\nu_0 = \frac{U_0}{k}$，ν_0 称为光电效应的红限频率(或截止频率)，它取决于光电阴极金属的属性，对应图 7-8 中诸直线在横轴上的截距。当入射光频率低于红限频率 ν_0 或大于对应红限波长 λ_0 ($\nu_0\lambda_0 = c$) 时，无论入射光强多大，都不会产生光电效应。表 7.1 列出了几种金属的红限值。

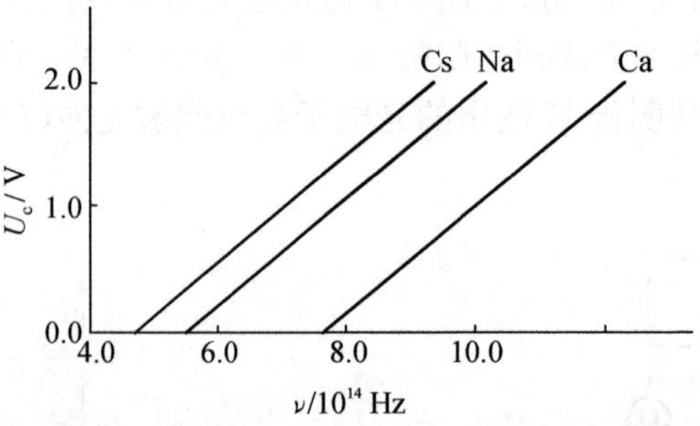

图 7-8 截止电压与入射光频率的关系

表 7.1 几种金属的红限频率与逸出功

金属	钨	锌	钙	钠	钾	铷	铯
ν_0 /10^{14} Hz	10.95	8.065	7.73	5.53	5.44	5.15	4.69
eU_0 /eV	4.54	3.34	3.20	2.29	2.25	2.13	1.94

(4) 只要入射光频率满足 $\nu \geqslant \nu_0$，则无论光强如何微弱，光电子的逸出与光照几乎同时产生，延迟时间小于 10^{-9} s，以至于无法探测。

7.4.2 光电效应与波动理论的矛盾

按照经典电磁理论，光是能量连续分布的电磁波，金属中的电子在电磁波的交变电场作用下产生受迫振动，它在单位时间内所吸收的能量与光强成正比。当电子吸收能量超过脱离金属所需的逸出功时，电子即从金属中逸出。由此可对光电效应做如下预测。

(1) 光强愈强，电子接受的能量愈多，释放出光电子的动能也愈大。

(2) 释放电子主要取决于光强，应与频率无关。

(3) 电子从光波场中吸收能量是一个连续累积的过程，要积累足够的能量而释放出来需经过较长时间。

显然，这与实验事实不符。经典波动理论与光电效应实验规律有着尖锐的矛盾。

7.4.3 爱因斯坦的光子假设和光电效应方程

为了解释光电效应的所有实验结果，1905年爱因斯坦将普朗克的能量子概念推广到光在空间的传播。他假设：频率为 ν 的光束是由称为光量子(现称光子)的粒子组成，每个光子的能量为 $E = h\nu$，它只能作为一个整体被吸收或发射，但它仍保持着频率(及波长)的概念。根据这一假设，爱因斯坦成功地解释了光电效应的实验规律。

光电效应可以看作电子对光子的吸收过程，该过程满足能量守恒。频率为 ν 的入射光就是能量为 $h\nu$ 的光子组成的一股光子流，照到金属表面上，金属表层的单个自由电子完全吸收一个光子，获得能量 $h\nu$。设电子从金属表面逸出需做功 A，A 称为金属的逸出功或功函数，也可以写为 $A=eU_0$(见7.4.1节式(7.19))，U_0 称为金属逸出势(几种金属的逸出功见表7.1)。金属表层的电子在逸出金属表面时具有最大速度，记为 v_m，则根据能量守恒定律有

$$h\nu = \frac{1}{2}mv_m^2 + A \tag{7.20}$$

式(7.20)称为爱因斯坦光电效应方程。

爱因斯坦方程清楚地表明逸出光电子的最大动能与入射光频率的线性关系，即遏止电压与入射光强度无关，与频率成正比，从而解释了式(7.19)；并且，只有光子能量 $h\nu \geqslant A$ 时，才能产生光电效应，说明了红限频率 ν_0 的存在，且 $\nu_0 = \dfrac{A}{h}$；其次，入射光频率一定($\nu > \nu_0$)时，光强增加意味着单位时间射到金属表面的光子数愈多，金属发射的光电子数亦愈多，所以饱和电流与入射光强度成正比；最后，光子与电子的作用过程是瞬时完成的，只要入射光频率大于红限，则无论光强多么微弱，每个光子的能量不变，电子一次全部吸收光子能量即刻离开金属表面，无须能量积累时间，所以光电效应是瞬时产生的。

7.5 康普顿效应

7.5.1 康普顿效应及实验规律

1923年康普顿发现 X 射线通过物质向各方向散射时，除了有原波长成分之外，还有波

长较长的成分，这种现象称为康普顿（A. H. Compton，1923）效应或康普顿散射。

图 7-9 为观察康普顿效应的实验装置。途中 R 为 X 射线管，发出的单色 X 射线通过光阑 D_1 和 D_2 打在轻原子的散射物质（如石墨、碳）上，被散射的 X 射线通过 X 射线光谱仪进行研究，其波长测量是利用晶体衍射法，而散射线强度测量则采用照相或电离室方法。

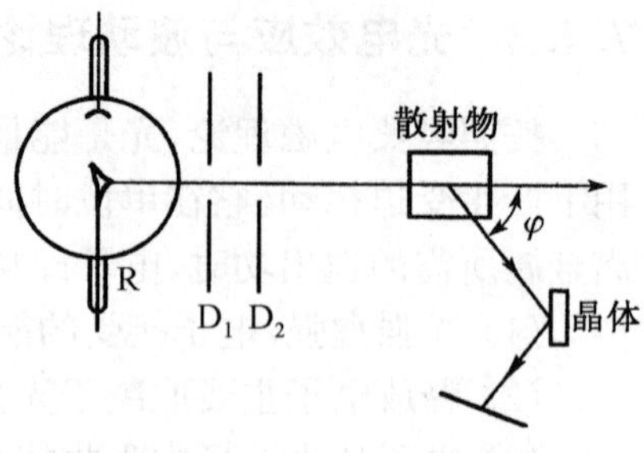

图 7-9 康普顿效应实验装置

图 7-10 所示是用石墨作为散射物质，在几种不同散射角方向上测量出的 X 射线的波长与强度的关系，可以得出如下实验规律：

(1) 除了散射角 $\varphi = 0$ 以外，在所有散射方向上都出现与入射线波长相同的谱线和波长大于入射线波长 λ_0（即 $\lambda > \lambda_0$）的谱线。

(2) 对同一散射物质，波长改变量 $\Delta\lambda = \lambda - \lambda_0$ 随散射角增大而增大；而对同一散射角，$\Delta\lambda$ 与散射物质无关。

(3) 对同一散射物质，λ_0 谱线的强度随散射角 φ 的增大而减小，λ 谱线的强度随 φ 增大而增大；对不同散射物质，在同一散射角下，λ_0 谱线的强度随散射物质的原子序数的增大而增大，而 λ 谱线的强度随原子序数的增大而减小。

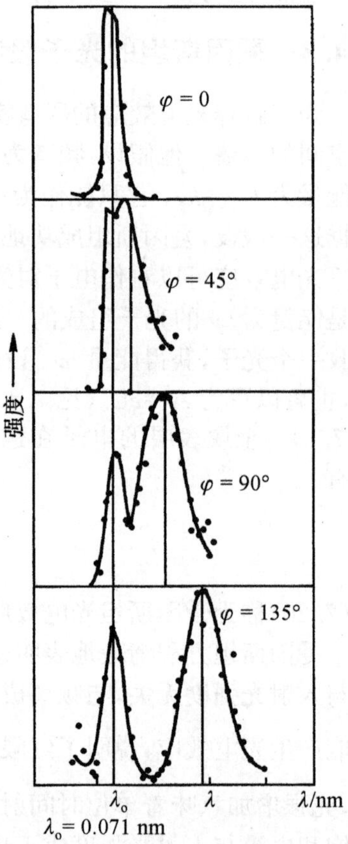

图 7-10 石墨的康普顿散射效应与散射角的关系

康普顿从实验中得到波长改变量 $\Delta\lambda$ 与散射角的关系为

$$\Delta\lambda = 2\lambda_C \sin^2 \frac{\varphi}{2} \tag{7.21}$$

式中，$\lambda_C = 2.41 \times 10^{-3}$ nm 是一个由实验测出的常数，它等于 $\varphi = 90°$ 时散射线波长改变的值。

显然，以经典的波动理论无法解释康普顿效应。按照经典理论，散射光的波长应与入射光的波长相同（见 6.3.2 瑞利散射）。

7.5.2 康普顿效应的量子解释

从量子理论出发，可以将康普顿散射视为 X 射线中的光子与散射物质中的电子的弹性碰撞过程，此过程中光子和电子的总能量及总动量均守恒。相对而言，这里可以假设碰撞前的电子是静止的，并且是自由的（尤其对于轻原子中的电子）。如图 7-11 所示，设入射光子的频率为 ν_0，与电子碰撞后，光子损失一部分能量，并向 φ 角方向散射，频率变为 ν，由于散射光子能量比入射光子小，相应的频率低于入射光子，亦即波长增大；而电子获得这部分能量，以速度 $\boldsymbol{v}$ 沿 θ 角方向飞出，又称反冲电子。这里应当利用相对论结论写出光子与电子的能量和动量表示式。以速度 v 运动的粒子的质量 m 与其静

质量m_0的关系为

$$m=\frac{m_0}{\sqrt{1-\left(\frac{v}{c}\right)^2}} \tag{7.22}$$

该粒子的能量为

$$E=mc^2 \tag{7.23}$$

对于光子，其能量为$E=h\nu$，故其质量为$m=h\nu/c^2$，动量为$p=mc=h\nu/c$。

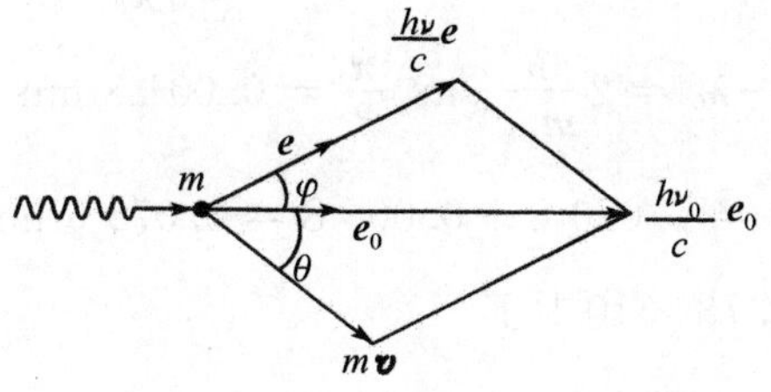

图7-11 康普顿散射中光子与电子碰撞示意图

根据图7-11，由光子和电子碰撞过程能量和动量守恒，可得

$$h\nu_0+m_0c^2=h\nu+mc^2 \tag{7.24}$$

$$\frac{h\nu_0}{c}\boldsymbol{e}_0=\frac{h\nu}{c}\boldsymbol{e}+m\boldsymbol{v} \tag{7.25}$$

动量守恒关系亦可表示为

$$m^2v^2c^2=h^2\nu_0^2+h^2\nu^2-2h^2\nu_0\nu\cos\varphi \tag{7.26}$$

联立式(7.22)、式(7.24)和式(7.26)，记$\Delta\lambda=\lambda-\lambda_0$，可以得到

$$\Delta\lambda=\lambda-\lambda_0=\frac{h}{m_0c}(1-\cos\varphi)=2\frac{h}{m_0c}\sin^2\frac{\varphi}{2} \tag{7.27}$$

式(7.27)表明散射光子波长的变化量与散射物质无关，随散射角φ的增大而增大。将式(7.27)与式(7.21)比较，可以得到

$$\lambda_c=\frac{h}{m_0c} \tag{7.28}$$

式(7.28)的计算值与实验观测值符合甚好。通常将λ_c称为电子康普顿波长。

以上模型成功地解释了康普顿散射的实验结果。应该指出，在推导过程中做了两个近似处理，一是将电子看成是自由的，这对于轻原子中的外层电子是合理的。但对于内层电子，尤其是重原子中的内层电子受原子核束缚牢固，光子与它们的碰撞应视为与整个原子碰撞，原子的质量远远大于电子，因此光子被原子散射，仅改变方向，而能量几乎不变，相应波长的改变量$\Delta\lambda$几乎为零，所以散射线中总是存在波长不变的成分。散射物质的原子量越大，内层电子越多，散射光中原波长λ_0成分越强，λ的成分就越弱。其次，将电子初态看成是静止的，由此得到的式(7.27)表明，波长改变量只与散射角有关，而实验观察到的波长改变有一定的分布(图 7-10),就是因为电子实际上是运动着的,这种运动造成了散射谱线的展宽。

例题 7.2 波长 $\lambda = 0.0708\ \text{nm}$ 的 X 射线在石蜡上受到康普顿散射,试求:在 $\pi/2$ 和 π 方向上所散射的 X 射线的波长以及反冲电子所获得的能量各是多少?

解:在 $\pi/2$ 方向上 $\Delta\lambda = \lambda - \lambda_0 = 2\dfrac{h}{m_0 c}\sin^2\dfrac{\pi}{4} = 0.0024\ \text{nm}$

$$\lambda = 0.0708 + 0.0024 = 0.0732(\text{nm})$$

反冲电子能量为入射光子与散射光子能量的差值:$\Delta\varepsilon = \dfrac{hc}{\lambda_0} - \dfrac{hc}{\lambda} = 9.2\times 10^{-7}\ \text{J}$

在 π 方向上 $\Delta\lambda = \lambda - \lambda_0 = 2\dfrac{h}{m_0 c}\sin^2\dfrac{\pi}{2} = 0.0048\ \text{nm}$

$$\lambda = 0.0708 + 0.0048 = 0.0756\ \text{nm}$$

反冲电子能量:$\Delta\varepsilon = 1.78\times 10^{-16}\ \text{J}$

7.6 光的波粒二象性

7.6.1 光的粒子性

直至 19 世纪末叶,人们一直将光看作是一种经典电磁波,这是由光的干涉、衍射和偏振等实验证明的。但到 20 世纪初,黑体辐射、光电效应和康普顿效应等实验事实迫使人们重新认识光的本性。光具有粒子性,是由称为光子的粒子所组成,光的能量并非在空间连续分布,而是以离散的形式存在于其载体光子上。

但是光子与实物粒子并不完全相同,光子没有静质量,光子的速度只能为 c,在真空中是一个常数。我们将光子说所表示的光的有关物理量综合表示如下:

光子的能量 $E = h\nu$

光子的质量 $m = E/c^2 = h\nu/c^2$

光子的动量 $p = mc = h\nu/c = h/\lambda$

光的能量密度 $w = NE = Nh\nu$

光的能流密度 $S = wc = Nh\nu c$

7.6.2 光的波粒二象性 德布罗意波

至此,我们已经看到,光既具有波动性,又具有粒子性,它们是光的内在本性在不同方面的表现,即光具有波粒二象性。这种二象性在上述表示光子的能量和动量的两个式子中表现得特别显著,即

$$\begin{aligned} E &= h\nu = \frac{h}{2\pi}2\pi\nu = \hbar\omega \\ \boldsymbol{p} &= \frac{h}{\lambda}\boldsymbol{n} = \frac{h}{2\pi}\frac{2\pi}{\lambda}\boldsymbol{n} = \hbar\boldsymbol{k} \end{aligned} \tag{7.29}$$

式中 $\hbar = h/2\pi$，波矢 $\boldsymbol{k}$ 的大小等于波数 $2\pi/\lambda$，方向与波面的法线方向 $\boldsymbol{n}$ 一致。实际上，我们已经把表征光子特征的物理量能量 E、动量 $\boldsymbol{p}$ 和表征波动特征的物理量角频率 ω 和波矢 $\boldsymbol{k}$ 联系起来了，这两种性质通过普朗克常量 h 定量地联系起来。显然，这绝非偶然。

继光的波粒二象性得到充分实验证明后，1924 年，法国青年物理学家德布罗意(L. de Broglie)在他的博士论文中，分析对比了经典物理中力学和光学的对应关系，推断：自然界许多方面是对称的，“波粒共存的观念可以推广到所有粒子”，提出实物粒子，例如电子、中子和原子等也具有波粒二象性。他认为 19 世纪在光的研究上，过于重视光的波动性，而忽略了光的粒子性，而在实物粒子的理论上，可能发生了相反的情况，即过分重视了实物的粒子性，而忽略了实物的波动性。因此，他提出了微观粒子也具有波动性的假设，即粒子的能量 E 和动量 p 与平面波的频率 ν 和波长 λ 之间的关系正如光子与光波的关系一样。因而，波长 λ 由动量 p 确定，频率 ν 则由能量 E 确定：

$$\lambda = \frac{h}{p} = \frac{h}{mv} \tag{7.30}$$

$$\nu = \frac{E}{h}$$

这样，实物粒子的运动，既可用动量、能量来描述，也可用波长、频率来描述。在有些情况下，其粒子性表现突出；而在另一些情况下，则是波动性表现突出。这就是实物粒子具有的波粒二象性，实物粒子的这种波动性被称为德布罗意波或物质波。

在 1927 年，戴维逊(C. J. Davisson)和革末(L. H. Germer)的电子衍射实验证实了电子具有波动性。如图 7-12 所示，将一束电子射到镍晶体的特选晶面上，同时用探测器测量沿不同方向散射的电子束的强度，发现当入射电子能量为 54 eV时，在 $\varphi = 50^\circ$ 的方向上散射电子束强度最大。按类似于X射线在晶体表面衍射的分析，散射电子束强度最大方向满足

$$d\sin\varphi = \lambda$$

已知 $d = 2.15 \times 10^{-10}$ m，则 $\lambda = d\sin\varphi = 1.65 \times 10^{-10}$ m。

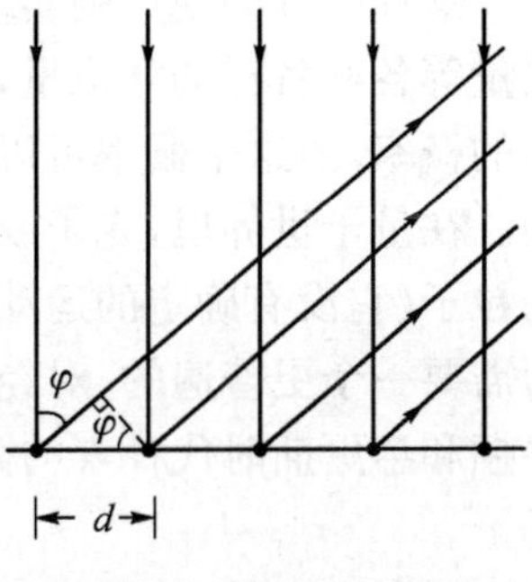

图 7-12　戴维逊-革末实验示意图

另一方面，按德布罗意假设，具有能量 E 的电子束其物质波波长应为

$$\lambda = \frac{h}{mv} = \frac{h}{\sqrt{2mE}} = \frac{6.63 \times 10^{-34}}{\sqrt{2 \times 9.1 \times 10^{-31} \times 54 \times 1.6 \times 10^{-19}}} = 1.67 \times 10^{-10}\,(\text{m})$$

理论计算和实验测量符合得很好。

电子显微镜就是利用电子的波动性发明的，由于电子波长小，其分辨率能力大大超过光学显微镜，可以达到 0.1 nm。

在电子的波动性获得实验证实以后，在其他一些实验中还发现中子、质子、原子、分子等微观粒子都具有波动性。这使我们相信，波粒二象性是一切微观粒子(包括光子)的普遍属性。事实上，与宏观物体相联系的物质波波长极短，我们根本无法探测其波动性。这是宏观物质只表现出粒子性的根本原因。

7.6.3 波粒二象性的统计解释

光子或电子的波动性和粒子性可以用统计的观点来建立联系。让我们仔细地分析一下双缝衍射实验。减弱入射光的强度，则光子几乎是一个个地通过双缝，实验结果表明，我们无法准确地预言光子到底通过哪个缝，光子落在屏上的分布是无规则的，个别光子既可能落在屏的这一点，也可能落在屏的另一点。但是，重复多次后，我们将会发现，出现明暗相间的干涉条纹，这和增加光的强度，相当于一次就用 n 多个光子做实验得出的图样完全一致。亦即就大量光子统计平均的分布而言，与波动理论所预言的强度分布是一致的。因此，关于光子行为的预言只能是统计的、概率性的。虽然在上述实验中，少数光子的行为容易看出其粒子性，大量光子的行为则表现出波动性，但这并不表明波动性是大量光子同时存在的结果，而单个或少数光子则无波动性可言。恰恰相反，实验告诉我们，波动性和粒子性一样，是每个光子的属性。光同时既像一个波，也像一束粒子流。从统计观点看，大量的光子或电子同时通过与它们一个个通过之间的差别在于，前一实验是对空间的统计平均，后一实验则是对时间的统计平均。在前一种情况下，如果说光子或电子落在某些地方稠密些，而在后一种情况下，就是落在这些地方的光子或电子频繁些。因此，我们可以用统计观点把波粒二象性联系起来，从而形成这样的概念。在 t 时刻，光子的行为是由一个满足麦克斯韦方程的波函数 $\psi(r,\ t)$ 表征的，$\psi(r,\ t)$ 称为概率振幅，$|\psi(r,\ t)|^2$ 为 t 时刻、r 处的“强度”，也就是该时刻在该点找到粒子的概率。

这种统计的观点确实统一了微粒概念和波动概念，在微粒方面具有集中的质量、能量和动量等各种各样的守恒量，也就是光和实物的一般微粒性；在波动方面，则是在某处发现它们的概率，由这个概率可以算出光子或电子在空间的分布，这种分布与波动的概念是一致的。在量子世界里，光子或电子等微观客体既是粒子，也是波。但这种粒子不是经典概念下的粒子（它没有确定的运动轨道）；也不是经典概念下的波（它是概率波）。要描述它们的行为需要一个更普遍的、对经典概念来说却是更新的模型。可以说，真正把光的本性用有别于牛顿和惠更斯时代朴素的微粒说和波动说的、全新意义下统一起来的是量子电动力学、量子场论。

需要指出的是，不能忽略光子和电子等实物粒子之间的差别。光子的静止质量 $m_0=0$，由 $E=\hbar\omega$，$\boldsymbol{p}=\hbar\boldsymbol{k}$ 可以证明，光子的相速度 $v=\omega/k=E/p=c$ 等于群速度。这种性质是电子等一般微观粒子所没有的。当然，光子和电子之间也有联系，近代实验证明，波长约为千分之一纳米的光子（γ 射线）在强电场中可以转化为电子和正电子对的现象。这就揭示了光子和电子之间的内在联系。

7.6.4 概率波与概率幅 不确定关系

这里，我们进一步来分析光的波粒二象性。光是电磁波，光是光子，我们该如何理解光子与电磁波的关系？爱因斯坦曾认为电磁波是一种“鬼场”，这种场引导光子运动，在空间各点的电磁场振幅的平方决定了在空间各处单位体积内出现一个光子的概率。在电子的波动性发现后，波恩发展了爱因斯坦的思想，认为电磁波描述了电子在空间各处出现的概率。这就是说，无论是电磁波还是电子波（德布罗意波）都是概率波。因此，对光子（或其他微观粒子）的时空行为可引入复波函数 $\psi(\boldsymbol{r},\ t)$ 来描述，而 $P=|\psi(\boldsymbol{r},\ t)|^2$ 可表示在 t 时刻在空间 $\boldsymbol{r}$

处找到该粒子的概率，又称概率密度。$\psi(\boldsymbol{r}, t)$ 具有波形，它亦有振幅和相位，其相位以与经典波函数类似的形式随时间(t)和空间($\boldsymbol{r}$)变化而呈周期性变化。于是 $\psi(\boldsymbol{r}, t)$ 可称为概率波函数或概率幅。要注意，概率波不是经典意义上的波，作为概率幅绝对值平方的概率也不是经典意义上的概率，不妨称为量子概率。

概率幅的概念是量子论的核心概念，概率幅的基本性质是叠加性，用概率幅描写微观客体的量子状态，量子态的基本性质就是态叠加原理。例如采用光子观点来解释光的双缝干涉现象，以 ψ_1 表示开单缝 1 时光子在屏上的概率幅，其概率分布为 $|\psi_1|^2 = P_1$，以 ψ_2 表示开单缝 2 时光子在屏上的概率幅，其概率分布为 $|\psi_2|^2 = P_2$。如果两缝同时打开，按经典概率理论，此时屏上光子的概率分布应为

$$P_{12} = P_1 + P_2 = |\psi_1|^2 + |\psi_2|^2 \tag{7.31}$$

但按量子概率理论，当两缝同时打开时，光子在屏上的概率幅应是单独开一缝时的概率幅的叠加

$$\psi_{12} = \psi_1 + \psi_2 \tag{7.32}$$

于是光子在屏上的概率分布应为

$$P_{12} = |\psi_{12}|^2 = |\psi_1 + \psi_2|^2 = |\psi_1|^2 + |\psi_2|^2 + (\psi_1^* \psi_2 + \psi_2^* \psi_1) \tag{7.33}$$

其中第三项即括号内的是两概率幅 ψ_1，ψ_2 的干涉项，这与干涉实验一致。

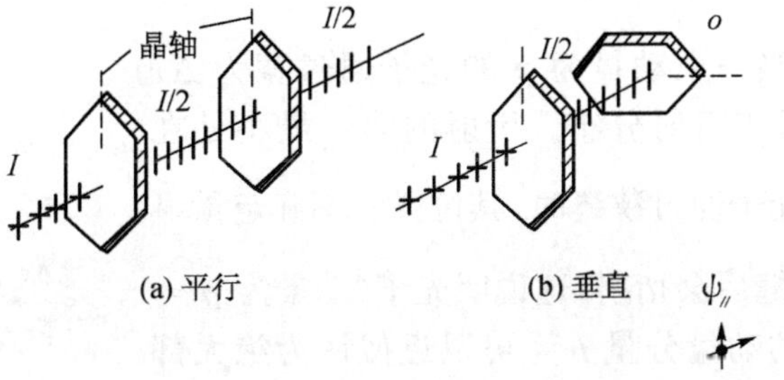

图 7-13 光通过电气石时的偏振态

到目前为止，采用概率幅及其叠加原理的概念是对光量子现象的最好的解释。

我们再来考虑光通过电气石时的偏振态。图 7-13 是自然光相继通过偏振方向相互平行(a)的两块电气石的情况及偏振方向相互垂直(b)的两块电气石的情况。

采用光子观点同样可以解释上述现象。第一种情况(a)，通过第一块电气石后的光子 $\psi_{/\!/}$，与第二块电气石偏振方向平行，可以顺利通过第二块电气石。而第二种情况(b)，光子 $\psi_{/\!/}$ 通不过。

现在考虑通过第一块电气石后的光子的偏振方向与第二块电气石偏振方向有一个夹角 α 时的情况，如图 7-14 所示。用光的波动理论得到马吕斯定律，很容易解释实验结果，光强减少因子为 $\cos^2\alpha$。那么用光子观点如何解释？我们可以采用光子概率幅 ψ 的叠加原理

$$\psi = C_1\psi_{/\!/} + C_2\psi_{\perp}$$

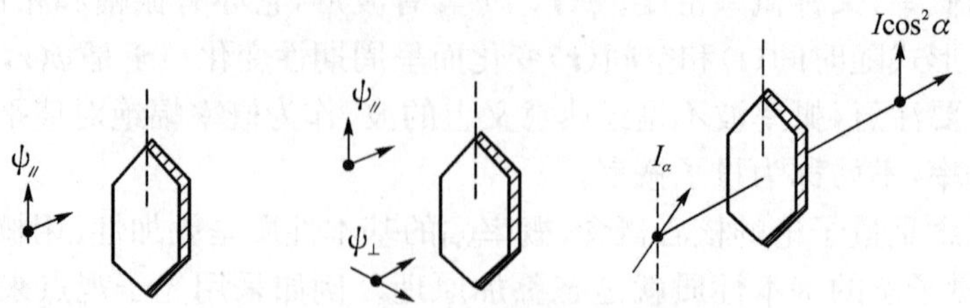

图 7-14 用光子观点看马吕斯定律

其叠加系数 C_1，C_2 满足

$$\left|\frac{C_1}{C_2}\right|^2 = \frac{\cos^2\alpha}{\sin^2\alpha}（使\ |\psi_{/\!/}|^2 = |\psi_{\perp}|^2\ ） \tag{7.34}$$

也就是偏振方向与电气石偏振方向夹角为 α 的光子的状态是两个态（与电气石偏振方向平行和垂直）的叠加。在光子进入第二块电气石之前光子以一定比例处在 $\psi_{/\!/}$ 态和 $\psi_{\perp}$ 态，但经过第二块电气石时，光子要么处在 $\psi_{/\!/}$ 态而通过，要么处在 $\psi_{\perp}$ 态而被吸收。注意上述 $\psi_{/\!/}$ 与 $\psi_{\perp}$ 的叠加是两个正交态的叠加，因而不会出现干涉现象。

既然光子和电子等微观粒子要用概率幅来描述其行为，它们的位置和动量就具有不确定性，这种性质与经典粒子不同。在量子论中可以一般地证明位置与动量的不确定量 Δx，Δp 之间存在一个普遍的不确定关系式，下面还是以光的单缝衍射为例来说明这一不确定关系。

如图 7-15 所示，当一束动量为 $\boldsymbol{p}$ 的光子通过宽为 Δx 的单缝时，会在屏上形成衍射分布。衍射的第一最小处在 $\sin\theta_1 = \dfrac{\lambda}{\Delta x}$。当一个光子通过狭缝时，其位置的不确定量显然为 Δx。光子通过狭缝后会衍射，这说明光子（动量为 $\boldsymbol{p} = \hbar\boldsymbol{k}$ ）具有了沿 x 方向的动量分量 p_x，可以近似认为绝大部分光子落在中央明纹内，于是有

$$0 \leqslant p_x \leqslant p\sin\theta_1,\ \Delta p_x = p\sin\theta_1$$

或

$$\Delta p_x \geqslant p\sin\theta_1$$

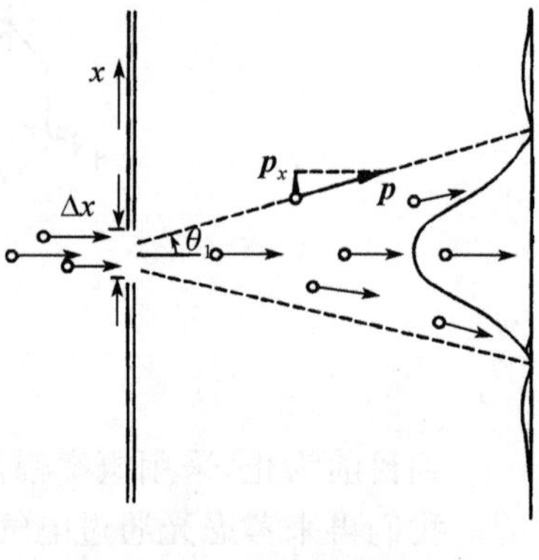

图 7-15 光子单缝衍射

光子波长 $\lambda = \dfrac{h}{p}$，$\sin\theta_1 = \dfrac{\lambda}{\Delta x} = \dfrac{h}{p\,\Delta x}$，于是有

$$\Delta p_x \geqslant p\sin\theta_1 = p\,\frac{h}{p\,\Delta x} = \frac{h}{\Delta x}$$

即

$$\Delta x \cdot \Delta p_x \geqslant h \tag{7.35}$$

更为严格的分析给出

$$\Delta x \cdot \Delta p_x \geqslant \frac{h}{4\pi} = \frac{\hbar}{2},\ \Delta y \cdot \Delta p_y \geqslant \frac{\hbar}{2},\ \Delta z \cdot \Delta p_z \geqslant \frac{\hbar}{2} \tag{7.36}$$

这就是著名的海森堡不确定关系式。

例如氦氖激光器发出的红光 $\lambda = 632.8\ \text{nm}$，$\Delta\lambda = 10^{-9}\text{nm}$，当它沿 x 方向运动时，其 Δx 可以计算如下

$$p = \frac{h}{\lambda},\ \Delta p \sim \frac{h}{\lambda^2}\Delta\lambda$$

$$\Delta x \sim \frac{\hbar}{2\Delta p} \sim \frac{\hbar\lambda^2}{2h\Delta\lambda} = \frac{\lambda^2}{4\pi\Delta\lambda} \sim \frac{\lambda^2}{\Delta\lambda} \sim 4 \times 10^5\ \text{m} = 400\ \text{km}$$

实际上这就是该激光器发出的红光的波列的长度。

7.6.5 光的本性

现在我们重新回到对光的本性的认识。

从上述讨论中，我们可以对光子(或其他微观粒子)的行为建立如下的图像：

(1) 单个粒子在单次试验中的行为(例如光子在单缝衍射中究竟落在何处，或双缝实验中走何种路径)是不确定的，而大量粒子的统计平均分布(大量粒子同时实验或相继单粒子长时间连续实验)是有规律的，它与经典波动理论结果一致。

(2) 粒子的行为可用概率波函数 $\psi(\boldsymbol{r}, t)$ 描述，$\psi(\boldsymbol{r}, t)$ 具有波性，其相位是时空的周期函数，$|\psi|^2$ 则代表在 $\boldsymbol{r}$ 处 t 时刻发现粒子的概率。

(3) 当粒子可能处于不同的状态时(例如双缝实验中既可通过 S_1，又可通过 S_2)，总的波函数 ψ 是各态波函数 ψ_1，ψ_2，…的线性叠加，即概率波可以相干叠加，最终的分布 $|\psi|^2$ 与经典波动理论相符。

(4) 实验中只能探测到整个粒子，而在该处探测到粒子的概率由 $|\psi|^2$ 所决定。

到此，本书已从各个侧面介绍了光的波动性和粒子性。在不同的实验条件下，有时候，例如在干涉和衍射的条件下，更多地表现出波动性，有时候，例如在原子的吸收和发射光子的情况下，更多地表现出粒子性。那么，光到底是什么？也许只能这样回答：光既是粒子，也是波；它既非经典意义的粒子(有静质量和确定轨道)，也非经典意义下的波(能量在空间连续分布)，而是一种全新意义下的粒子和波。其粒子性表现于它在探测时以整个粒子形式出现，而且这种粒子有确定的能量和动量；其波动性表现于粒子无确定轨道，其行为可用随时空振荡的波函数描述，且波函数遵守叠加原理。

三百多年来，人们对光的本性的认识经历了一次又一次飞跃，从牛顿时代的经典微粒说——惠更斯-菲涅耳时代的经典波动说——波粒二象性，这一发展过程扩充了人们对物质概念及其存在和运动形式的理解。人们对光的本性已有了比较深刻的认识，但它还远没有完结，还有待进一步的探索和深化。例如，进一步探讨光子还能再分吗？光子还有没有内部结构？光子是否真的没有静质量，等等，这些都是很有意思的问题。

习　题

7-1　铝的逸出功是 4.2 eV，今用波长为 200 nm 的光照射铝表面，求：

(1) 光电子的最大动能；

(2) 截止电压；

(3) 铝的红限波长。

7-2 银河系间宇宙空间内星光的能量密度为 10^{-15} J/m^3，相应的光子数密度多大？假定光子平均波长为 500 nm。

7-3 在距功率为 1.0 W 的灯泡 1.0 m 远的地方垂直于光线放一块钾片(逸出功为 2.25 eV)。钾片中一个电子要从光波中收集到足够的能量以便逸出，需要多长的时间？假设一个电子能收集入射到半径为 1.3×10^{-10} m(钾原子半径)的圆面积上的光能量。(注意，实际的光电效应的延迟时间不超过 10^{-9} s)

7-4 入射的 X 射线光子的能量为 0.60 MeV，被自由电子散射后波长变化了 20%。求反冲电子的动能。

7-5 在康普顿散射中，入射光子的波长为 3×10^{-3} nm，反冲电子的速率为真空中光速的 60%，试求散射光子的波长和散射角。

7-6 一个静止电子与一能量为 4.0×10^{3} eV 的光子碰撞后，它能获得的最大动能是多少？

7-7 电子和光子各具波长 0.20 nm，它们的动量和总能量各是多少？

7-8 一电子显微镜的加速电压为 40 keV，经过这一电压加速的电子的德布罗意波长是多少？

7-9 电视机显像管中电子的加速电压为 9 kV，电子枪枪口直径取 0.5 mm，枪口离荧光屏距离为 0.30 m。求荧光屏上一个电子形成的亮斑直径。这样大小的亮斑会影响电视图像的清晰度吗？

7-10 为了探测质子和中子的内部结构，曾在斯坦福直线加速器中用能量为 22 GeV 的电子做探测粒子轰击质子。这样的电子的德布罗意波长是多少？已知质子的线度为 10^{-15} m，这样的电子能用来探测质子内部的情况吗？

7-11 证明：做戴维逊-革末那样的电子衍射实验时，电子的能量至少应为 $h^2/8m_e d^2$。如果所用镍晶体的散射平面间距 $d=0.091$ nm，则所用电子的最小能量是多少？

习题参考答案

第1章

1-1 7.8×10^6 km^2 **1-2～1-4** 略 **1-5** 0.4932 lm **1-6** 11.36 lx

第2章

2-1 凹面镜前 30 cm 处(实像),凹面镜前 10 cm 处(虚像) **2-2** 半径 19.4 cm,凹面镜,30 倍倒立实像 **2-3** 略 **2-4** 2.0 **2-5** 9 mm **2-6** 40.0 cm **2-7** 1.60 **2-8** 80 cm,发散 **2-9** (4.2～5)cm **2-10** 光源后 120 cm 和 40 cm 处 **2-11** 60 cm **2-12** L_2之右 10.0 cm,2 倍倒立 **2-13～2-15** 略

第3章

3-1 5×10^6 **3-2** F 线 14.6 mm,D 线 17.7 mm,C 线 19.7 mm **3-3** 625.0 nm **3-4** 545 nm,绿色 **3-5** 0.60 μm **3-6** 略 **3-7** 4.5×10^{-5} m **3-8** 1.05×10^{-2} rad≈36′ **3-9** 448 nm 0.8 **3-10** 64.0 cm **3-11** 55 μm **3-12** 6.6 μm **3-13** (1) 条纹向上移动, (2) 1.000 865 3 **3-14** 1.000 289 **3-15** 2.36 μm **3-16** (1) 2.95×10^{-5} m; (2)(3) 略 **3-17** 381 mm **3-18** 略 **3-19** 反射加强 λ=480 nm;透射加强 λ_1=600 nm,λ_2=400 nm **3-20** 70 nm **3-21** 643 nm **3-22** 0.111 μm,590 nm(黄色) **3-23** (99.6+199.3k) nm, k=0, 1, 2, …, h_{min}=99.6 nm **3-24** (1) 105.8 nm,反射率 0.37%,(2) 紫光 1.275 π,红光 0.7857 π **3-25** 3.438 μm **3-26** $2(n-1)d$ **3-27** 534.9 nm **3-28** 1 211 条

第4章

4-1 (1) 8.0 m,2.7 m,1.6 m,(2)4.0 m,2.0 m,1.3 m **4-2** (1)0.87 mm,1.5 mm,(2)1.2 mm,1.7 mm **4-3** 121I_0 **4-4** (1) 23.6 m,(2) 缩小到 1/10 **4-5** 43 cm **4-6** 7.26 μm **4-7** 428.6 nm **4-8** 2.45 cm **4-9** 1.6×10^{-4} rad, 7.1 km **4-10** 8.9 km **4-11** 9.76 cm **4-12** 255 m **4-13** 5.0 m **4-14** 1.6×10^{-4} rad **4-15** (1) 1.3×10^{-5} rad;(2) 眼睛 **4-16** 13.9cm **4-17** (1) 2.4 mm; (2) 2.4 cm; (3) 9 **4-18** (1) (a) 双缝;(b) 四缝;(c) 单缝;(d) 三缝; (2) (c); (3) (a)2, 有;(b)4, 有;(d)3, 有; **4-19** arcsin(±0.1768k), k= 0, 1, 2, 3, 4, 5 **4-20** 570 nm, 43.2° **4-21** ±1 级 **4-22** (1) 6.0 μm; (2) 1.5 μm; (3) 0, ±1, ±2, ±3, ±5, ±6, ±7, ±9 **4-23** 3 646 **4-24** 略 **4-25** 2.41×10^{-4} nm **4-26** (1) 0.2 mm/nm, (2) 0.042 nm, (3) 4 **4-27** 1.56°

第5章

5-1 (1) 54°15′ (2) 35°15′ **5-2** 21% **5-3** 2.25I_1 **5-4** 12.5% **5-5** $\frac{1}{2}I_0$

$\cos^2\theta/(\cos^2\theta+\sin^2\theta\cos^2\varphi)$ **5-6** 略 **5-7** 1.636 **5-8** 48°26′, 41°34′, 互余 **5-9** 35°16′ **5-10** 1.60 **5-11** 36°56′ **5-12** (1) $L_0=1.314$ mm, $L_e=1.322$ mm; (2) 233.5° **5-13** 3.51° **5-14** 12.7 μm **5-15** 48° **5-16** 略 **5-17** 5.28° **5-18** 方解石 856.8 nm, 石英 16.17μm **5-19** 2.51 **5-20** $I_0/4$ **5-21** $\frac{3}{16}I_o$ **5-22** (1) 略; (2) $I_i/2$, $I_i/2$, $3I_i/16$ **5-23** 931 nm, 光轴平行于晶片表面 **5-24** 线偏振光, 偏振方向与入射光垂直 **5-25** 49.9 °/mm **5-26** 7.121×10^{-5} **5-27** (1) 7.5 mm 及其整数倍; (2) 3.75 mm 及其奇数倍

第6章

6-1 7.2 cm, 5.0 cm, 2.2 cm, 0.70 cm **6-2** 56.1% **6-3** 1.01 m, ; 10.5 m **6-4** 4.6 m **6-5** (1) $A=1.575$, $B=1.464\times10^4\ \text{nm}^2$; (2) $n=1.617$, $\frac{d_n}{d\lambda}=-1.43\times10^{-4}$/nm **6-6** $D_\theta\approx12.9''$/nm **6-7** 0.316

第7章

7-1 (1) 2.0 eV, (2) 2.0 V, (3) 296 nm **7-2** $2.5\times10^3\ \text{m}^{-3}$ **7-3** 85 s **7-4** 0.1 MeV **7-5** 4.31×10^{-3} nm, 62.6° **7-6** 62 eV **7-7** 3.32×10^{-24} kg·m/s, 3.32×10^{-24} kg·m/s, 5.12×10^5 eV, 6.19×10^3 eV **7-8** 6.1×10^{-12} m **7-9** 1.2 nm, 不 **7-10** 5.7×10^{-17} m, 能 **7-11** 45.5 eV

参考文献

[1] M. 玻恩,E. 沃耳夫. 光学原理. 杨瑕荪,等,译. 北京:电子工业出版社,2005.
[2] E. 赫克特,A. 赞斯. 光学. 秦克诚,等,译. 北京:人民教育出版社,1980.
[3] 赵凯华,钟锡华. 光学. 北京:北京大学出版社,1984.
[4] 赵凯华. 新概念物理教程——光学. 北京:高等教育出版社,2004.
[5] 母国光,战元龄. 光学. 北京:高等教育出版社,2009.
[6] 姚启钧. 光学教程. 4 版. 北京:高等教育出版社,2008.
[7] 宣桂鑫. 光学. 上海:华东师范大学出版社,2006.
[8] 潘笃武,贾玉润,陈善华. 光学. 上海:复旦大学出版社,1997.
[9] 久保田广. 波动光学. 刘瑞祥,译. 北京:科学出版社,1983.
[10] 梁铨廷. 物理光学. 4 版. 北京:电子工业出版社,2012.
[11] 蔡履中. 光学. 3 版. 北京:科学出版社,2007.
[12] 郭永康,鲍培谛. 光学教程. 成都:四川大学出版社,1989.
[13] 崔宏滨,李永平,段开敏. 光学. 北京:科学出版社,2008.
[14] 游璞,于国萍. 光学. 北京:高等教育出版社,2003.
[15] 羊国光. 高等物理光学. 合肥:中国科学技术大学出版社,1991.
[16] 汪相. 晶体光学. 南京:南京大学出版社,2003.
[17] 竺子民. 物理光学. 武汉:华中科技大学出版社,2009.
[18] 叶玉堂,肖峻,饶建珍. 光学教程. 北京:清华大学出版社,2011.

参考文献

[illegible]
[illegible]
[illegible]
[illegible]
[illegible]
[illegible]
[illegible]
[illegible]
[illegible]
[illegible]
[illegible]
[illegible]
[illegible]
[illegible]
[illegible]
[illegible]
[illegible]